贵州师范大学马克思主义理论学科建设丛书

贵州
生态文明建设

理 论 与 实 践

GUIZHOU
SHENGTAIWENMING
JIANSHE
LILUN YU SHIJIAN

余满晖　李秋华　等 / 著

自　序

“文章合为时而著。”近年来，我国大力推进生态文明建设，贵州省也在着力打造生态文明建设先行区，与此相联系，本人与同人一起也积累了一些相关学术成果，今欣幸得到贵州师范大学马克思主义理论学科建设经费资助，以专著形式出版。

全书分为上、下两编。上编三章理论部分分别阐述了贵州生态文明建设的马克思主义之魂、传统文化之根和西方文化之鉴；下编五章实践部分较为详尽地研究了“美丽宜居背景下毕节试验区城乡生态融合发展”等案例。这样理论与实践辩证统一，以点带面呈现了贵州生态文明建设的概貌。在下编部分，尽管“生态地生活生产：贵州世居蒙古族的风俗风情”“贵阳市生态人文城市建设现状与对策”等部分略为粗浅，但它们以独特的研究主题与研究内容体现了本书的特点，因而也是本书的主要创新所在。

当然，由于贵州生态文明建设的理论与实践内涵丰富，诸多相关问题也比较复杂，难以处理，本书肯定有不少地方需要进一步研究完善。对此既希望得到各位同人的批评指正，也期望拙著能抛砖引玉，推动相关研究不断深入发展。

目　录

上　编

第一章　贵州生态文明建设的马克思主义之魂

第一节　马克思、恩格斯生态思想的形成与发展

马克思、恩格斯生态思想的形成与发展不是一蹴而就的，而是随着社会的发展而发展的，其间经历了萌芽、发展、成熟这一个长期的过程。

一　马克思、恩格斯生态思想形成的现实背景

（一）19 世纪资本主义生产方式的畸形发展

进入 19 世纪，工业革命如火如荼，社会生产力快速发展，在很大程度上促进了生产方式的发展。在资本主义社会，资本家为了追逐经济利益在生产过程中不断掠夺自然资源和压榨无产阶级，这种生产方式必然会给自然界和劳动者带来严重的后果。而资产阶级为了榨取更多的超额利润，需要想方设法降低商品的生产成本，而商品的生产成本中必不可少的便是一定的环境成本。资本家降低生产成本不是通过合理的方式进行商品生产，而是直接忽略对生产环境的破坏，忽略环境产生的一定成本。大量的环境成本被资本家无视，从而加大了人们生产、生活的环境的承载力。此外，与资本主义生产方式发展的速度相联系，社会上产生了大量的剩余产品，进而刺激人们产生过度性消费，致使大量的产品在无形中被浪费，对环境造成了相当严重的污染。同时这种扭曲的畸形消费也将刺激生产者进一步盲目扩大生产，这种情形不断循环往复，对自然环境的破坏和污染也不断扩大。

资本家为了扩大再生产，最大限度获取剩余价值，除了不惜利用一切手段获取大量的自然资源外，还残酷地对工人阶级进行不断的剥削。在资

本主义生产方式下，“工人对自己的劳动的产品的关系就是对一个异己的对象的关系”①。在生产过程中，工人付出的劳动越多，自我价值反而越低。他们不仅不能进行自由劳动，而且连自己的劳动成果也不属于自己，劳动显然成为生存和生活的最低选择。这样，“一个生活在上述条件下并且连最必需的生活资料都如此缺乏的阶级，不可能保持健康，不可能活得长久，这是不言而喻的。但是，我们还是要再一次地特别是从工人健康状况方面把这些情况逐一加以考察。大城市人口集中这件事本身就已经引起了不良后果。伦敦的空气永远不会像乡村地区那样清新，那样富含氧气。250 万人的肺和 25 万个火炉挤在三四平方德里的面积上，消耗着大量的氧气，要补充这些氧气是很困难的，因为城市建筑形式本来就阻碍了通风。呼吸和燃烧所产生的碳酸气，由于本身比重大，都滞留在街道上，而大气的主流只从屋顶掠过。居民的肺得不到足够的氧气，结果肢体疲劳，精神委靡，生命力减退。因此，大城市的居民虽然患急性病的，特别是各种炎症的，比生活在清新空气里的农村居民少得多，但是患慢性病的却多得多。如果说大城市的生活本来就已经对健康不利，那么，工人区的污浊空气造成的危害又该是多么大啊，我们已经看到，一切能污染空气的东西都聚集在那里。在农村，就是在房子旁边有一个粪坑，也不会那么有害，因为那里空气可以四面八方自由流通。但是，在大城市的中心，在四周全是建筑物、新鲜空气全被隔绝了的街巷和大杂院里，情况就完全不同了。一切腐烂的肉类和蔬菜都散发着对健康绝对有害的臭气，而这些臭气又不能毫无阻挡地散出去，势必要造成空气污染。因此，大城市工人区的垃圾和死水洼对公共卫生造成最恶劣的后果，因为正是这些东西散发出制造疾病的毒气；至于被污染的河流，也散发出同样的气体。但是问题还远不止于此。真正令人发指的，是现代社会对待大批穷人的态度。他们被吸引到大城市来，在这里，他们呼吸着比他们的故乡——农村污浊得多的空气。他们被赶到这样一些地区去，那里的建筑杂乱无章，因而通风条件比其他一切地区都要差。一切可以保持清洁的手段都被剥夺了，水也被剥夺了，因为自来水管只有出钱才能安装，而河水又被污染，根本不能用于清洁目的。他们被迫把所有的废弃物和垃圾、把所有的脏水、甚至还常常把令人作呕的污物和粪便

① 《马克思恩格斯文集》第 1 卷，人民出版社，2009，第 157 页。

倒在街上，因为他们没有任何别的办法处理这些东西。这样，他们就不得不使自己的地区变得十分肮脏。但是问题还不止于此。各种各样的灾祸都落到穷人头上。城市人口本来就过于稠密，而穷人还被迫挤在一个狭小的空间。他们不仅呼吸街上的污浊空气，还被成打地塞在一间屋子里，他们在夜间呼吸的那种空气完全可以使人窒息。给他们住的是潮湿的房屋，不是下面冒水的地下室，就是上面漏雨的阁楼。为他们建造的房子不能使恶浊的空气流通出去。给他们穿的衣服是坏的、破烂的或不结实的。给他们吃的食物是劣质的、掺假的和难消化的"①。

（二）马克思、恩格斯对现实环境问题的高度关注

随着资本主义生产力和科学技术的不断发展，马克思、恩格斯也意识到工业革命的到来不仅仅促进了生产力的巨大发展，与此同时也给社会环境带来了沉重的负担。例如恩格斯在《乌培河谷来信》和《英国工人阶级状况》中，就严厉批评了资本主义工业化对工人处境和环境的危害与影响。他在《英国工人阶级状况》中生动地再现了蒸汽机发明以后工人所遭受的苦难。一开始，在英国人们还能分散地生活在农村，过着普通、舒适、诚实、安静、平和、受人尊重的生活。他们能通过自己的劳动获取所需，从事健康的工作。直到工业机器大规模运转，工人们才意识到他们已经沦为机器的奴隶。再到后来，工人们的生活环境随之恶化。"社会剥夺了成千上万人的必要的生活条件，把他们置于不能生存的境地……社会知道这种状况对工人的健康和生命是多么有害，却一点也不设法来改善这种状况。"②马克思、恩格斯在目睹了工人的生存处境和发展状况之后，指出资本主义生产方式通过降低工人维持自身发展的生活生存条件来竭力提高利润率，这已经是在消耗工人的生命健康。因为在资本主义时代，工人们不仅生命和身体常常受到剥削，而且他们劳动的生产环境和物质条件也非常恶劣。"在这种情况下，这个最贫穷的阶级怎么能够健康和长寿呢？在这种情况下，除了过高的死亡率，除了不断发生的流行病，除了工人的体质注定越

---

① 《马克思恩格斯文集》第1卷，人民出版社，2009，第409~411页。

② 《马克思恩格斯文集》第1卷，人民出版社，2009，第409页。

来越衰弱，还能指望些什么呢?”① 正是资本的这种疯狂肆虐的行为，激起了马克思、恩格斯对工人生活条件以及生存环境的无限同情和关注，从而开启了他们自觉地注重生态、关注现实环境问题的视域。

二 马克思、恩格斯生态思想形成的理论背景

一种思想的形成不仅要依靠社会实践的深入，更需要对前人思想理论的继承与创新发展，这是理论不断积累，从量变到质变的一个发展过程。马克思、恩格斯的生态思想也不例外，它批判地继承了黑格尔的辩证自然观和费尔巴哈的唯物主义自然观。

（一）黑格尔唯心主义自然哲学及其辩证的自然观

在关于自然观的研究中，黑格尔极力张扬“绝对精神”，这使“绝对精神”或绝对理念成为黑格尔唯心主义的核心概念。在黑格尔的观念里，绝对理念是世界存在的理由，自然界和客观事物都是由绝对理念延伸出来的。在他看来，首先，上帝就是那个绝对的、综合存在性的理念，而这个理念就是世界被创造之前的上帝的思想，是先于自然存在的，于是就出现了理念创造自然的主观结论。其次，理念要“创造自然世界的决定”就会产生作用和结果，这个结果就是理念外化为存在物。最后，外化的存在物即自然界会再次内化，这种内化就表现为人的理念，并再次征服自然，自然重新归属于理念。因此，在黑格尔的自然哲学中，当理念要“创造自然世界的决定”产生结果之后，即成为自然的时候，或者在人类历史中通过人类这个中介从精神方面重新收回这种自然的时候，理念就像黑格尔所描述的那样，“它自己成为具有内容的实在的存在”②。因此，黑格尔从理念中演绎出来的并不是自然界本身，而是有关自然的思想，而世界是从思想中演绎出来的，思想与世界的关系是逻辑方面“在先”的关系，而不是时间方面的先后关系。

在黑格尔那里，一方面他把自然看作“自我异化的精神”③，认为自然

---

① 《马克思恩格斯文集》第1卷，人民出版社，2009，第411页。

② 全增嘏主编《西方哲学史》下册，上海人民出版社，1985，第203页。

③ 〔德〕黑格尔：《自然哲学》，梁志学等译，商务印书馆，1980，第21页。

是理念外化的一种表现形式，属于观念性的“绝对精神”。另一方面黑格尔对自然的看法也具有一定的进步性、革命性。首先，黑格尔强调自然的发展是一个辩证统一的过程。“自然必须是一个由各个阶段组成的系统的体系，并且其中一个阶段是从另一个阶段必然产生的。”① 其次，黑格尔认为自然本身是一个系统、一个整体，在他看来，自然界是一个活生生的自在的有机整体，是不能主观地分割的，它如同动物的各个有机部分，没有独立性可言，只能时刻统一着保持生命的延续与发展。最后，黑格尔主张人与自然的双向互动，提出了实践的思想。他指出：“我们认识自然、探究自然的态度，一方面是理论的态度；另一方面是实践的态度。他主张把认识自然的理论态度与改造自然的实践态度结合起来，而反对片面地、孤立地采取一种态度。”② 这样的结果就是久而久之我们用从自然那里获得的东西来对付自然，当然我们并不能征服自然本身，所以人应该减少对自然的无限索取。

这样，虽然黑格尔唯心地把自然看成主观且不真实的存在，研究的是观念化了的自然，且认为“自然界是一个沿着狭小的圆圈循环运动的、永远不变的整体”③，但是黑格尔的自然观却也包含辩证法这个合理成分。他把辩证法在唯心主义的向度上发展到了顶峰，强调了自然界的发展的普遍性就是规律，自然和社会一样，同样受辩证法内在规律的制约。

（二）费尔巴哈的自然唯物主义

费尔巴哈作为一位反宗教、反神学的人，他的思想理论深深扎根于唯物主义，始终坚守物质第一性、意识第二性的唯物主义立场，这使得自然与意识的关系在他那里重新得到正确反映。他明确提出自然界具有物质性，自然界是感性的和物质的。费尔巴哈认为：“自然是无意识的实体，是永恒的实体，是第一性实体，是有意识且属人的实体，其在发生的时间上是属于第二性的。”④精神世界依赖于自然界。自然活动在前，人类意识在后。首先必须有自然实体的存在，才有出现与自然不同的东西的可能。假如没有

① 〔德〕黑格尔：《自然哲学》，梁志学等译，商务印书馆，1980，第28页。

② 全增嘏主编《西方哲学史》下册，上海人民出版社，1985，第256页。

③ 《马克思恩格斯文集》第9卷，人民出版社，2009，第28页。

④ 《费尔巴哈哲学著作选集》下卷，荣震华等译，商务印书馆，1984，第523页。

自然的优先存在，自我、人格和意识的东西就会变成空洞和无本质的虚无。在《宗教的本质》中，费尔巴哈又进一步强调了“自然的存在并不是由人的存在来支配的，更不是基于人的理性和情绪来存在”[①]。也就是说，费尔巴哈认为，人类通过感觉所能感知的整个世界，包括自然界，都是物质的。虽然人类意识和思维的事物似乎超越了物质世界，但产生它们的心灵本质上属于肉体和物质的，精神和意识只是物质的产物而已。“意识——它并不是巫婆或魔法师，也不是准备在任何时间和地点演出随便什么把戏的能力；意志一般也跟人一样，是跟时间和空间有联系的”[②]，它存在于物质性的时间与空间之中，不能脱离时空而凭空出现。“只有作某种事情的时机来临的时候，才会发生行动的意志和力量。”[③]

当然，费尔巴哈确实恢复了唯物主义的“王座”，但是他其实又是一位“半截子唯物主义者”。费尔巴哈确实承认自然界的唯物性，在人与自然的关系问题上他不再遵循宗教神学拜物教性质的逻辑进路，而是把自然看成与存在无区别的实体，把人看作与存在有区别的实体，与存在无区别的实体是与存在有区别的实体的基础，自然成为人生存和发展最基本的条件和根据，人首先是自然界的一部分，人隶属于并产生于自然，人是由自然界派生出来的，人的产生只能“归功于自然”。显然，“只要再多走一小步，看来像是朝同一方向多走了一小步，真理就会变成错误”[④]。因而在费尔巴哈那里，人与自然并不是我们所理解的双向互动且平等的关系，而是自然凌驾于人之上的关系，自然对人来说可以算是保持着绝对优先的地位。费尔巴哈也提到，“人不是导源于天，而是导源于地，不是导源于神，而是导源于自然界”[⑤]。他还进一步指出，大自然为人们的生活和生产提供了一切物质资料，自然是人们生存和发展的基础，人之所以能存在，主要取决于自然的存在，这不仅是因为人靠自然生存，而且人的意识和精神活动也反映了自然。自然为人类意识的发生和发展提供了客观事实，人类应该尊敬自然，视自然为人类之神，把自然作为人类生存和发展的基础和源泉。因

---

① 《费尔巴哈哲学著作选集》下卷，荣震华等译，商务印书馆，1984，第443页。
② 《费尔巴哈哲学著作选集》上卷，荣震华等译，商务印书馆，1984，第419页。
③ 《费尔巴哈哲学著作选集》上卷，荣震华等译，商务印书馆，1984，第419页。
④ 《列宁选集》第4卷，人民出版社，2012，第211页。
⑤ 《费尔巴哈哲学著作选集》下卷，荣震华等译，商务印书馆，1984，第677页。

此，在费尔巴哈的唯物主义自然观里，人只有被动地顺应并服从自然，才能实现与自然的和谐相处，才能安全健康地生存及发展。这样，人所在的自然界中，一切都是先在的、既成的，即使一棵小草、一朵小红花，它们都是开天辟地以来就始终如一的。至于人，他的“本质只能被理解为‘类’，理解为一种内在的、无声的、把许多个人自然地联系起来的普遍性”[①]。

正是立足于19世纪资本主义生产的现实，马克思、恩格斯吸收了黑格尔辩证法思想的合理内核和费尔巴哈唯物主义的基本内核，开启了他们自觉的生态批判的视域。

三　马克思、恩格斯生态思想的演进脉络

从整体上来看，马克思、恩格斯的生态思想大致经历了萌芽、发展、成熟三个相对独立的阶段。

（一）萌芽阶段：“博士论文”、《乌培河谷来信》和《英国工人阶级状况》

1841年3月，马克思完成了自己的博士论文《德谟克利特的自然哲学和伊壁鸠鲁的自然哲学的差别》。在这篇著作中，马克思指出：“伊壁鸠鲁认为原子在虚空中有三种运动。一种运动是直线式的下落；另一种运动起因于原子偏离直线；第三种运动是由于许多原子的互相排斥而引起的。承认第一种和第三种运动是德谟克利特和伊壁鸠鲁共同的；可是，原子脱离直线而偏斜却把伊壁鸠鲁同德谟克利特区别开来了。”[②] 并且，“如果原子不偏斜，就不会有原子的冲击，原子的碰撞，因而世界永远也不会创造出来。因为原子本身就是它们的唯一客体，它们只能自己和自己发生关系；或者用空间的形式来表示，它们只能自己和自己相撞，因为当它们和他物发生关系时，它们在这种关系中的每一个相对存在都被否定了；而这种相对的存在，正如我们所看到的那样，就是它们的原始运动，即沿直线下坠的运动。所以它们只是由于偏离直线才相撞。这与单纯的物质分裂毫不相干。而事实上，直线存在的个体性只有当它同一个他物发生关系，而这个他物

① 《马克思恩格斯选集》第1卷，人民出版社，2012，第135页。

② 《马克思恩格斯全集》第1卷，人民出版社，1995，第30页。

就是它本身时，它才是按照它的概念实现了的，即使这个他物在直接存在的形式中是同它相对立的。所以一个人，只有当同他发生关系的另一个人不是一个不同于他的存在，而他本身，即使还不是精神，也是一个个别的人时，这个人才不再是自然的产物。但是要使作为人的人成为他自己的唯一真实的客体，他就必须在他自身中打破他的相对的定在，欲望的力量和纯粹自然的力量。排斥是自我意识的最初形式；因此，它是同那种自认为是直接存在着的、抽象单一的自我意识相适应的。所以在排斥里，原子的概念便实现了，按照这个概念，它是抽象的形式，但反过来说也一样，按照这个概念，原子就是抽象的物质；因为那同原子有关系的东西虽然是原子，但却是一些别的原子。但如果我自己对待自己就象对待一个直接的他物一样，那么我的这种关系就是物质的关系。这是可能设想的最高级的存在的外在状态。因此在原子的排斥中，表现在直线下坠中的原子的物质性和表现在偏斜中的原子的形式规定，都综合地结合起来了"[①]。在这里，马克思通过原子的偏斜运动，以黑格尔的理念论展开致思之路，论及了自然界人的实现问题，即原子"只是由于偏离直线才相撞"，这使人作为"直接存在的个别性""按照它的概念得到实现"[②]。因此，人在自然界生活，既有必然性规约，也有偶然性表征。原子的偏斜运动的立论凸显了青年马克思对人与自然关系的哲学审视与理念性思考。

与马克思那样经过系统的、完整的教育不同，恩格斯出身于资产阶级大工厂主家庭，因此他的思想有很大一部分源于其所生活的社会或对现实问题的关注。恩格斯在组织工人运动和深入生产活动的社会实践过程中，渐渐发现当时工人所处的社会环境极其恶劣，而且工业革命的到来对生态环境造成了巨大的破坏，这使他非常关注工人的生活状况和工业发展造成的环境污染，对人类社会生活的环境问题产生了初步的思考，萌生了关于社会环境发展的思想。

恩格斯认为，工业和农业生产方式是导致当时社会环境恶化的主要因素，随着资本主义经济的发展，资本家无限追逐个人利益的愿望被扩大化，粗放型的生产方式造成了耕地、空气以及河流的严重污染，也让工人的劳

---

① 《马克思恩格斯全集》第 40 卷，人民出版社，1982，第 216~217 页。

② 《马克思恩格斯全集》第 1 卷，人民出版社，1995，第 37 页。

动条件和生活环境更加恶劣。在《乌培河谷来信》中，恩格斯描绘了这样的场景："谁都知道，乌培河谷——'光明之友'非常讨厌这个名称——是指伸延在大约三小时航程的乌培河流域上的爱北斐特和巴门两个城市。这条狭窄的河流，时而徐徐向前蠕动，时而泛起它那红色的波浪，急速地奔过烟雾弥漫的工厂建筑和棉纱遍布的漂白工厂。然而它那鲜红的颜色并不是来自某个流血的战场——因为这里相互厮斗的只有神学家的笔杆和长舌妇们，而且往往是为了琐碎小事，——也不是源于人们为道德败坏而感到的羞愧（虽然这确实有足够的根据），而只是流自许多使用鲜红色染料的染坊。"[①] 工人们在低矮的房子里劳作，他们吸进的灰尘和烟煤气甚至比氧气还多，资本家为了满足自己的私利，全然不顾对生态环境的破坏和对自然资源的浪费，忽视对工人的劳动环境进行改善。他们"为了榨取更多的剩余价值，强迫工人在极端恶劣的条件下从事繁重的劳动"[②]。在《英国工人阶级状况》中，恩格斯也用较大篇幅有力批评了资本主义的生产方式是造成生活环境污染的罪魁祸首。他指出，资产阶级为了获取私利，"穷人死了就像埋死牲畜一样草草了事。在伦敦，圣布莱德穷人公墓是一块光秃秃的泥泞地，它从查理二世以来就被用做墓地，里面堆满了白骨。每星期三，把死掉的穷人扔到一个14英尺深的坑里，神父匆忙地祈祷，人们在坑上松松地盖上一层土，以便下星期三重新挖开，直到尸体填满不能再往里扔的时候为止。从这里散发的尸体腐烂的臭味把附近的整个地区都污染了。——在曼彻斯特，穷人公墓位于艾尔克河畔，和旧城相对；这也是一个高低不平的荒凉的地方。大约两年以前一条新修的铁路经过这里。假如这是有身份的人的墓地，那么，资产阶级和牧师们会怎样对这种亵渎行为大嚷大叫啊！但这是穷人公墓，是穷人和多余的人安息的地方，所以人们就毫不介意了。人们甚至不肯费点力气把没有完全烂掉的尸体移到墓地的另一边去。哪里修路方便，就把那里的坟挖开，木桩打入新坟，充满了腐败物的水从烂泥中冒出来，使附近一带弥漫着令人作呕的和非常有害的臭气。当时这里发生的可恶的粗暴行为，我不准备详细描述了"[③]。过了将近

---

① 《马克思恩格斯全集》第1卷，人民出版社，1956，第493页。

② 萧灼基：《恩格斯传》，中国社会科学出版社，2008，第40页。

③ 《马克思恩格斯文集》第1卷，人民出版社，2009，第491~492页。

五十年，恩格斯1892年为《英国工人阶级状况》撰写德文第二版序言时，他还特别提到："霍乱、伤寒、天花以及其他流行病的一再发生，使英国资产者懂得了，如果他想使自己以及自己的家人不致成为这些流行病的牺牲品，就必须立即着手改善自己城市的卫生状况。因此，这本书里所描写的那些最令人触目惊心的恶劣现象，现在或者已经被消除，或者已经不那么明显。下水道已经修筑起来或改善了；在境况最差的'贫民窟'中间，有许多地方修建了宽阔的街道；'小爱尔兰'已经消失，'七日规'跟着也将被清除。但是这有什么意义呢？我在1844年还能用几乎是田园诗的笔调来描写的那些地区，现在随着城市的发展已经整批地陷入同样衰败、荒凉和穷困的境地。当然，猪和垃圾堆现在是看不到了。资产阶级掩饰工人阶级灾难的手法又有进步。但是，在工人住宅方面并没有任何重大改善，这一点从1885年皇家委员会《关于穷人的居住条件》的报告中可以得到充分证明。其他各方面的情形也都是这样。警察局的命令多如雪片，但只能用来掩盖工人的穷困状况，而不能消除这种状况。"① 通过这些批判，恩格斯深刻意识到资本主义生产的反生态性和反人道主义性，在对资本主义无情的斥责中表达了对工人生活环境和自然环境的深切关怀。

（二）发展阶段：《1844年经济学哲学手稿》、《神圣家族》和《德意志意识形态》

马克思、恩格斯在关注现实问题的基础上，加深了对自然环境恶化原因的思考。他们继续钻研自然科学，通过研究和总结分析，把实践理解为连接人、自然、社会的中介，并在历史唯物主义的基础上，提出了人与自然是一种"对象性"关系，推动了其生态思想的进一步形成与发展。在《1844年经济学哲学手稿》中，马克思论述了以实践为中介的人、自然和社会的关系。他指出："自然科学展开了大规模的活动并且占有了不断增多的材料。而哲学对自然科学始终是疏远的，正像自然科学对哲学也始终是疏远的一样。过去把它们暂时结合起来，不过是离奇的幻想。存在着结合的意志，但缺少结合的能力。甚至历史编纂学也只是顺便地考虑到自然科学，仅仅把它看做是启蒙、有用性和某些伟大发现的因素。然而，自然科学却

① 《马克思恩格斯选集》第1卷，人民出版社，2012，第67~68页。

通过工业日益在实践上进入人的生活，改造人的生活，并为人的解放作准备，尽管它不得不直接地使非人化充分发展。工业是自然界对人，因而也是自然科学对人的现实的历史关系。因此，如果把工业看成人的本质力量的公开的展示，那么自然界的人的本质，或者人的自然的本质，也就可以理解了；因此，自然科学将抛弃它的抽象物质的方向，或者更确切地说，是抛弃唯心主义方向，从而成为人的科学的基础，正像它现在已经——尽管以异化的形式——成了真正人的生活的基础一样；说生活还有别的什么基础，科学还有别的什么基础——这根本就是谎言。在人类历史中即在人类社会的形成过程中生成的自然界，是人的现实的自然界；因此，通过工业——尽管以异化的形式——形成的自然界，是真正的、人本学的自然界。"[①] 这样，"我们看到，工业的历史和工业的已经生成的对象性的存在，是一本打开了的关于人的本质力量的书，是感性地摆在我们面前的人的心理学；对这种心理学人们至今还没有从它同人的本质的联系，而总是仅仅从外在的有用性这种关系来理解，因为在异化范围内活动的人们仅仅把人的普遍存在，宗教，或者具有抽象普遍本质的历史，如政治、艺术和文学等等，理解为人的本质力量的现实性和人的类活动。在通常的、物质的工业中（人们可以把这种工业理解为上述普遍运动的一部分，正像可以把这个运动本身理解为工业的一个特殊部分一样，因为全部人的活动迄今为止都是劳动，也就是工业，就是同自身相异化的活动），人的对象化的本质力量以感性的、异己的、有用的对象的形式，以异化的形式呈现在我们面前。如果心理学还没有打开这本书即历史的这个恰恰最容易感知的、最容易理解的部分，那么这种心理学就不能成为内容确实丰富的和真正的科学"[②]。

在《神圣家族》中，马克思和恩格斯一起对黑格尔的唯心主义进行了分析和批判，特别强调了在唯物主义理论中包含了关于外部环境对人的影响以及人的知识源于感性世界和感性经验的思想。他们指出自然物质世界的存在正是人的生产得以实现的条件，因此不是人创造物质，而是人创造物质世界的能力是以物质世界的预先存在为条件的。他们反对鲍威尔脱离人与自然关系的唯心史观，那种历史观否认人与自然的理论和实践关系，

---

① 《马克思恩格斯文集》第1卷，人民出版社，2009，第193页。

② 《马克思恩格斯文集》第1卷，人民出版社，2009，第192~193页。

将人类历史与自然界和工业分离开来，认为历史源于云霄中的“天国”。马克思、恩格斯则指出“历史完全不是遵照批判的判决产生的”[①]，人类历史来自人类对物质的生产和改造过程，历史只是人们追求自己目标的一切活动而已，这就在物与物关系的背后意识到了人与自然的关系。在马克思、恩格斯看来，人类所生活的自然应该是健康和清洁的，这是符合人性的，如此，人类就必须通过实践来改变周围的世界，他们的“工业和商业正在建立另一种包罗万象的王国”[②]。因为大自然不会创造人类所需要的一切。而我们创造我们所需要的一切时应该做到保护自然和利用自然相协调，这样我们对自然的活动才是符合人性的。不难看出，此时的马克思、恩格斯虽然并未提出明确的唯物史观，但已经接近了唯物史观的中心概念，囊括了社会历史的观点，人、人与自然的观点，他们的生态思想正是在对这些观点的探索中逐渐形成的。

马克思与恩格斯合著的另一著作《德意志意识形态》是对《关于费尔巴哈的提纲》内容的进一步展开。它指出了费尔巴哈等旧唯物主义者的不足之处，这些旧唯物主义者没有看到实践的真正意义，不能理解在实践过程中人与自然的具体关系。在《德意志意识形态》中，马克思、恩格斯更加确证了人与自然的辩证统一关系，论述了人在创造和利用环境的同时，环境也创造了人，自然界是在人类实践过程中被打上人类烙印的人化自然。反过来，人化自然也在改变人类本身，人与自然的变化都是建立在实践的基础上的，实践是实现人与自然统一的纽带，人与自然的关系是实践与历史的统一，自然史和社会史是一个互相制约的过程。

（三）成熟阶段：《资本论》、《反杜林论》和《自然辩证法》

马克思的《资本论》既是一部对资本主义经济进行批判的巨著，也同时体现出了成熟阶段马克思深刻的生态关怀。第一，在《资本论》中，马克思阐明了人与自然是一个相互作用的统一体。他认为：“劳动首先是人和自然之间的过程，是人以自身的活动来中介、调整和控制人和自然之间的物质变换的过程。人自身作为一种自然力与自然物质相对立。为了在对自

① 《马克思恩格斯文集》第2卷，人民出版社，2009，第13页。

② 《马克思恩格斯文集》第2卷，人民出版社，2009，第88页。

身生活有用的形式上占有自然物质，人就使他身上的自然力——臂和腿、头和手运动起来。当他通过这种运动作用于他身外的自然并改变自然时，也就同时改变他自身的自然。他使自身的自然中蕴藏着的潜力发挥出来，并且使这种力的活动受他自己控制。”[①] 因为人通过劳动改造自然界，所以自然界发生什么变化（包括反对人的变化），取决于人的改造活动；同时，人与自然以劳动为中介进行物质变换抑或新陈代谢，说明人依赖自然，离不开自然的物质支持。这样，为了自然界不反对人，为了人与自然物质变换的和谐，我们就必须尊重自然、顺应自然、保护自然。第二，马克思阐述了农业生态思想。他指出：“资本主义生产使它汇集在各大中心的城市人口越来越占优势，这样一来，它一方面聚集着社会的历史动力，另一方面又破坏着人和土地之间的物质变换，也就是使人以衣食形式消费掉的土地的组成部分不能回归土地，从而破坏土地持久肥力的永恒的自然条件。”[②] 这就提出了在农业衣食生产中存在的人与自然之间的物质变换问题，揭露了在资本主义生产方式下，农业中这种本来必不可少的物质变换关系的断裂和被破坏。典型的例子如对农业生产来说在改良田地土壤过程中能起到最为重要的作用的人的排泄物：“例如，在伦敦，450 万人的粪便，就没有什么好的处理方法，只好花很多钱用来污染泰晤士河。”[③] 第三，马克思论述了工业生产中的循环经济思想。他认为人类耗竭式地使用自然资源，从而使“原料的日益昂贵，自然成为废物利用的刺激”[④]。而这种“我们指的是生产排泄物，即所谓的生产废料再转化为同一个产业部门或另一个产业部门的新的生产要素；这是这样一个过程，通过这个过程，这种所谓的排泄物就再回到生产从而消费（生产消费或个人消费）的循环中”[⑤]，这就构建形成了工业生产中有利于资源节约的循环利用。当然，“我们以后还要比较详细地探讨的这一类节约，也是大规模社会劳动的结果。由于大规模社会劳动所产生的废料数量很大，这些废料本身才重新成为贸易的对象，从而成为新的生产要素。这种废料，只有作为共同生产的废料，因而只有作

① 《马克思恩格斯文集》第 5 卷，人民出版社，2009，第 207~208 页。
② 《马克思恩格斯文集》第 5 卷，人民出版社，2009，第 579 页。
③ 《马克思恩格斯文集》第 7 卷，人民出版社，2009，第 115 页。
④ 《马克思恩格斯文集》第 7 卷，人民出版社，2009，第 115 页。
⑤ 《马克思恩格斯文集》第 7 卷，人民出版社，2009，第 94 页。

为大规模生产的废料，才对生产过程有这样重要的意义，才仍然是交换价值的承担者”[①]。因此，对我们当下的生产来说，如果要建立循环经济，那么就需要推进产业集群和工业园区发展，基于市场交易来开展生产废料的回收再利用。第四，马克思对资本主义社会资源型产品的发展进行了深刻的生态性反思。他批判了殖民者在西印度的咖啡和砂糖生产：“先生们，你们也许认为生产咖啡和砂糖是西印度的自然禀赋吧。200 年以前，跟贸易毫无关系的自然界在那里连一棵咖啡树、一株甘蔗也没有生长出来。也许不出 50 年，那里连一点咖啡、一点砂糖也找不到了，因为东印度正以其更廉价的生产得心应手地跟西印度虚假的自然禀赋竞争。而这个自然禀赋异常富庶的西印度，对英国人说来，正如有史以来就有手工织布天赋的达卡地区的织工一样，已是同样沉重的负担。”[②] 所以，尽管种植咖啡树本身具有生态效益，但资本主义仅追求片面经济效益的资源产品生产是难以取得真正的生态效益的。第五，马克思对资本主义社会这个特殊的人化世界中同时代不同阶级之间及代际的关系进行了生态性的批判。他深刻揭示了在同时代内，资产阶级对无产阶级不仅进行赤裸裸的绝对剩余价值的剥削，而且还进行比较隐蔽的相对剩余价值的剥削。这一切尽管表面上号称以支付工资的形式进行公平交易，但事实上资产阶级与无产阶级之间是极为不公平的剥削与被剥削关系。在代际关系上，资产阶级只盯着自己的个人利益、短期利益，耗竭式地使用资源，也同样严重地损害了代际公平。因此，为了人类的长远利益与永续发展，必须剥夺剥夺者，打倒资产阶级，消灭私有制。这样，在解放无产者的同时，也以间接的形式解放了有产者，社会才能真正实现各成员之间的平等同权。第六，马克思批判了资本主义生产一切追求剩余价值绝对优先获得的反生态性。在资本主义社会里，资本家组织生产没有其他的目的，它唯一的目的就是“生产剩余价值或赚钱，是这个生产方式的绝对规律”[③]。为了这个目的的顺利实现，资本家们把科学技术和自动机器带来的脑力和肢体体力的延伸利用到了极致，疯狂地向外在对象世界索取。只要是能带来剩余价值的东西，例如工人的劳动力、绵

---

① 《马克思恩格斯文集》第 7 卷，人民出版社，2009，第 94 页。

② 《马克思恩格斯文集》第 1 卷，人民出版社，2009，第 757~758 页。

③ 《马克思恩格斯文集》第 5 卷，人民出版社，2009，第 714 页。

羊的羊毛、树木、森林、草地、矿物，统统压榨殆尽，席卷一空，从而形成了尖锐的阶级对立与严重的水土流失、土地沙化、环境污染、洪水泛滥、旱灾频发、物种灭绝等一把把使人们时时感到恐慌与焦虑的“达摩克利斯之剑”。在这种情况下，即使资产阶级“每个人都知道暴风雨总有一天会到来，但是每个人都希望暴风雨在自己发了大财并把钱藏好以后，落到邻人的头上。我死后哪怕洪水滔天！这就是每个资本家和每个资本家国家的口号”①。第七，马克思阐明了未来共产主义社会的生态性。在描绘共产主义理想蓝图时，马克思提出在人类社会发展的这个理想阶段，“社会化的人，联合起来的生产者，将合理地调节他们和自然之间的物质变换，把它置于他们的共同控制之下，而不让它作为一种盲目的力量来统治自己；靠消耗最小的力量，在最无愧于和最适合于他们的人类本性的条件下来进行这种物质变换”②。这亦是说，共产主义社会是一个生态社会，在那里，人们都将共同控制、合理调节他们与自然之间的物质变换，自然也不再作为一种异化的、外在的野蛮力量来统治人类，反对人类，人与自然的关系在生产力高度发展的水平上达到了新的和谐。③

恩格斯生态思想成熟的主要标志是《自然辩证法》。提到恩格斯这部未完成的著作，不得不提一下他写的《反杜林论》。当时，恩格斯为了完成《自然辩证法》，到处搜集与自然哲学有关的资料，这为写作奠定了深厚的自然哲学理论基础，然而当时杜林等人正对马克思主义进行一系列歪曲，为了反击杜林，恩格斯无奈停下写作，专门写了《反杜林论》来反驳杜林等人将自然科学作为自己的保护伞去攻击无产阶级的行为。在这个意义上，恩格斯所著的《反杜林论》可以说是《自然辩证法》的一个有机“缩影”。这两部著作集中体现了恩格斯关于自然哲学和自然辩证法的思想，为我们阐明了人从何处来、劳动在人类生活中所起的决定作用、人与自然应然的关系和状态是怎样的等一系列问题。

具体来说，在这些论著中，恩格斯运用自然和历史相结合的辩证方法，总结出了自然界向人类社会辩证转化的过程，首次提出劳动创造了人类本

---

① 《马克思恩格斯文集》第5卷，人民出版社，2009，第311页。

② 《马克思恩格斯文集》第7卷，人民出版社，2009，第928~929页。

③ 参见余满晖《马克思新唯物主义自然观及其生态批判》，人民出版社，2020，第270~273页。

身的论断。恩格斯在《自然辩证法》中指出，人类社会的产生离不开人的产生和社会的形成，要搞清楚人从何处来、人类社会如何形成，就必须对人具有的自然性方面和人具有的社会性方面加以区分和研究。从人具有的自然性方面来看，人类区别于动物最基本的特征是直立行走以及拥有发达的大脑。经过万年之久的努力，手和脚被分化，人可以进行直立行走，于是人和猿猴就区别开来。手的分化就意味着工具的产生和形成，而工具的制作是人所特有的活动，是人对自然进行改造，发生作用的表现，这就意味着人类开始有了生产。从人具有的社会性方面来看，人与动物能够区分则体现在分工、语言、思维、思想、道德等方面。显然，恩格斯肯定了自然选择不仅发生在人类自然进化中，而且在人具有的社会性中也起着巨大的基础性作用。同时，恩格斯还系统地论述了动物活动与人类劳动的差别，他认为，高等动植物在其活动中也有一定的意识性，但这种“意识”只是它们维持生存的自然本能，它们用的工具也只是自然现有的存在。然而人类劳动与动物的这种活动具有相当大的区别，人类劳动是有目的、有计划的对象性活动，而且这种目的不仅是对生存资料的获取，更是享受和发展这些资料，人的劳动会对自然产生重大的影响，这种影响会使人类可以在一定程度上掌控自然。总之，“动物仅仅利用外部自然界，简单地通过自身的存在在自然界中引起变化；而人则通过他所作出的改变来使自然界为自己的目的服务，来支配自然界。这便是人同其他动物的最终的本质的差别，而造成这一差别的又是劳动”①。

在人与自然的关系问题上，一方面，恩格斯阐述了人类活动对自然和社会产生的双重影响。他认为，人类的物质生产具有双重性，人类活动对人类社会既会产生积极的影响也会产生消极的影响。从人类对自然的利用和改造方面来看，人们利用自然科学技术的物质力量对自然进行索取以满足自身需求的时候，往往会忽视自然内部的运动和发展规律，造成自然系统发展的失衡，给人类社会发展带来灾害。在这方面，恩格斯还发出了警示：“但是我们不要过分陶醉于我们人类对自然界的胜利。对于每一次这样的胜利，自然界都对我们进行报复。每一次胜利，起初确实取得了我们预期的结果，但是往后和再往后却发生完全不同的、出乎预料的影响，常常

① 《马克思恩格斯选集》第3卷，人民出版社，2012，第997~998页。

把最初的结果又消除了。美索不达米亚、希腊、小亚细亚以及其他各地的居民，为了得到耕地，毁灭了森林，但是他们做梦也想不到，这些地方今天竟因此而成为不毛之地，因为他们使这些地方失去了森林，也就失去了水分的积聚中心和贮藏库。阿尔卑斯山的意大利人，当他们在山南坡把那些在山北坡得到精心保护的枞树林砍光用尽时，没有预料到，这样一来，他们就把本地区的高山畜牧业的根基毁掉了；他们更没有预料到，他们这样做，竟使山泉在一年中的大部分时间内枯竭了，同时在雨季又使更加凶猛的洪水倾泻到平原上。在欧洲推广马铃薯的人，并不知道他们在推广这种含粉块茎的同时也使瘰疬症传播开来了。因此我们每走一步都要记住：我们决不像征服者统治异族人那样支配自然界，决不像站在自然界之外的人似的去支配自然界——相反，我们连同我们的肉、血和头脑都是属于自然界和存在于自然界之中的；我们对自然界的整个支配作用，就在于我们比其他一切生物强，能够认识和正确运用自然规律。”[①] 与此相联系，恩格斯特别批判了资本主义制度给人类社会发展带来的诸多消极影响。他认为人们不合理的生产方式会直接破坏生态环境，因此我们应该建立先进的社会制度和合理的生产方式。对此恩格斯在《自然辩证法》里指出：“在各个资本家都是为了直接的利润而从事生产和交换的地方，他们首先考虑的只能是最近的最直接的结果。当一个厂主卖出他所制造的商品或者一个商人卖出他所买进的商品时，只要获得普通的利润，他就满意了，至于商品和买主以后会怎么样，他并不关心。关于这些行为在自然方面的影响，情况也是这样。西班牙的种植场主曾在古巴焚烧山坡上的森林，以为木灰作为肥料足够最能赢利的咖啡树利用一个世代之久，至于后来热带的倾盆大雨竟冲毁毫无保护的沃土而只留下赤裸裸的岩石，这同他们又有什么相干呢？”[②] 由此看来，要实现可持续发展，照顾后代人的生活，必须建立社会主义制度，合理分配资源。

另一方面，除了人对自然的改造以外，我们还应看到人类是自然界的一部分，人与自然是一个统一的有机体。只有人类认识到这一点，才能节制自己对自然界的欲望，才能保证人类长远的利益需求，从而达到人与自

---

① 《马克思恩格斯选集》第 3 卷，人民出版社，2012，第 998 页。

② 《马克思恩格斯选集》第 3 卷，人民出版社，2012，第 1000~1001 页。

然真正的和解。“事实上，我们一天天地学会更正确地理解自然规律，学会认识我们对自然界习常过程的干预所造成的较近或较远的后果。特别自本世纪自然科学大踏步前进以来，我们越来越有可能学会认识并从而控制那些至少是由我们的最常见的生产行为所造成的较远的自然后果。而这种事情发生得越多，人们就越是不仅再次地感觉到，而且也认识到自身和自然界的一体性，那种关于精神和物质、人类和自然、灵魂和肉体之间的对立的荒谬的、反自然的观点，也就越不可能成立了。”①

第二节　马克思、恩格斯生态思想的主要内容

马克思、恩格斯生态思想内容意蕴丰富，其主要围绕人、自然、人与自然的关系以及人与人的关系来展开论述。

一　自然本身具有系统特性

（一）自然界本身具有客观先在性和规律性

马克思、恩格斯肯定自然界的客观先在性，其是人类生存和发展的前提和基础。他们还承认自然界发展有其内部规定的客观规律性，且这种客观规律是不以人的意志为转移的，而是自然本身所固有的，不是人的意识所创造的。

具体到自然界的客观先在性，人是自然界长期发展的产物，马克思和恩格斯认为，人类历史产生的首要前提是存在有生命的个体，而这个有生命的个体便属于自然界，是自然界的一部分，他们的一切包括血肉、大脑等都属于自然界，且自然界是优先于人类自身而客观存在的，它是人类生存和发展的客观物质前提。例如在《德意志意识形态》中，马克思和恩格斯注意到，“自然界起初是作为一种完全异己的、有无限威力的和不可制服的力量与人们对立的，人们同自然界的关系完全像动物同自然界的关系一样，人们就像牲畜一样慑服于自然界”②，“这里立即可以看出……人们对自

① 《马克思恩格斯选集》第 3 卷，人民出版社，2012，第 998~999 页。
② 《马克思恩格斯选集》第 1 卷，人民出版社，2012，第 161 页。

然界的狭隘的关系决定着他们之间的狭隘的关系，而他们之间的狭隘的关系又决定着他们对自然界的狭隘的关系，这正是因为自然界几乎还没有被历史的进程所改变”①。尽管人的“这种活动、这种连续不断的感性劳动和创造、这种生产，正是整个现存的感性世界的基础”②，但是，即使“在这种情况下，外部自然界的优先地位仍然会保持着”③，“此外，先于人类历史而存在的那个自然界，不是费尔巴哈生活于其中的自然界；这是除去在澳洲新出现的一些珊瑚岛以外今天在任何地方都不再存在的、因而对于费尔巴哈来说也是不存在的自然界”④。在《政治经济学批判》中，马克思谈到了劳动与使用价值，他提出：“如果认为，劳动就它创造使用价值来说，是它所创造的东西即物质财富的唯一源泉，那就错了。既然它是使物质适应于这种或那种目的的活动，它就要有物质作为前提。在不同的使用价值中，劳动和自然物质之间的比例是大不相同的，但是使用价值总得有一个自然的基质。”⑤ 毋庸置疑，这个作为“前提”和“基础”的“物质”或“自然”就是先在自然。在《资本论》第1卷中，马克思再一次提到了客观存在的先在自然。他认为属人的“劳动并不是它所生产的使用价值即物质财富的唯一源泉。正像威廉·配第所说，劳动是财富之父，土地是财富之母”⑥，因而与人的劳动不同的“土地”这种自然物也是财富的源泉。人要创造财富，既离不开属人的劳动，也不能无中化有，也就是说需要“土地”等自然基质。⑦

恩格斯在自己单独撰写的《自然辩证法》《反杜林论》等著作中通过继承和吸收达尔文的进化论也阐发了自己的生态观念。如在《自然辩证法》中恩格斯这样说道：“最初发展出来的是无数种无细胞的和有细胞的原生生物，其中只有加拿大假原生物留传了下来；在这些原生生物中，有一些逐渐分化为最初的植物，另一些则分化为最初的动物。从最初的动物中，主要由于进一步的分化而发展出了动物的无数的纲、目、科、属、种，最后

① 《马克思恩格斯选集》第1卷，人民出版社，2012，第161页。
② 《马克思恩格斯选集》第1卷，人民出版社，2012，第157页。
③ 《马克思恩格斯选集》第1卷，人民出版社，2012，第157页。
④ 《马克思恩格斯选集》第1卷，人民出版社，2012，第157页。
⑤ 《马克思恩格斯全集》第31卷，人民出版社，1998，第428~429页。
⑥ 《马克思恩格斯文集》第5卷，人民出版社，2009，第56~57页。
⑦ 参见余满晖《马克思新唯物主义自然观及其生态批判》，人民出版社，2020，第154~155页。

发展出神经系统获得最充分发展的那种形态，即脊椎动物的形态，而在这些脊椎动物中，最后又发展出这样一种脊椎动物，在它身上自然界获得了自我意识，这就是人。"[①] 在这里，恩格斯表明了人类是自然环境经过时间和历史演化而来的，自然界是人类历史产生的前提，人类首先要依赖于自然界，自然界不仅为人类社会生产提供一切生产资料，还为人类提供维持生活所必需的生活资料。比如人"从原来居住的常年炎热的地带，迁移到比较冷的、一年中分成冬季和夏季的地带，就产生了新的需要：要有住房和衣服以抵御寒冷和潮湿，要有新的劳动领域以及由此而来的新的活动，这就使人离开动物越来越远了"[②]，并且"劳动本身经过一代又一代变得更加不同、更加完善和更加多方面了。除打猎和畜牧外，又有了农业，农业之后又有了纺纱、织布、冶金、制陶和航海。伴随着商业和手工业，最后出现了艺术和科学；从部落发展成了民族和国家。法和政治发展起来了，而且和它们一起，人间事物在人的头脑中的虚幻的反映——宗教，也发展起来了。在所有这些起初表现为头脑的产物并且似乎支配着人类社会的创造物面前，劳动的手的较为简陋的产品退到了次要地位；何况能做出劳动计划的头脑在社会发展的很早的阶段上（例如，在简单的家庭中），就已经能不通过自己的手而是通过别人的手来完成计划好的劳动了。迅速前进的文明完全被归功于头脑，归功于脑的发展和活动；人们已经习惯于用他们的思维而不是用他们的需要来解释他们的行为（当然，这些需要是反映在头脑中，是进入意识的）。这样，随着时间的推移，便产生了唯心主义世界观，这种世界观，特别是从古典古代世界没落时起，就支配着人的头脑。它现在还非常有力地支配着人的头脑，甚至达尔文学派的唯物主义自然科学家们对于人类的产生也不能提出明确的看法，因为他们在那种意识形态的影响下，认识不到劳动在这中间所起的作用"[③]。由此可以说，人类是动物进化的最高且有意识的阶段，是自然界的产物，自然界创造了人。

至于自然界发展的规律性，在恩格斯看来，我们所面对的自然界是一个遵循一定的规律排列组合的物质体系。典型的如"不断的变化，即与自

---

① 《马克思恩格斯选集》第 3 卷，人民出版社，2012，第 858 页。
② 《马克思恩格斯选集》第 3 卷，人民出版社，2012，第 995 页。
③ 《马克思恩格斯选集》第 3 卷，人民出版社，2012，第 995~996 页。

身的抽象的同一性的扬弃，在所谓无机界中也是存在的。地质学就是这种变化的历史。在地表上是机械的变化（冲蚀，冰冻）、化学的变化（风化），在地球内部是机械的变化（压力）、热（火山的热）、化学的变化（水、酸、胶合物），属于大规模的变化的是地壳隆起、地震等等。今天的页岩根本不同于构成它的沉积物；白垩土根本不同于构成它的松散的、用显微镜才能观察到的甲壳；石灰石更是这样，根据某些人的看法，石灰石完全是从有机物产生的；沙岩根本不同于松散的海沙；海沙又产生于被磨碎的花岗石等等；至于煤，就不必说了”[①]。因此，恩格斯强调人类活动必须遵循自然界的规律，不能随心所欲无限制地向大自然索取，扰乱大自然物质运动的平衡，不然自然界物质的平衡发展就会受到破坏，自然而然地影响和威胁到人类的发展，诸如 1847 年爱尔兰发生的大饥荒就极有可能再一次重现。“在这次饥荒中，有 100 万吃马铃薯或差不多专吃马铃薯的爱尔兰人进了坟墓，并有 200 万人逃亡海外。”[②] 这也不可辩驳地证明我们人类作为自然界的一部分，更应该深刻认识到自然界本身的系统特性，维持好整体与部分的和谐关系，共同维护自然界这个有机整体的平衡稳定。

（二）自然界是辩证运动的对象世界

马克思在《1844 年经济学哲学手稿》中提到“大地创造说，受到了地球构造学即说明地球的形成、生成是一个过程、一种自我产生的科学的致命打击。自然发生说是对创世说［Schöpfungstheorie］的唯一实际的驳斥”[③]。1847 年，在《哲学的贫困》中，马克思指出：“一切存在物，一切生活在地上和水中的东西，只是由于某种运动才得以存在、生活。”[④] 既然一切存在物都只是由于某种运动才得以生活和存在，那说明自然界本身也只是由于辩证运动才得以存在。1864 年 8 月，在给莱昂·菲利浦斯的信中，马克思说：“不久以前我偶然看到自然科学方面一本很出色的书——格罗夫著的《物理力的相互关系》。他证明：机械运动的力、热、光、电、磁及化学性能，其实都不过是同一个力的不同表现，它们互相演化、替换、转化，

① 《马克思恩格斯选集》第 3 卷，人民出版社，2012，第 914~915 页。
② 《马克思恩格斯选集》第 3 卷，人民出版社，2012，第 999 页。
③ 《马克思恩格斯文集》第 1 卷，人民出版社，2009，第 195 页。
④ 《马克思恩格斯选集》第 1 卷，人民出版社，2012，第 220 页。

等等。他非常巧妙地排除了那些令人厌恶的物理学形而上学的胡话，象‘潜热’（不亚于‘不可见光’）、电的‘流质’以及诸如此类为了给思想空虚之处及时找个字眼来填补而采取的非常手段。”① 在这里，马克思一边表达了他对“物理学形而上学的胡话”的厌恶，一边也肯定格罗夫著的《物理力的相互关系》是“一本很出色的书”，因为“他非常巧妙地排除了那些令人厌恶的物理学形而上学的胡话”，证明了非人的物质世界中存在辩证运动。②

恩格斯在《反杜林论》中也提出在物质世界，“其中没有任何东西是不动的和不变的，而是一切都在运动、变化、生成和消逝”③；“无论何时何地，都没有也不可能有没有运动的物质。宇宙空间中的运动，各个天体上较小的物体的机械运动，表现为热或者表现为电流或磁流的分子振动，化学的分解和化合，有机生命——宇宙中的每一个物质原子在每一瞬间都处在一种或另一种上述运动形式中，或者同时处在数种上述运动形式中。任何静止、任何平衡都只是相对的，只有对这种或那种特定的运动形式来说才是有意义的”④。

在《自然辩证法》中，恩格斯研究了地质科学和能量守恒与转化定律的相关知识，得出了自然界中的一切物质都是经过逐渐演化而形成的，宇宙中的万物总是处在永不停息的运动之中的结论。他指出：“一切僵硬的东西溶解了，一切固定的东西消散了，一切被当做永恒存在的特殊的东西变成了转瞬即逝的东西，整个自然界被证明是在永恒的流动和循环中运动着。”⑤也即整个自然界中不存在永恒的东西，自然界中的万物总是不断地运动和发展着的。与此同时，恩格斯还对古代自然哲学的直观性和主观臆想性进行了有力批判，论证了现代自然科学的全面性和系统性，强调自然科学的发现以现实为依据，证实了物质的各种存在形式和运动方式，以经验证明了物质世界的普遍联系和运动发展。首先，在天文学领域，康德在《自然通史和天体论》中的“星云假说”提出：“地球和整个太阳系表现为

---

① 《马克思恩格斯全集》第30卷，人民出版社，1975，第666~667页。
② 参见余满晖《马克思新唯物主义自然观及其生态批判》，人民出版社，2020，第161~162页。
③ 《马克思恩格斯选集》第3卷，人民出版社，2012，第395页。
④ 《马克思恩格斯选集》第3卷，人民出版社，2012，第435页。
⑤ 《马克思恩格斯文集》第9卷，人民出版社，2009，第418页。

某种在时间的进程中生成的东西。……如果地球是某种生成的东西，那么它现在的地质的、地理的和气候的状况，它的植物和动物，也一定是某种生成的东西，它不仅在空间中必然有彼此并列的历史，而且在时间上也必然有前后相继的历史。"[①] 这一说法在当时引起了人们的注意，原因是这一假说使"第一推动"神话破灭了，它论述了地球和太阳系的历史生成过程。其次，在地质学方面，赖尔在《地质学原理》中论述了地层的形成有前后相继的一个过程，地球上的各个生物都有其发展的历史。"地球表面和各种生存条件的逐渐改变，直接导致有机体的逐渐改变和它们对变化着的环境的适应，导致物种的变异性。"[②] 最后，在物理学研究中，"迈尔在海尔布隆，焦耳在曼彻斯特，都证明了从热到机械力和从机械力到热的转化。热的机械当量的确定，使这个结果成为无可置疑的。同时，格罗夫——不是职业的自然科学家，而是英国的一名律师——通过单纯地整理物理学上已经取得的各种成果就证明了这样一个事实：一切所谓物理力，即机械力、热、光、电、磁，甚至所谓化学力，在一定的条件下都可以互相转化，而不会损失任何力"[③]。而在生物学研究中，"一方面，由于有了比较自然地理学，查明了各种不同的植物区系和动物区系的生存条件；另一方面，对各种不同的有机体按照它们的同类器官相互进行了比较，不仅就它们的成熟状态，而且就它们的一切发展阶段进行了比较。这种研究越是深刻和精确，那种固定不变的有机界的僵硬系统就越是一触即溃。不仅动物和植物的单个的种之间的界线无可挽回地变得越来越模糊，而且冒出了像文昌鱼和南美肺鱼这样一些使以往的一切分类方法遭到嘲弄的动物；最后，甚至发现了说不清是属于植物界还是动物界的有机体。古生物学档案中的空白越来越多地被填补起来了，甚至最顽固的分子也被迫承认整个有机界的发展史和单个机体的发展史之间存在着令人信服的一致，承认有一条阿莉阿德尼线，它可以把人们从植物学和动物学似乎越来越深地陷进去的迷宫中引导出来"[④]。毋庸置疑，物理学和生物学这些方面的发现有力地揭示了运动着的物质是无限循环的，也说明了整个生物界之间内在的必然联系。

---

① 转引自《马克思恩格斯选集》第3卷，人民出版社，2012，第852页。

② 《马克思恩格斯选集》第3卷，人民出版社，2012，第853页。

③ 《马克思恩格斯选集》第3卷，人民出版社，2012，第854页。

④ 《马克思恩格斯选集》第3卷，人民出版社，2012，第855页。

因此，自然科学的丰富发展为自然界的辩证发展提供了经验说明依据，而马克思、恩格斯在对自然界发展的规律研究中，尤其注重对自然科学理论成果的运用，并从中揭示出自然界发展的辩证过程，从而确立了其辩证唯物主义的生态观。

二　人与自然的辩证关系

在《德意志意识形态》中，马克思和恩格斯提出："一当人开始生产自己的生活资料，即迈出由他们的肉体组织所决定的这一步的时候，人本身就开始把自己和动物区别开来。"[①] 这也就是说，在"人"没有开始生产自己的生活资料的时候，"人"不是人，而是一般的动物。此时"人"生活的自然界就是在人之外、人之先的自然界。而这个先在自然中之所以出现了人，在一定意义上是因为它绝不是某种自开天辟地以来就始终如一的东西，而是不断在进行着的包含着否定，包含着前进、上升和发展的辩证运动。随着这种辩证运动发展到一定阶段，类人猿出现了，真正的人也出现了，先在自然也同时向人化自然转化。正是在这个意义上，我们说人是自然界长期发展的产物。[②]

1861年，在阅读了查尔斯·罗伯特·达尔文的《物种起源》后，马克思在致斐迪南·拉萨尔的信中指出："这本书我可以用来当做历史上的阶级斗争的自然科学根据。当然必须容忍粗率的英国式的阐述方式。虽然存在许多缺点，但是在这里不仅第一次给了自然科学中的'目的论'以致命的打击，而且也根据经验阐明了它的合理的意义……"[③] 达尔文的生物进化论阐述的是"许多博物学家至今还坚持我过去曾接受的那种观点——每一物种都是分别创造出来的观点，是错误的。我坚信，物种不是不变的；那些所谓同属的物种都是另一个通常已灭绝物种的直系后代，正如某一物种的变种都公认是该种的后代一样。此外，我还认为，自然选择是变异最重要的途径，虽然不是唯一的途径"[④]。马克思既然认为生物进化论"根据经验

① 《马克思恩格斯选集》第1卷，人民出版社，2012，第147页。
② 参见余满晖《马克思新唯物主义自然观及其生态批判》，人民出版社，2020，第161页。
③ 《马克思恩格斯文集》第10卷，人民出版社，2009，第179页。
④ 〔英〕达尔文：《物种起源》，舒德干等译，陕西人民出版社，2001，第19页。

阐明了它的合理的意义"[①]，就表明他也赞成在自然选择的作用下，地球上的所有物种，都"不是被分别创造出来的，而是跟变种一样，由其他物种演化而来"[②]。而在类人猿未进化成人之前，地球是一个完全未被人扰动的先在自然。为此，马克思也必然赞成这个先在的自然界到处充斥着运动、变化，充斥着从简单到复杂、从低级到高级的上升、发展或进化。[③]

关于人与自然关系的话题，也一直是恩格斯研究的核心问题。在他看来，第一，人与自然是对立统一的。人类毋庸置疑首先是隶属于自然界的，人首先是自然界的一部分。"从攀树的猿群进化到人类社会之前，一定经过了几十万年——这在地球的历史上只不过相当于人的生命中的一秒钟。"[④]"这方面的一流权威威廉・汤姆生爵士曾经计算过：从地球冷却到植物和动物能在地面上生存的时候起，已经过去了一亿年多一点。"[⑤] 因此，人是自然界长期发展的产物，人从属于自然界。

在此理论基础上，恩格斯又进一步指出："只有人能够做到给自然界打上自己的印记，因为他们不仅迁移动植物，而且也改变了他们的居住地的面貌、气候，甚至还改变了动植物本身，以致他们活动的结果只能和地球的普遍灭亡一起消失。"[⑥] 这就以睿智的语言深刻地描述了人与自然是相互影响、相互作用和相互制约的，呈现对立又统一的关系。具体来说，在整个自然界的发展过程中，人类发挥着重要的推动作用，从最初的被动性角色逐渐变成了主动性角色。随着人类劳动的产生，人类对自然界的依赖逐渐转变成了主动支配，因为有了人类对自然规律的深层认识和深刻把握，对自然的作用就会加大，对自然产生的影响也会增加。恩格斯把人类的这种主动支配活动与动物活动加以比较，认为在自然界的进化过程中，人类和动物都同样依赖自然界生存且给自然带来变化和影响，不同的是动物只能通过自身本能的简单活动使自然界发生细微的改变，无法进行有意识、有目的的行为活动，而人类却渴望给自然界打上自己的烙印，通过有目的、

---

① 《马克思恩格斯文集》第10卷，人民出版社，2009，第179页。
② 〔英〕达尔文：《物种起源》，舒德干等译，陕西人民出版社，2001，第16页。
③ 参见余满晖《马克思新唯物主义自然观及其生态批判》，人民出版社，2020，第162页。
④ 《马克思恩格斯选集》第3卷，人民出版社，2012，第993页。
⑤ 《马克思恩格斯选集》第3卷，人民出版社，2012，第993页。
⑥ 《马克思恩格斯选集》第3卷，人民出版社，2012，第859页。

有意识的活动对自然界进行不断的加工和改造，使之符合自己的需求，“动物所能做到的最多是采集，而人则从事生产，人制造最广义的生活资料”[①]。

人类对自然界的创造性改造在很大程度上推动了自然的发展和社会的进步，与此同时，自然界的发展规律也在制约着人类的行为活动。事实上，有关事物辩证发展的规律，“在生物学中，以及在人类社会历史中，这一规律在每一步上都被证实了”[②]，而这也意味着人的主观能动性发挥必须以尊重自然的客观性为前提。或者也可以这样说，自然资源的有限性必然要求人类活动具有合理性，人劳动的合理性就是要充分认识到自然环境的条件性，遵循自然界客观规律，合理利用自然资源，保持自然界的可再生性和可持续利用性。人发挥主观能动性若不考虑自然资源的有限性，必然会导致其行为与预期目标产生偏差，对人类历史发展和自然有效利用造成危机。如前所述美索不达米亚、希腊、小亚细亚等地的居民们毁林开荒最终使森林变成了不毛之地就是最为鲜活的例子。

第二，劳动实践是人与自然和谐发展的前提基础。在恩格斯的思想理论中，人类只有通过劳动实践，才能与自然发生关系。劳动是人类得以生活的第一个条件。在《劳动在从猿到人转变过程中的作用》中，恩格斯提出了“劳动创造了人”的理论观点。他指出：“在猿类中，手和脚的使用也已经有某种分工了。正如我们已经说过的，在攀援时手和脚的使用方式是不同的。手主要是用来摘取和抓住食物，就像低级哺乳动物用前爪所做的那样。有些猿类用手在树上筑巢，或者如黑猩猩甚至在树枝间搭棚以避风雨。它们用手拿着木棒抵御敌人，或者以果实和石块掷向敌人。它们在被圈养的情况下用手做出一些简单的模仿人的动作。但是，正是在这里我们看到，甚至和人最相似的猿类的不发达的手，同经过几十万年的劳动而高度完善化的人手相比，竟存在着多么大的差距。骨节和筋肉的数目和一般排列，两者是相同的，然而即使最低级的野蛮人的手，也能做任何猿手都模仿不了的数百种动作。任何一只猿手都不曾制造哪怕是一把最粗笨的石刀。”[③] 因此，“劳动是整个人类生活的第一个基本条件”[④]。由此出发，恩

① 《马克思恩格斯选集》第 3 卷，人民出版社，2012，第 987 页。
② 《马克思恩格斯选集》第 3 卷，人民出版社，2012，第 907 页。
③ 《马克思恩格斯选集》第 3 卷，人民出版社，2012，第 989 页。
④ 《马克思恩格斯选集》第 3 卷，人民出版社，2012，第 988 页。

格斯充分强调了劳动对于人类社会产生的历史决定性作用，这是人类与动物最根本的区别，只有人类的劳动实践才能有目的、有计划地利用和改变自然。这样，劳动的出现使人逐渐从自然界中脱离出来，实现了与动物相区别的质的飞跃，人类在自然面前又取得了进一步的胜利。

当然，劳动实践创造了人，但同时人类也是改造和利用自然界的主体，人类与自然界发生关系是通过劳动实践来达成的。首先，劳动实践的客观性特征要求处理好人与自然的发展关系必须从实际出发，尊重客观事实。“我们决不像征服者统治异族人那样支配自然界，决不像站在自然界之外的人似的去支配自然界”①，而是要“一天天地学会更正确地理解自然规律，学会认识我们对自然界习常过程的干预所造成的较近或较远的后果”②。总之，作为与动物相区别而存在的人类，我们对自然界的影响需要“带有经过事先思考的、有计划的、以事先知道的一定目标为取向的行为的特征”③。其次，恩格斯认为人类现在所生活的自然界是人类通过实践创造而来的。诸如“手不仅是劳动的器官，它还是劳动的产物。只是由于劳动，由于总是要去适应新的动作，由于这样所引起的肌肉、韧带以及经过更长的时间引起的骨骼的特殊发育遗传下来，而且由于这些遗传下来的灵巧性不断以新的方式应用于新的越来越复杂的动作，人的手才达到这样高度的完善，以致像施魔法一样产生了拉斐尔的绘画、托瓦森的雕刻和帕格尼尼的音乐”④。而随着人类实践的不断深入，人与自然的关联性也更加宽广，“他们在自然对象中不断地发现新的、以往所不知道的属性”⑤。换句话说，人越是对自然改造得多，人类活动越是受制于自然界。因此，人与自然未来的关系走向取决于人的实践水平的高低。最后，人的实践能力受制于自然界的种种客观条件，人与自然的和谐要求人类活动尊重自然界的客观性，不能滥用自己的实践，破坏人与自然的发展平衡。例如，“猿群满足于把它们由于地理位置或由于抵抗了邻近的猿群而占得的觅食地区的食物吃光。为了获得新的觅食地区，它们进行迁徙和战斗，但是除了无意中用自己的粪

① 《马克思恩格斯选集》第3卷，人民出版社，2012，第998页。
② 《马克思恩格斯选集》第3卷，人民出版社，2012，第998页。
③ 《马克思恩格斯选集》第3卷，人民出版社，2012，第996页。
④ 《马克思恩格斯选集》第3卷，人民出版社，2012，第990页。
⑤ 《马克思恩格斯选集》第3卷，人民出版社，2012，第991页。

便肥沃土地以外，它们没有能力从觅食地区索取比自然界的赐予更多的东西。一旦所有可能的觅食地区都被占据了，猿类就不能再扩大繁殖了”①。

三　生产方式与社会发展关系的异化及其影响

（一）资本主义生产方式必然导致社会畸形发展

马克思、恩格斯提出，“一切人类生存的第一个前提，也就是一切历史的第一个前提，这个前提是：人们为了能够‘创造历史’，必须能够生活。但是为了生活，首先就需要吃喝住穿以及其他一些东西。因此第一个历史活动就是生产满足这些需要的资料，即生产物质生活本身”②。人类的这种生产，在资本主义制度下，受工业革命的推动。资本主义发达的生产力通过资本主义生产给社会带来了巨量的财富，与此同时，我们也必须看到其给人类社会发展带来的诸多矛盾。

首先，资本家从出现之日起，其本质就是不断追求无限扩大的利润，其唯利是图、无限贪婪的本性决定了工人阶级的地位和处境。资本家为了扩大生产，缩减生产成本，就会延长工人的工作时间以提高产量，决不会花额外的费用为工人改造工作环境和生活环境，甚至迫使工人使用“危险机器”，对工人的生命和健康造成极大的威胁。资本主义生产方式对工人的这种压迫和剥削，导致工人连最基本的生存权利都无法保证，使工人阶级沦为资本主义经济无限增长的工具和赚钱的奴隶，劳动者无法通过自己的意愿获取劳动成果，最终无法实现正常的生存与发展，这必然会引起工人阶级和资本家矛盾的激化。

其次，资本主义生产方式决定了资本主义的基本矛盾是生产社会化与生产资料资本主义私有制之间的矛盾。随着生产力的发展，企业与企业之间的联系越来越多，生产最终会扩大范围并实现社会化。然而，资本主义的生产资料仍然由资本家私有，他们为了满足更多的剩余价值贪欲，必然会盲目扩大生产规模，最终导致大批产品过剩。当生产出来的产品无法实现有效消费时，就会引发经济危机，使经济市场不能正常运行，影响社会

---

① 《马克思恩格斯选集》第 3 卷，人民出版社，2012，第 993 页。
② 《马克思恩格斯选集》第 1 卷，人民出版社，2012，第 158 页。

稳定。因此，资本主义生产方式的盲目性和逐利性最终会破坏人与人的关系，造成社会的畸形发展。

最后，资本主义生产方式使劳动和消费产生异化，进而导致人类社会出现划时代的生态危机。资产阶级为了追求剩余价值，会不断增加工人的劳动量，生产更多的产品，积累起巨大的财富，越来越富有。相反地，劳动者自身的价值量越来越低，工人的劳动沦为其维持必要生存的手段，社会贫富差距不断扩大。而资本家让工人无节制地生产的最终的目的是促进消费，继续积累资本。此时，资本家为了提高消费者对商品的需求，会采取各种形式来刺激消费者的欲望，导致人们不是为了自己的实际需要而消费，形成畸形的消费心理和消费行为。“西方社会在经历了积累式的资本主义之后，今天全面进入了消费时代，资产阶级早期清教徒式的节俭生活与奋斗精神，已经让位于奢侈放纵、尽情享受了。在无尽的广告轰炸下，在堆积如山、琳琅满目的商品的诱惑下，人们……购买着，占有着，享受着，而且乐此不疲。这时，人的大脑的思维功能似乎让位于视觉、听觉、味觉等纯感官活动，感官、感觉好像成了人唯一的心理活动方式，整个世界似乎只有当下的源于物的享乐才是真实的。”① 在这种畸形的消费需求的刺激下，资本主义社会中的劳动被扭曲，进而异化了人与自然的关系。“从本质上说，人与自然之间的关系是辩证统一的。因此，属于自然的人类对自然界的改造是有限制的，也就是说必须符合自然界的自然规律，人不能对自然恣意妄为，拥有人类的自然是人化的自然与自然的人化的统一，人与自然之间有着相互依赖、相互制约的关系，人与自然应当是一个和谐的整体。然而近代以来，伴随着实践能力的提升，人们不断地向自然开战，贪婪地向自然索取财富，这就造成了生态破坏并威胁到人类的生存，使人感到失去了与自然的和谐关系。在现代社会中，由于人类过分宣扬自身改造自然的能力，而把自然置于与人类相对立的境地。而且，随着现代科技的飞速发展和广泛应用，人类影响和改造自然的能力空前提高，人与自然的关系就愈加紧张，以致带来了严重的生态危机、能源危机和环境危机。在当代社会，日益严重的全球生态危机和环境危机则更加表明人与自然之间矛盾的加深。其实，这就是人与自然关系异化的表现，即人与自然之间的本质

---

① 余满晖等：《生态文明建设的理论与实践》，社会科学文献出版社，2021，第166页。

关系被扭曲了：为人的生存和发展提供物质基础的自然界被人类当作与自己相对立的存在物来加以宰割、蹂躏。”①

对此，马克思、恩格斯基于对欧洲多国环境问题的长期关注批判了资本主义无节制的生产方式，认为资本主义生产方式是造成上述生态环境问题的根源，是导致人与自然物质关系破裂的主要原因。“工业和整个市民社会运动把最后的一些还对人类共同利益漠不关心的阶级卷入了历史的旋涡。”② “因为正是他们，有产的工业阶级，对这种贫困应负道义上的责任。”③ 这不仅包括无产者的经济贫困，还应该包括他们工作、生活的环境的恶劣，例如工人们“在低矮的房子里进行工作，吸进的煤烟和灰尘多于氧气”④。这事实上也是一种贫困——良好的生态环境的贫乏。确实，从一般意义上说，在资本主义“这个人类最后的私有制社会里，资本带来的不平等让资本家们疯狂地驱使劳动力进行片面的生产，从而大大地强化了人的实践活动的反对自身的倾向。当人化的自然界中反对自身的倾向也危及资本、资本家以及整个阶级本身时，资本家或作为他们阶级利益的代表的资本主义国家，也可能会采取一定的措施来控制人化自然的反自身方面。但是，只要私有制存在，人化自然中反自身、反生态的方面就不能得到真正有效的控制。极为典型的例子，如据报道 2018 年 1 月 1 日，我国颁布的‘洋垃圾’禁令落地生效，开始全面禁止进口生活来源废塑料、未经分拣的废纸以及纺织废料、钒渣等 4 类 24 种固体废物。当时倒吸一口凉气的西方国家纷纷发愁，少了中国这个‘洋垃圾’吞吐大户，今后自己国家产生的垃圾该何去何从。现在一年已经过去了，诸多西方国家的洋垃圾都去哪儿了呢？其实情况显而易见。2016~2018 年之间，虽然中国的塑料消费量骤降，但是印度尼西亚、马来西亚、波兰与土耳其等国家却因为进口量大增迅速填补了这一空白。据载，2017~2018 年，马来西亚的进口总量为 10.5 万吨，这一数字同比增加 4.2 万吨（68%），在进口洋垃圾的各国中排名是遥遥领先。处于第二、第三和第四位的分别是土耳其（8 万吨）、波兰与印度尼西亚。如果根据 2017~2018 年间与 2016~2017 年间相比增长最快的国

---

① 余满晖等：《生态文明建设的理论与实践》，社会科学文献出版社，2021，第 141~142 页。

② 《马克思恩格斯选集》第 1 卷，人民出版社，2012，第 89 页。

③ 《马克思恩格斯选集》第 1 卷，人民出版社，2012，第 103 页。

④ 《马克思恩格斯全集》第 1 卷，人民出版社，1956，第 498 页。

家这种按净增长来排列数据的分析方法衡量，那么印尼仍居于前五名，马来西亚和土耳其则居于首位。由此可知，发达资本主义国家生产了垃圾，却不愿意将其留在本国污染环境，而是利用不合理的社会分工漂洋过海将其运到中国处理，对我国造成了很大的环境压力。对此我国为了顺应民众对生态环境保护和公共健康的诉求，根据《巴塞尔公约》以及《中华人民共和国固体废物污染环境防治法》《固体废物进口管理办法》等有关法律法规依约依法实施'洋垃圾'禁令后，以英美为首的资本主义'洋垃圾'主要出口国家一边恬不知耻地倒打一耙，在多个场合、通过多种方式劝告我国不要'破坏全球废料供应链'，似乎'洋垃圾'影响他们国家的环境的问题不是他们作为生产者自身造成的，而是我国依法禁止'洋垃圾'进口引起的。一边不是尽量减少工业垃圾的产生，以及利用自己的资金、生产、技术优势研究怎样无害化就地处理垃圾，反而为了自己国家的环境生态，继续千方百计把自己生产的也应当负有环保处理义务的'洋垃圾'转运到诸如马来西亚等其他国家。这种'各人自扫门前雪，莫管他人瓦上霜'的行为，实际上还是在破坏全球生态的做法，极为鲜明地暴露了资本主义制度下资本主义生产的局限性"①。

（二）不合理的经济发展模式与其扭转

资本主义生产方式在一定程度上提高了人们认识自然和改造自然的实践能力，同时，其不合理、无节制地追求经济发展的疯狂模式也对自然造成巨大的破坏。在资本主义经济发展模式下，资本家们只考虑眼前的利益，而忽视其后续子孙的长远发展，没有可持续发展的绿色生态观。马克思、恩格斯指出，资本主义不合理的经济发展模式的理念是"使整个社会服从于它们发财致富的条件"②，因而资产阶级坚持的是生产得越多越好，这导致社会上众多的物质资源被白白浪费，而自然界的承载能力受限，当有限的资源无法承受无限的社会生产时，必然会引发资源紧缺、生态失衡的问题，最终必然遭到大自然的报复。

具体来说，随着工业革命的兴起与资本主义经济的繁荣，很多大规模

---

① 余满晖：《马克思新唯物主义自然观及其生态批判》，人民出版社，2020，第 292~293 页。

② 《马克思恩格斯选集》第 1 卷，人民出版社，2012，第 411 页。

的工厂开始出现，一方面吸引了大规模的农村人口向城市涌进，从事农业的劳动者逐渐减少，造成大部分土地水土流失严重，土地贫瘠加重。另一方面资本家为了提高产量，不顾土壤的自然状态，在土壤中添加了大量的化学肥料，破坏土壤肥力，土地环境不断恶化。由于工厂的扩建，在生产过程中产生了大量的工业垃圾，这些工业垃圾在没有进行处理的情况下被直接投放到河流中，给河流造成了严重的污染，人们的生活用水也随之受到污染，影响了人的生命健康。恩格斯在《英国工人阶级状况》中举例提到艾尔河："这条河约有一英里半长的一段蜿蜒曲折地穿过该城，在解冻或大雨滂沱的时候就猛力地向四面泛滥。城西较高的地区，就这样一个大城市说来，是相当清洁的，但是位于该河及其支流（becks）沿岸的那些地势较低的地区却是肮脏的、拥挤的，它们本身就足以缩短当地居民、特别是小孩子的寿命。此外，我们还可以提一提寇克盖特、马许胡同、十字街和里士满路附近的工人区的令人作呕的情形。这些地方的街道大多数既没有铺砌过，也没有污水沟，房屋盖得杂乱无章，有许多大杂院和死胡同，甚至最起码的保持清洁的设备也没有。所有这一切就完全足以说明这些不幸的、肮脏和贫穷的渊薮中的过高的死亡率。在艾尔河泛滥的时候（顺便说一说，这条河像一切流经工业城市的河流一样，流入城市的时候是清澈见底的，而在城市另一端流出的时候却又黑又臭，被各色各样的脏东西弄得污浊不堪了），住房和地下室常常积满了水，不得不把它舀到街上去；在这种时候，甚至在有排水沟的地方，水都会从这些水沟里涌上来流入地下室，形成瘴气一样的饱含硫化氢的水蒸气，并留下对健康非常有害的令人作呕的沉淀物。在1839年春汛的时候，由于排水沟沟水外溢竟产生了非常有害的后果：根据出生死亡登记员的报告，本城该区本季度的出生和死亡之比是二比三，而本城其他区域同一季度内的比率却恰好相反，即出生和死亡之比是三比二。"① 这充分描述了资本主义工业化生产给河流带来的严重污染现象。除了给河流倒入大量的污染物之外，资本家为了获取资源还对森林、树木乱砍滥伐，减少了土地面积，加重了自然灾害出现的风险。而在生产过程中产生的大量有害气体也直接排放到空气中，整个城市都被浓浓的黑烟笼罩着，人类呼吸的空气也受到严重污染。

---

① 《马克思恩格斯全集》第2卷，人民出版社，1957，第320页。

资本主义这种过度浪费、无限生产、大量污染的经济发展模式必然会遭到自然界的报复，因此恩格斯在《反杜林论》中指出："只有按照一个统一的大的计划协调地配置自己的生产力的社会，才能使工业在全国分布得最适合于它自身的发展和其他生产要素的保持或发展。因此，城市和乡村的对立的消灭不仅是可能的，而且已经成为工业生产本身的直接需要，同样也已经成为农业生产和公共卫生事业的需要。只有通过城市和乡村的融合，现在的空气、水和土地的污染才能排除，只有通过这种融合，才能使目前城市中病弱群众的粪便不致引起疾病，而被用做植物的肥料。"① 也就是说，只有通过有效的资源配置，生产力的发展才有可能继续和保持，空气、河流、土地的污染才有可能减少和消除。

四　马克思、恩格斯对生态发展的展望

马克思、恩格斯的生态思想论述了关于人与自然、人与人、人与社会的辩证统一关系，并对资本主义不合理的生产方式提出了批判。同时他们也在结合自身实践的基础上不断进行思考，认为社会要实现可持续发展，必须对生产力发展进行合理规划，改变原有的生产方式，建立社会主义制度，在追求生产力发展和改造自然时始终坚持唯物主义。

（一）改变生产方式，建立新的社会制度

在资本主义制度下，资本家对利润的无节制追求使人类生存环境遭受严重破坏，人类发展状况岌岌可危，人的生命健康和精神健康无法得到相应的保障，人不能实现自由的劳动。马克思、恩格斯在此残酷的现实环境下倡导要推翻资本主义，改变资本主义生产方式，通过无产阶级革命运动建立起社会主义制度。他们指出要实现人、自然、社会的和谐统一，解决人与自然的根本矛盾，就要对原有的整个社会制度实行完全的变革，"摧毁至今保护和保障私有财产的一切"②，也即"要消灭这种新的恶性循环，要消灭这个不断重新产生的现代工业的矛盾，又只有消灭现代工业的资本主

---

① 《马克思恩格斯选集》第 3 卷，人民出版社，2012，第 683～684 页。

② 《马克思恩格斯选集》第 1 卷，人民出版社，2012，第 411 页。

义性质才有可能”[①]。资本家贪婪逐利的生产方式，不仅对自然造成污染，破坏自然的内部结构，还对劳动者的身体和精神造成严重的损害。生产资料私有制打击了劳动者的积极性，劳动者不是为了生产而生产，资本家与劳动者注定会两极分化，人与人之间的矛盾加深，人与人之间的平衡稳定关系被破坏。在社会主义制度下，社会的全部生产资料都归社会全体共同所有，社会企业和资本持有者不再是为了自己的无限利润而生产，劳动者也不再是资本的物化对象，而是可以自由自觉地、有目的地、有计划地从事社会劳动，社会资料的公有性也避免了自然资源的浪费。因此，只有建立社会主义制度，生产才能合理而有序地进行，才能避免盲目的生产和资源的浪费，人与人之间、人与自然之间的关系才能稳定和谐。

对此，在《〈政治经济学批判〉序言》中，马克思指出：“无论哪一个社会形态，在它所能容纳的全部生产力发挥出来以前，是决不会灭亡的；而新的更高的生产关系，在它的物质存在条件在旧社会的胎胞里成熟以前，是决不会出现的。”[②] 这意味着扬弃资本主义生产方式，最终彻底解决全球性的生态危机是一个过程。当今资本主义制度虽然是一个垂死的制度，但是它所能容纳的生产力还未全部发挥出来，随着资本主义生产关系的内部调整，第二次世界大战后资本主义社会又出现了诸如生产资料由私人资本所有制转变为法人资本所有制、职工持股、终身雇佣、职工参与决策、扩大公民权利、国家对经济进行全面干预等一系列新变化，这些新变化是资本主义为适应生产力发展要求做出的自我调整，对稳定资本主义的统治起了重要作用，因而我们希望资本主义制度立即崩溃并不现实。此外，资本主义作为人类社会发展的一个阶梯、一个环节，我们对它的否定从来都不是形而上学式的否定而是辩证的否定。在这种制度身上，同样有很多值得我们借鉴的东西。例如市场经济，“说市场经济只存在于资本主义社会，只有资本主义的市场经济，这肯定是不正确的。社会主义为什么不可以搞市场经济”[③]，“市场经济不能说只是资本主义的。市场经济，在封建社会时期就有了萌芽。社会主义也可以搞市场经济”[④]。不仅如此，社会主义也可以

---

① 《马克思恩格斯选集》第 3 卷，人民出版社，2012，第 683 页。

② 《马克思恩格斯选集》第 2 卷，人民出版社，2012，第 3 页。

③ 《邓小平文选》第 2 卷，人民出版社，1994，第 236 页。

④ 《邓小平文选》第 2 卷，人民出版社，1994，第 236 页。

学习资本主义国家包括经营管理方法等在内的好东西，并利用这些东西改善自己的生产方式，管控自己的经济生活，并在这些以批判性的形式凸显的发展和管控当中不断吸取经验、教训，不断提升自己，以更为高效的方式规约自己的行动，有效防止反人化的问题的发生。当然，当今无论资本主义如何改革调整，如何继续容纳生产力的发展，都不能改变资本主义生产方式的根本性质，也不能彻底消除资本主义社会的基本矛盾。因此，资本主义必将被消灭这一历史发展趋势不可改变。展望未来，我们必须坚定地立足于中国特色社会主义实践，牢固树立社会主义生态文明观，为保护生态环境做出我们这代人的努力，再在此基础上继续前进。一旦将来达到跨越“卡夫丁峡谷”所需要的条件，我们就能彻底克服资本主义造成的物化问题，昂首进入已经充分驾驭了生态危机的生态文明的新时代。[①]

（二）坚持辩证唯物主义，合理利用自然资源

关于自然界，马克思、恩格斯始终认为：“理论自然科学的进步也许会使我的劳动绝大部分或者全部成为多余的。因为单是把大量积累的、纯经验的发现加以系统化的必要性，就会迫使理论自然科学发生革命，这场革命必然使最顽固的经验主义者也日益意识到自然过程的辩证性质。”[②] 因此，作为在自然界中生活的人，要充分认识到这种辩证统一关系，透彻理解自然界与人类社会发展是相互制约、相互作用的过程，然后我们才可以在利用自然资源时坚持辩证唯物主义，合理利用自然资源，保证自然和人类的可持续发展，人与自然相互依赖，相互促进。

在这一过程中，马克思、恩格斯批判了资本主义的资源利用方式及其相关问题。他们指出：“现在按社会化方式生产的产品已经不归那些真正使用生产资料和真正生产这些产品的人占有，而是归资本家占有。”[③] 因而资本主义社会生产本性的主要表现是对自然资源的无限占有和控制，且通过雇佣劳动进行规模化的生产以达到获取剩余价值，并最大限度占有自然资源的目的。资本家在生产过程中丝毫不考虑市场的供求平衡问题，无情地

---

① 参见余满晖《马克思新唯物主义自然观及其生态批判》，人民出版社，2021，第 300~301 页。
② 《马克思恩格斯选集》第 3 卷，人民出版社，2012，第 387~388 页。
③ 《马克思恩格斯选集》第 3 卷，人民出版社，2012，第 658 页。

将过剩的产品浪费掉。马克思、恩格斯对此进行了深入的分析，他们指出，“它的本性一旦被理解，它就会在联合起来的生产者手中从魔鬼似的统治者变成顺从的奴仆。这里的区别正像雷电中的电的破坏力同电报机和弧光灯的被驯服的电之间的区别一样，正像火灾同供人使用的火之间的区别一样。当人们按照今天的生产力终于被认识了的本性来对待这种生产力的时候，社会的生产无政府状态就让位于按照社会总体和每个成员的需要对生产进行的社会的有计划的调节。那时，资本主义的占有方式，即产品起初奴役生产者而后又奴役占有者的占有方式，就让位于那种以现代生产资料的本性为基础的产品占有方式”①。这种占有方式实现了社会直接占有和个人直接占有的统一，因而在它的观照下，自然界存在的资源被合理地调配，得到了最为充分的利用。

除了倡导充分利用资源，马克思、恩格斯还主张资源的循环利用。在马克思、恩格斯所生活的时代，随着社会的发展，劳动也逐渐实现规模化，生产力大力发展，同时，生产的排泄物也在大量增加。因此，马克思、恩格斯提出要发展循环经济，对工业生产产生的垃圾实行再利用，将这个部门的废弃物通过加工再应用于其他生产部门的设想。例如《资本论》第 3 卷就专门安排了一节内容来阐述生产排泄物的利用问题，提出“在利用这种排泄物方面，资本主义经济浪费很大”②，而“所谓的废料，几乎在每一种产业中都起着重要的作用”③，所以应该加强生产排泄物和消费排泄物的利用。典型的诸如“收集废毛和破烂毛织物进行再加工，过去一向认为是不光彩的事情，但是，对已成为约克郡毛纺织工业区的一个重要部门的再生呢绒业来说，这种偏见已经完全消除。毫无疑问，废棉加工业很快也会作为一个符合公认的需要的生产部门，而占有同样的位置。30 年前，破烂毛织物即纯毛织物的碎片等等，每吨平均约值 4 镑 4 先令；最近几年，每吨已值 44 镑。同时，需求量如此之大，连棉毛混纺织物也被利用起来，因为有人发明一种能破坏棉花但不损伤羊毛的方法；现在已经有数以千计的工人从事再生呢绒的制造，消费者由此得到了巨大利益，因为他们现在能用

① 《马克思恩格斯选集》第 3 卷，人民出版社，2012，第 667 页。
② 《马克思恩格斯文集》第 7 卷，人民出版社，2009，第 115 页。
③ 《马克思恩格斯文集》第 7 卷，人民出版社，2009，第 116 页。

低廉的价格买到普通质量的优秀毛织物”[①]。这样循环利用废料，既减轻了生产排泄物和消费排泄物对环境的污染，也能避免自然资源的浪费，使人类从自然界获取的物质生产资料发挥最大作用。这也说明，马克思、恩格斯在主张发展生产力的同时，始终坚持辩证唯物主义的自然观，重视对自然界资源的保护与利用，努力实现人与自然的和谐发展。

（三）合理利用科技，发展绿色科技

在马克思、恩格斯所生活的那个时代，由于工业革命带来了生产力的高度发展，科技也变得发达。科学技术的到来一方面改变了人们的生产方式，提高了人们的思想认识，为人类劳动减轻了负担；另一方面又在一定程度上使人与自然之间的物质转换出现了一般性破坏，打破了人与自然界原有的物质转换和循环体系。由于资本家当时对未来生存和发展认识的无知，只考虑利用科技的力量尽可能降低生产成本，在人与自然物质转换的过程中对自然环境造成的伤害没有及时弥补，反而进行大规模的工业生产，给自然造成了不可挽回的损害，影响了自然的状态，在人与自然关系认识问题上导致了片面性。而马克思、恩格斯注意到了科技给人类社会带来的消极的一面，提醒资本家在工业生产过程中，要首先考虑利用发达的科学技术有效减少甚至避免污染物的排放，将工业废弃物集中进行再处理，缓解人类和自然界之间的矛盾。“总的说来，这种再利用的条件是：这种排泄物必须是大量的，而这只有在大规模的劳动的条件下才有可能；机器的改良，使那些在原有形式上本来不能利用的物质，获得一种在新的生产中可以利用的形态；科学的进步，特别是化学的进步，发现了那些废物的有用性质。”[②] 这一方面的努力已经见到了显著的成效。“帕芒蒂耶曾经证明，从一个不是很远的时期以来，例如从路易十四时代以来，法国的磨谷技术大大改善了，同旧磨相比，新磨几乎能够从同量谷物中多提供一半的面包。实际上，巴黎每个居民每年消费的谷物，原来是 4 瑟提埃，后来是 3 瑟提埃，最后是 2 瑟提埃，而现在只是每人 1 又 1/3 瑟提埃，约合 342 磅……在我住过很久的佩尔什，用花岗石和暗色岩石粗制的磨，已经按照 30 年来获

---

① 《马克思恩格斯文集》第 7 卷，人民出版社，2009，第 116 页。

② 《马克思恩格斯文集》第 7 卷，人民出版社，2009，第 115 页。

得显著进步的力学的原理实行改造。现在，人们用拉费泰的优质磨石来制磨，把谷物磨两次，使粉筛成环状运动，于是同量谷物的面粉产量便增加了1/6。因此，我不难明白，为什么罗马人每天消费的谷物和我们每天消费的谷物相差如此之多。全部原因只是在于磨粉方法和面包制造方法的不完善。我看，普林尼在他的著作第十八卷第二十章第二节所叙述的一个值得注意的事实，也必须根据这一点来说明……”① “化学工业提供了废物利用的最显著的例子。它不仅找到新的方法来利用本工业的废料，而且还利用其他各种各样工业的废料，例如，把以前几乎毫无用处的煤焦油转化为苯胺染料，茜红染料（茜素），近来甚至把它转化为药品。”②

第三节　马克思、恩格斯生态思想有无的论争及其批判

马克思、恩格斯的思想中是否有自己的生态向度，是西方学者，尤其是生态学马克思主义学者争论和研究的一个重要问题。基于此，不同的学者有不同的见解，主要包括以本·阿格尔和奥康纳为代表的马克思、恩格斯生态思想的否定派和以福斯特为代表的肯定派，他们分别从各自不同的研究立场分析了马克思、恩格斯的思想中是否具有生态性。回顾这些西方学者的相关观点，对于在当今社会发展态势下坚定马克思、恩格斯的生态思想，消除学术界对马克思、恩格斯有没有生态思想的质疑，更好地理解马克思、恩格斯思想的生态性以及引导当今社会发展的未来走向具有重要意义。

一　空场的绿色马克思、恩格斯

早期研究生态学马克思主义的西方学者由于受到绿色主义思潮的冲击和法兰克福学派的影响，他们直接或间接地认为马克思、恩格斯的思想论述没有明显涉及生态方面的内容，马克思和恩格斯的思想缺乏生态维度，存在“绿色生态学的理论空场”。

（一）本·阿格尔的思想

加拿大著名生态学马克思主义者本·阿格尔以马克思主义相关理论为

---

① 《马克思恩格斯文集》第7卷，人民出版社，2009，第118页。

② 《马克思恩格斯文集》第7卷，人民出版社，2009，第117页。

基础，系统地分析了资本主义生产方式新变化，并有力批判了资本主义所带来的生态危机，提出了异化消费是导致生态危机的内在根源的观点。要解决生态危机，必须通过"期望破灭的辩证法"的变革来应对人们的异化消费。

本·阿格尔认为，传统马克思主义有关资本主义引发的生态危机的理论主要侧重于对资本主义生产方式的分析，认为资本主义基本矛盾即生产的社会化和生产资料私有制之间的矛盾激化到一定的程度就必然会导致经济危机，造成大量工人失业和贫穷，由此被资产阶级压迫的工人阶级就会起来进行社会革命，推翻资本主义制度。而当前资本主义发展变化要比之前灵活得多，资本主义可以通过宏观调控来调整资本家和工人的关系，这在很多情况下能缓和资本家和工人的矛盾，避免资本主义基本矛盾的激化，因此，马克思主义所提出的资本主义危机理论被认为与现代资本主义的社会情况不相符。阿格尔认为，在资本主义发展的今天，资本主义生产方式的危机已经转移到了消费领域，当前需要做的就是"从马克思关于资本主义生产本质的见解出发，努力揭示生产、消费、人的需求和环境之间的关系"①。资本主义的基本矛盾会导致资本主义社会爆发周期性经济危机，但是随着资本主义经济的不断发展，资本主义社会在不断探索后通过各种手段调整其经济危机，从而增加了资本主义制度继续存在的可能性，因此阿格尔断定马克思、恩格斯高估了当时资本主义经济危机的重要性。

由此，面对资本主义发展带来的生态危机，阿格尔提出了他的"异化消费"理论，认为异化消费才是导致生态危机的内在根源，而不是马克思主义视域中所提到的资本主义生产方式。阿格尔认为，"异化消费是这样一种现象，人们努力获得商品，目的是为了补偿他们单调、缺乏创造性、报酬低的劳动"②。当代资本主义为了延缓或避免经济危机的产生，会依靠科学技术带来的巨大物质财富，广泛开展各种宣传营销活动，宣传其扭曲的消费主义观，引诱人们去追求高消费而满足自己单一化的需求。这种消费

---

① 〔加〕本·阿格尔：《西方马克思主义概论》，慎之等译，中国人民大学出版社，1991，第486页。

② 〔加〕本·阿格尔：《西方马克思主义概论》，慎之等译，中国人民大学出版社，1991，第496页。

观的渗透会使人们不是出于真实的自身需要去消费，而是错误地把资本主义行为对市场的需要强加在自己的需要上面，人们的消费不再是自由的，而是资本家一次又一次精心塑造的结果。在这种情况下，人们误以为自己劳动的主体性地位得以实现和凸显，慢慢陷入了资本家布置的异化消费的陷阱。而资本家将会毫无畏惧地继续扩大生产，继续攫取超额利润，通过科学技术等高超手段增强控制自然的能力，忽视自然资源的有限性，资源的匮乏最终会成为资本主义社会发展的一个窟窿，人们在异化消费过程中造成的资源浪费也将会导致生态环境的破坏。因此，阿格尔指出异化消费必然会带来人与自然的异化。要消除人与自然关系的异化必须进行“期望破灭的辩证法”的社会变革。

从阿格尔的资本主义生态危机理论可以看出，其承认马克思、恩格斯关于资本主义的经济危机理论，但是否认马克思、恩格斯的生态性论述，认为马克思、恩格斯忽视了资本主义过度生产造成的资源性浪费对生态系统的破坏，没有真正理解人与自然的关系。所以，阿格尔的思想理论中明确提到了，在当今生态危机已经取代了经济危机的大环境下，马克思主义关于资本主义生产领域的危机理论已经毫无效用。

（二）奥康纳的思想

美国的生态学马克思主义者詹姆斯·奥康纳认为，马克思思想理论尽管在当时没有深入研究生态与自然的相关问题，在生态与绿色方面存在一定的“理论空场”，但马克思、恩格斯深入分析了人类历史与自然历史的双向互动关系，揭示了资本主义反生态、反社会主义的内在本质。不难看出，詹姆斯·奥康纳承认马克思主义关于历史唯物主义的进步性，但是他认为历史唯物主义事实上也存在一定的不完整性，即过度关注人的方面，而忽视了生态与自然文化的方面。

在奥康纳看来，马克思、恩格斯传统的历史唯物主义缺乏文化和自然维度的主要原因是对“协作”的片面理解。马克思思想理论中的“技术决定论”把协作看作生产力，把协作方式看作生产工具、生产对象、技术水平和自然条件。而在奥康纳那里，马克思、恩格斯的生产理论主张的应该是一种动态的方法，即人的物质生产和生活是生产力和生产关系双向互动的过程，因此，奥康纳不同意这种片面的观点。他认为，协作不仅是由技术或权力关系等因素单方面决定的，而且是在主观文化因素和客观自然因素的基础上形成的。因此，协作方式是由技术、权力关系、文化规范和自然共同作用决定的。奥康纳关于生产力和生产关系的理论认为，传统的马克思思想理论没有突出协作的文化形式或自然形式，从而导致了这方面的理论空场。在奥康纳看来，马克思思想理论对生产力和生产关系的论述存在一定缺陷，在论述二者的关系时，看不到二者的主观文化维度和客观自然维度。换句话说，马克思、恩格斯在对生产力和生产关系进行论述时，没有加入“文化”和“自然”的维度。

除此之外，奥康纳还认为，马克思、恩格斯在政治经济学的分析中没有注意到绿色生态问题，也没有明显的生态思想。虽然马克思、恩格斯分析了自然在资本主义生产过程中的重要地位，认识到资本主义生产方式对自然资源的浪费和对自然的破坏，但是他们确实低估了资本主义社会经济发展对自然环境造成的巨大损害，马克思主义思想并没有真正触及对自然生态系统的深入探究。因此，奥康纳在马克思主义所阐述的资本主义基本矛盾导致经济危机理论的基础上，提出了他的“第二重矛盾”理论，即生产力、生产关系和生产条件之间的矛盾。该理论论述了社会生产内部与外界自然的联系，生态危机是由生产条件之间的矛盾造成的，当社会生产条件不能满足社会生产需求的无限扩张时，这种生产不足将导致资本主义经济危机，加剧生态环境恶化。奥康纳认为，在马克思、恩格斯的著作中，虽然论述且区分了不同的生产条件，但没有对其进行系统的分析，他们所提到的生产条件也更多是从经济学的维度对个人劳动力进行分析，对自然的条件和一般性的其他条件很少触及，所以存在自然方面的理论空场。

（三）其他学者的思想

西方质疑马克思、恩格斯是否具有生态思想的代表性学者还有本顿、齐默尔曼、安东尼・吉登斯等。

本顿认为，马克思、恩格斯在其经济理论中没有阐释人类经济活动必然受自然要求限制的一系列问题，这主要表现在他们对劳动过程的理解上。从本顿的角度看，马克思、恩格斯在对劳动过程的理解上主要强调人类根据自我的主观能动性和需要改造自然环境。他们不仅“低估或无视这些劳动过程服从于自然给定的和或相对不可控的条件和限制的各个方面”①，也没有对劳动过程中“生产改造型”和“生态调节型”加以区分。“生态调节型”的劳动过程是指不能改变劳动对象，而要顺应劳动对象生长和发展的条件，因此，这种劳动对自然所提供的条件的要求就比较高。本顿据此认为马克思和恩格斯在其关于自然的论述过程中夸大了人类发挥主观能动性对自然的作用能力，不承认自然本身的极限，因此他们无法理解和揭示生态危机。所以，本顿认为只要把“生态调节型”劳动方面引入马克思和恩格斯的劳动过程概念中，树立与生态绿色意识相关的概念语境，就能实现马克思和恩格斯历史唯物主义绿色化的转变。

齐默尔曼认为马克思、恩格斯的历史唯物主义只突出阐明了人类发挥主观能动性去改造自然，却忽视了自然对人类的影响。马克思、恩格斯的思想更倾向于人类中心主义，更多强调人类为自身的目的对自然进行一系列的利用和改造。虽然他们在早期作品中或多或少地讨论了人与自然的和解问题，但这种和解只是人类进一步征服自然的需要。德国学者伊姆拉还认为马克思主义的劳动价值论突出强调的是劳动在价值形成中的根源地位，因此他认为，自然效用在经济学中不存在，进而劳动价值论中必然会出现自然因素的消失。安东尼·吉登斯更是认为，马克思、恩格斯对自然的态度是工具性和功利性的，自然是为人类发展目的而存在并服从于人类的。

二 反生态的马克思、恩格斯之否定

随着生态学马克思主义的进一步发展，西方马克思主义者不再简单地对马克思、恩格斯的生态内容进行否定和批判，而是努力寻找马克思、恩格斯思想理论中的绿色维度和生态维度，进而用于解释当代资本主义社会所面临的生态危机，对马克思思想理论中的生态学内容进行了有力辩护。

（一）福斯特的思想

约翰·贝拉米·福斯特是美国生态学马克思主义者的代表人物之一，

① 〔英〕特德·本顿主编《生态马克思主义》，曹荣湘、李继龙译，社会科学文献出版社，2013，第157页。

他在《马克思的生态学——唯物主义与自然》中对生态学历史进行了仔细研究并对马克思、恩格斯一系列经典著作进行挖掘分析，探索到他们与其他生态学者的理论具有密不可分的联系。此外，他还发现马克思和恩格斯关于人与自然、人与社会之间关系的哲学思想表达，正是当代社会所需要遵循和追求的理论逻辑和实践旨归。在此基础上，福斯特通过大量的事实论证，重新确立了马克思主义的自然维度和绿色维度。

在福斯特的观点中，生态思想维度始终贯穿着马克思主义理论体系，其著作中对资本主义生产方式对工人造成的剥削和对自然环境的破坏的描述，无处不体现其关注自然、关注人类发展的生态绿色发展思想，在马克思、恩格斯的相关著作中，生态学思想是马克思主义理论体系的重要内容，其历史唯物主义思想和自然辩证法思想本质上的生态性也是我们在当代社会解决人与自然关系问题时应具备的观察方法。并且马克思、恩格斯的历史唯物主义观点同时具备历史和自然两个维度，对于解决人与自然的关系问题具有更大潜力和更多优势。

福斯特不同于其他西方生态学马克思主义者，他更专注于利用马克思主义的分析方法来探索人类面临的生态环境问题。首先，福斯特通过分析唯物主义和科学技术繁荣发展的背景下关于自然的相关观点，发现了马克思主义以及与达尔文的生物进化论相通的唯物主义与自然的内在联系，构建了马克思、恩格斯关于“自然”的概念，强调了自然“本原优先”的地位，进而阐释了马克思、恩格斯关于自然论的绿色生态意蕴。福斯特始终坚信马克思主义所理解的自然不是单纯的自然，而是具有社会性的自然，他认为马克思主义并没有主张自然资源是无限的，而只是表明了自然的极限是一个社会化的话题，马克思主义自然概念的社会性与其所包含的生态性并不矛盾。他指出，马克思、恩格斯的历史唯物主义观是建立在其自然观基础上的，虽然历史唯物主义把最终的关注点从自然转向了历史，但马克思主义首先肯定了自然是人们生存和发展的前提，也是人类一切活动的基础，自然和人类社会共同构成了包括人类生产在内的自然历史。其次，福斯特对于一些学者提出的马克思主义关于人类可以自主改造自然的观点具有人类中心主义倾向的观点给出了回应，他认为：“人类‘支配自然’的观念，虽然具有人类中心主义的倾向，但不必然是对自然或者自然规律的极端漠视。”[1] 他直接指出，在马克思、恩格斯理论视野下的人类物质实践活动可以改变人与自然的关系，更能克服人与自然关系的异化趋向，从而使人与自然关系和谐发展。总之，福斯特反对人们直接将马克思和恩格斯关于“支配自然”的观点归因于其导致生态危机的观念，他强调，坚持马克思、恩格斯“支配自然”的观点反而是人类解决生态问题的理论起点，是促进人类社会进步的重要理论依靠。最后，福斯特认为，马克思、恩格斯对资本主义生产方式的无情批判，深刻体现了其理论思想对生态领域最直接的贡献。这些批判充分体现了马克思、恩格斯对人的发展和自然环境问题的关注，表达了要合理控制人与自然之间的物质变换，将自然和人置于同等地位，实现人的自由全面发展，最终实现人与自然解放的主张。

（二）其他学者的思想

不同于对马克思、恩格斯思想是否具有生态性持怀疑态度的西方马克思主义者，日本学者岩佐茂、英国生态学马克思主义者戴维·佩珀、北美生态学马克思主义者霍华德·帕森斯等都对马克思、恩格斯思想所内含的绿色生态性给予了积极的肯定和维护。

岩佐茂以马克思、恩格斯的生态理论思想为基础，深刻思考了当代社会环境问题，并出版了《环境的思想——环境保护与马克思主义的结合处》一书，彰显了马克思、恩格斯生态思想在解决环境问题上的理论性和实践性。岩佐茂在理解马克思主义人与自然关系问题时，客观承认了人首先是自然界的一部分，自然界是“人的无机的身体”，人虽然拥有各种自主的力量，但是必然受到外部自然的限制的观点，他在此基础上把人看成与自然联系中生存的“受苦的存在”[2]。岩佐茂又进一步分析了马克思、恩格斯把生产劳动实践看成连接人与外部自然的基本途径，人类正是通过自身的劳动把自然演变成自己的“无机的身体”的思想观点，得出了在马克思和恩格斯那里所阐述的唯物主义绝不是将人与自然分离开来，而是把人看成活生生的“自然存在”的结论，阐述了人与自然的本质关系。岩佐茂也在他

---

① 〔美〕约翰·贝拉米·福斯特：《马克思的生态学——唯物主义与自然》，刘仁胜、肖峰译，高等教育出版社，2006，第 14 页。

② 〔日〕岩佐茂：《环境的思想——环境保护与马克思主义的结合处》，韩立新等译，中央编译出版社，2006，第 106 页。

出版的《环境的思想与伦理》中表达了与马克思、恩格斯把劳动作为调整和控制人与自然之间物质变换的过程的相同思想，他指出："为了不破坏人与外界自然之间正常的物质循环关系，环境管理的重点在于通过管理人类自身的活动去控制人与自然的关系。"[1]岩佐茂充分描述了人与自然之间内在的相关性，强调人与自然要保持良好的物质交换关系，人在改造自然时要考虑相关后果。

英国生态学马克思主义者戴维·佩珀在面对众多马克思主义者对马克思、恩格斯生态思想进行否定和质疑时，鲜明地表达了马克思主义对解决环境问题的积极意义。戴维·佩珀除了对马克思、恩格斯关于"自然"的概念内含的绿色生态意蕴进行剖析之外，还对历史唯物主义的辩证方法与生态环境保护之间的内在关联进行系统的理论阐释。他通过对历史唯物主义的研究认为，要解决生态危机问题，仅仅依靠各种哲学观点和社会意识形态是不够的，最重要的是要变革这些思想赖以生存的生产方式。因此，戴维·佩珀通过分析当代资本主义生态危机的根源是资本主义的生产方式，准确抓住了资本主义的基本矛盾是造成生态危机的主要原因的重点，进一步肯定和拓展了马克思、恩格斯的绿色生态观。

北美生态学马克思主义者霍华德·帕森斯也出版了《马克思恩格斯论生态学》[2] 一书，对马克思、恩格斯关于生态方面受到的各种责难进行了批判。他通过对马克思主义经典原著进行深入研读，指出马克思和恩格斯有明确的生态学方面的思想，并论述了人类社会与自然之间的辩证统一关系，从中进一步梳理了马克思和恩格斯对社会主义生态的描述。霍华德·帕森斯指出，社会主义制度与资本主义制度不同，社会主义是辩证地看待人与自然的关系的，人类既控制和支配自然，又在此基础上尊重自然，人与自然和谐相处，因此霍华德·帕森斯呼吁要从资本主义向社会主义进行生态过渡。这一切都说明作为一个资本主义世界的学者，霍华德·帕森斯看到了生态问题的复杂的社会根源，因而对资本主义社会进行了制度批判。

---

① 〔日〕岩佐茂：《环境的思想与伦理》，冯雷、李欣荣、尤维芬译，中央编译出版社，2011，第 24 页。

② 参见王新萍《批判与超越：霍华德·帕森斯论人与自然》，《求索》2013 年第 11 期。

三　马克思、恩格斯生态思想有无论争的方法论批判

对于马克思、恩格斯是否具有生态思想的论争，不管是以本·阿格尔、詹姆斯·奥康纳为代表的生态批判质疑派，还是以福斯特、岩佐茂为代表的生态维护派，他们都是基于各自不同的方法论立场。对于西方大多数生态马克思主义者质疑马克思和恩格斯没有关注到自然方面的发展的观点，是因为他们只看到马克思和恩格斯文本中的经济话语，没有从马克思和恩格斯文本中所阐述的现实语境出发。这表明我们要正确理解马克思、恩格斯的生态思想，就必须回到马克思和恩格斯思想的本真语境。

（一）从天国到人间：绿色马克思、恩格斯空场的“哲学研究立场”

西方马克思主义者在研究和分析马克思、恩格斯思想的生态性时，总体上疏离了马克思、恩格斯的著作文本本身，诸如阿格尔、奥康纳、本顿等学者，从天国到人间进行分析，因此不能把握马克思、恩格斯思想的绿色意蕴。

由于从“天国”出发，他们只看到马克思、恩格斯对资本主义生产方式导致经济危机的批判，而没有看到马克思、恩格斯从经济学的角度来思考生态危机出现的各种问题，更没有从人类生存和发展环境条件被破坏的角度来探究生态危机出现的实质。例如，在阿格尔看来，当前生态危机出现的原因并不是资本主义不合理的生产方式，而是资本主义消费异化。而马克思和恩格斯把问题的分析主要停留在资本主义经济危机的领域，因而他们的思想没有生态危机的维度。

可见，西方马克思主义者对马克思和恩格斯的生态批判都只是站在“哲学的基地”上，没有深入马克思、恩格斯的具体文本本身。因此，他们否认绿色的马克思和恩格斯的论断也必然是错误的。

（二）回到马克思：从人间到天国，凸显马克思、恩格斯的生态性

对于马克思、恩格斯是否有生态思想的论争，我们应该回到马克思、恩格斯理论的本真语境，去深刻领悟其关于历史唯物主义和自然辩证法的著作中渗透着的生态意蕴。西方诸如福斯特、戴维·佩珀等生态学马克思

主义者，注意立足于马克思、恩格斯的著作，从人间到天国出发运思，因而真切地把握了马克思和恩格斯思想的生态性。这些学者普遍认为，马克思和恩格斯的思想和生态学的关系绝不是像否定派所认为的那样处于“空场”，事实上，马克思、恩格斯生态理论的本真内容、思维方式和当代生态学是完美契合的。例如，福斯特认为，马克思和恩格斯以辩证的方法观点阐述了资本主义财富和积累的关系、对资本主义的无情批判，以及人类的可持续发展与资源的有限性等思想。这些思想不仅在哲学意义上阐发了自然、社会、人的辩证关系，而且还从经济学的角度揭示了资本主义社会的内在矛盾，从而表现出一种绿色生态的思维方式。这些生态学马克思主义者还指出，生态学思想的出现和形成是围绕重建自然环境概念来展开研究的，而这个概念又是马克思、恩格斯等经典学者在马克思主义理论框架中提出来的，只是由于在他们所生活的那个年代没有系统构建有关绿色生态等完整理论，而否定派学者没有深入研究和理解马克思和恩格斯的文本，没有挖掘其中的生态思想资源，所以，他们否定马克思和恩格斯思想的生态向度。与之相对立，作为肯定派，他们严格依据马克思和恩格斯的著作，因而发现了马克思和恩格斯在他们的理论中阐述的资本主义生产方式不断向自然界贪婪索取以服务于资本的畸形积累，最后这种资本积累造成了严重的环境危机和人类社会不可持续发展危机的本真内容。

由此可见，我们分析马克思和恩格斯的生态思想时也必须从人间到天国，一切从实际出发，把分析的重点放在资本主义生产力发展水平和其有限的生产关系上，坚持马克思主义的历史唯物主义立场，从人类活动对人类社会发展的作用出发，科学把握人类社会存在与发展的基本规律，在此基础上凸显马克思和恩格斯思想的生态性，以此引导研究阐释当代人类面临的划时代的生态危机。

第二章　贵州生态文明建设的传统文化之根

在我国，一代代的先民或观想宇宙，或改造现实，体现出他们无穷的创造能力和聪明才智，并积淀形成了不仅源远流长，而且内容丰富深邃的优秀传统生态文化。

第一节　以老庄思想为代表的道家生态观念

道家大致起源于春秋战国时期，“亦称‘道德家’。由老子创立并推崇老子的重要学派。由于老子的哲学以‘道’为基本范畴，所以，此派称为‘道家’。先秦道家以老子、庄子为代表，接近道家的还有宋钘、尹文、彭蒙、田骈、慎到等。战国至汉初，道家受名家、法家的影响而产生黄老之学，兴盛一时。魏晋玄学以老庄解释儒经，促成了儒道融合。佛教传入中国后，又有佛、老合流之势。宋明理学标榜儒家‘道统’，但对道家思想仍有所吸收”[①]。班固在《汉书·艺文志》中讲道：“道家者流，盖出于史官，历记成败存亡祸福古今之道，然后知秉要执本，清虚以自守，卑弱以自持，此君人南面之术也。合于尧之克攘，易之嗛嗛，一谦而四益，此其所长也。及放者为之，则欲绝去礼学，兼弃仁义，曰独任清虚可以为治。”

具体到道家学派的创始人老子，“生卒年不详。姓李，名耳，字聃，又称老聃（一说即太史儋或老莱子）。楚国苦县（今河南鹿邑东）人。做过周朝‘守藏室之史’（管理藏书的史官），相传孔子曾向他问礼，后退隐，著《老子》”[②]。在《道德经》中，他以“道”为出发点，首先提出了“有”“无”“道”和谐统一的观点。老子指出：“道可道，非常道。名可名，非常

① 刘文英主编《哲学百科小辞典》，甘肃人民出版社，1987，第187~188页。

② 刘文英主编《哲学百科小辞典》，甘肃人民出版社，1987，第197页。

名。无名，天地之始，有名，万物之母。故常无欲，以观其妙。常有欲，以观其徼。此两者，同出而异名，同谓之玄，玄之又玄，众妙之门。”可见，“无”与“有”这两者，来源相同但名称相异，“无”表示的是天地混沌未开之际的状况，“有”则是宇宙万物产生之本原的总称。它们作为宇宙天地万物之奥妙的总门，都可以被称为玄妙、深远，并且不是一般的玄妙、深远，而是玄妙又玄妙、深远又深远。由于“大道”并非一般的常“道”，不能用言语来表述，也并非普通的常“名”，不能用文辞去命名，所以，我们理解和把握“道”，要常从“有”中去观察体会“道”的端倪，常从“无”中去观察领悟“道”的奥妙。这亦是说，“有”“无”“道”三者是和谐统一的。它们以“道”为核心，围绕体悟“道”而被统御起来。对于“大道”，“视之不见名曰夷，听之不闻名曰希，搏之不得名曰微。此三者不可致诘，故混而为一。其上不皦，其下不昧。绳绳不可名，复归于无物，是谓无状之状，无物之象。是谓惚恍。迎之不见其首，随之不见其后”。“道”既看不见，也摸不着、听不见，它无形无相，并非客观的物质存在。当然它也不是人“头脑中的思想”——主观意识或者说精神存在。因为精神活动只存在于人们的头脑，在人头脑之外不可能有精神，并且人自身头脑中的精神意识由于与感觉器官经由神经纤维联通互动，必然会被人的感性或者理性操控。那“道”是什么呢？它既有客观的物质的本性，也有主观的精神的特点，因而可以说“道”不是作为存在的“存在”，不是存在物或某东西。由此在理解和把握“道”时，人们的理解活动不能也不是直接指向不是存在物或某东西的“道”，而是以间接的方式，先借助“道”的“有”的方面来理解和把握“道”的端倪，再借助“道”的“无”的方面来理解和把握“道”的奥妙。这就表明对“道”的理解是一个从“有”到“无”，又从“无”到“有”的不断循环的过程，人们对“道”的每一次具体的理解活动只是整个循环运动中的一个片段或一个环节，因而具有有限性和相对性。

不过，人们在理解和把握“道”的过程中，从“有”理解“道”的端倪到从“无”理解“道”的奥妙，再从“无”理解“道”的奥妙到从“有”理解“道”的端倪并不是原地循环的转圈活动，而是一种螺旋式的前进上升运动。从“有”理解“道”的端倪保证了从“无”理解“道”的奥妙，而从“无”理解“道”的奥妙又保证了从“有”理解“道”的端倪。

理解活动的每一次循环，从总体上来说，不是使理解远离“道”，而是使理解更接近“道”的实质。这也是为什么我们能“执古之道，以御今之有。能知古始，是谓道纪”。由此也说明了人们关于“道”的理解与把握运动的无限性与绝对性。

与此相类似，老子在《道德经》中还论述了其他对立面的和谐统一。他认为：“大成若缺，其用不弊。大盈若冲，其用不穷。大直若屈，大巧若拙，大辩若讷。躁胜寒，静胜热。”这是说本质上最完满的东西，表面看起来好像总是存在残缺而似乎不完美，不过它的功能却一直不会衰竭；本身其实最为充盈的东西，外表总是看似比较空虚，不过它的作用却不会有任何的穷尽。世间最正直的东西，总表现出有弯曲；事实上最为灵巧的东西，却总是好似最为笨拙；那些最为卓越的能言善辩的人才，一眼看去好似他们并不善于言辞。至于清静，它能克服扰动；至于寒冷，它可以克服暑热。

此外如“天下皆知美之为美，斯恶已；皆知善之为善，斯不善已。故有无相生，难易相成，长短相较，高下相倾，音声相和，前后相随”也直接阐发了因为有丑的存在，美才能够成为美；因为有恶的存在，善才能够成为善的道理。因此在日常生活中，音与声互相谐和、有和无互相转化、长和短互相显现、难和易互相形成、前和后互相接随、高和下互相充实，都是永恒对立而存在的。

根据这些对立面相互依存、相互影响、相互转化且和谐统一的内在关系与外在表现，老子进一步提出：“是以圣人处无为之事，行不言之教，万物作焉而不辞，生而不有，为而不恃，功成而弗居。夫唯弗居，是以不去。”所以圣人总是通过不言的方式施行教化，采用无为的观点对待世事；即使有所施为，也不加注自己的倾向于其上；对于天地之间的万事万物，听任它们自然兴起而不为其创始；个人功成业就也不自居。正是因为自身不居功，所以他们就无所谓失去了什么。这些道理推及国君治理天下也是一样的。所谓“清静为天下正”，是指一个国家的统治者只有坚持做到清静无为，才能统治好天下。

道家另一代表人物庄子，名周，战国时期宋国蒙人，其址大致在今天河南商丘东北。他以飞动飘逸的论述方式继承和发展了老子的观点。关于事物的对立，庄子一方面肯定：“物无非彼，物无非是。自彼则不见，自知则知之。故曰：彼出于是，是亦因彼。彼是方生之说也。”（《庄子·齐物论》）万事万物都存在它自身对立的这一面和那一面。它们之间是相互依赖、相互并存的，万物的这一面起因于那一面，万物的那一面出自万物的这一面。另一方面庄子进一步解释说："虽然，方生方死，方死方生；方可方不可，方不可方可；因是因非，因非因是。是以圣人不由而照之于天，亦因是也。是亦彼也，彼亦是也。彼亦一是非，此亦一是非，果且有彼是乎哉？果且无彼是乎哉？彼是莫得其偶，谓之道枢。枢始得其环中，以应无穷。是亦一无穷，非亦一无穷也。故曰：莫若以明。"（《庄子・齐物论》）因而在这个意义上万物的这一面就是那一面，那一面就是这一面，它们不分彼此，虽然相互作为对立面但二者是统一的。通过这两方面的阐发，与老子相近似，庄子也提出："天地有大美而不言，四时有明法而不议，万物有成理而不说。圣人者，原天地之美而达万物之理。是故至人无为，大圣不作，观于天地之谓也。"（《庄子・知北游》）面对天地的大美，圣哲会对天地做深入细致的观察，以通晓万物生长的道理，因而他们都能顺应自然，无为处世，不会妄加行动。

老子、庄子的这种看法在其后世的现实政治生活中得到了回应。第一，在他们所创立的道家学派的思想传人中，黄老学派强调经世致用，进一步张扬天道自然无为，人道应顺应天道无为而治，契合了时代潮流，受到诸侯的重视而成为显学。战国晚期，秦相吕不韦开始在秦国推行黄老之术，极大地促进了秦国经济的繁荣，也扩大了黄老思想在秦国的影响。后虽经"秦火"，始皇重启法家，黄老道家遭到打击，但它在民间的余脉仍在延续。到了汉初，"天下既定，民亡盖臧，自天子不能具醇驷，而将相或乘牛车"（《汉书・食货志》），社会生产因秦末战乱遭到了严重破坏。汉高祖刘邦总结秦亡教训，深感"事逾烦天下逾乱；法逾滋而奸逾炽"（《新语・无为》），因此重新重视黄老道学，遵循"道莫大于无为"（《新语・无为》）的理念进行国家治理，使社会经济得到了快速发展。此后文帝与窦太后都"好黄帝与老子言，帝及太子诸窦不得不读《黄帝》《老子》，尊其术"（《史记・外戚世家・窦太后》），由此带来了前所未有的社会经济发展，开创了文景之治的盛世。受此影响，黄老道家思想已经深刻地渗入汉朝社会的生产、生活之中，即使后来汉武帝罢黜百家、独尊儒术，与经济繁荣紧密相依的黄老道家之术也并没有销声匿迹。例如汉武帝本人也因想长生而热衷于道家炼丹，自然不可能将《道德经》等道家典籍置于自己的视域之外。

第二，老子以“道”起手，提出了“天人一体”的观点。在老子的观想中，“道生一，一生二，二生三，三生万物”（《道德经》）。并且，“昔之得一者，天得一以清，地得一以宁，神得一以灵，谷得一以盈，万物得一以生，侯王得一以为天下贞。其致之。天无以清将恐裂，地无以宁将恐发，神无以灵将恐歇，谷无以盈将恐竭，万物无以生将恐灭，侯王无以贵高将恐蹶”（《道德经》）。这意味着天地万物之所以存在，是因为“道”的存在。“道生一，一生二，二生三，三生万物”，世间万事万物不是开天辟地以来就一直亘古不变地存在的，而是由独一无二的“道”生成出来的。

关于“道”生万物，庄子认为：“人之生，气之聚也。聚则为生，散则为死。若死生为徒，吾又何患！故万物一也。是其所美者为神奇，其所恶者为臭腐。臭腐复化为神奇，神奇复化为臭腐。故曰：‘通天下一气耳。’圣人故贵一。”（《庄子·知北游》）从表面上看，庄子似乎与古代的唯物主义者相类似，肯定物质性的“气”本源说，实则不然。在庄子的观念中，“万物虽多，其治一也；人卒虽众，其主君也。君原于德而成于天。故曰：玄古之君天下，无为也，天德而已矣。以道观言而天下之君正；以道观分而君臣之义明；以道观能而天下之官治；以道泛观而万物之应备。故通于天地者，德也；行于万物者，道也；上治人者，事也；能有所艺者，技也。技兼于事，事兼于义，义兼于德，德兼于道，道兼于天”（《庄子·天地》）。因此，“通天下”的“一气”，其实归根到底不过就是客观的观想性的“道”。它们之间的关系可以表达为“技兼于事，事兼于义，义兼于德，德兼于道，道兼于天”。“行于万物”的所有的一切，“道”也。

在《关于费尔巴哈的提纲》（以下简称“提纲”）第一条中，马克思指出，“从前的一切唯物主义（包括费尔巴哈的唯物主义）的主要缺点是：对对象、现实、感性，只是从客体的或者直观的形式去理解”[①]。这意味着在“从前的一切唯物主义”的视域中，现实的感性世界只是自然存在或者自然感性，是开天辟地以来就始终如一的东西。马克思既然断定这一点是“从前的一切唯物主义”的“主要缺点”，也就表明他并不认为现实世界是先在的、既成的。同样是在“提纲”的第一条中，马克思也提到了唯心主

---

① 《马克思恩格斯选集》第1卷，人民出版社，2012，第133页。

义，“和唯物主义相反，唯心主义却把能动的方面抽象地发展了”①。这就是说，与旧唯物主义相对立，唯心主义发展了能动的方面也即唯心主义在其理论中赞成我们现实生活的世界是由主体的活动创造出来的。正是在这一方面，唯心主义得到了马克思的肯定。这证明马克思也认为我们现实生活的世界是主体能动的活动生成的而不是像“从前的一切唯物主义”所说的那样是既成的。老子和庄子立足于客观唯心主义立场阐发的“道”生万物的思想与马克思的观点也具有一致性，因而在肯定万物生成方面体现出了作为传统文化特有的创造性、真理性。

在对生态的追求过程中，人们多从两个向度阐述自己的行为。一是部分人类借助机器，通过自己得到极大提升的体力和智力不断向自然开战，持续用人类无限的需求野蛮地对待有限的自然，贪婪地向自然无限度地索取，甚至为了一己私欲不惜砍光一片片森林、挖空一座座高山、污染一条条河流，让我们周围的对象世界再也难以消化人类对它的扰动，最终导致大自然通过连绵不断的酸雨、成片成片的雾霾、急剧减少的物种、大块大块的荒漠、乌黑发臭的水体等反过来报复人类。二是面对资源约束趋紧、环境恶化严重的现实，人们开始大声疾呼在生产、生活过程中要保护自然、尊重自然、顺应自然。胡锦涛曾提出：“坚持节约资源和保护环境的基本国策，坚持节约优先、保护优先、自然恢复为主的方针，着力推进绿色发展、循环发展、低碳发展，形成节约资源和保护环境的空间格局、产业结构、生产方式、生活方式，从源头上扭转生态环境恶化趋势，为人民创造良好生产生活环境，为全球生态安全作出贡献。”② 综观这两个向度的意见，虽然人类确实因自我中心主义的行动实践破坏了自然环境，但这只是一般化的外在的原因，在人与自然为什么必须和谐相处的问题的底层其实还有一个逻辑进路需要打通：作为人外在对象世界在场的自然界出现了生态危机为什么一定会让主体的人受到惩罚。对此老子有关“道生一，一生二，二生三，三生万物”以及庄子“技兼于事，事兼于义，义兼于德，德兼于道”的终极关怀向我们阐明，包括主体的人、客体的自然界在内的天地万物都

① 《马克思恩格斯选集》第1卷，人民出版社，2012，第133页。

② 胡锦涛：《坚定不移沿着中国特色社会主义道路前进　为全面建成小康社会而奋斗——在中国共产党第十八次全国代表大会上的报告》，人民出版社，2012，第39页。

是“道”生成的，因此在这个意义上，人们生活于其中的自然界和人本身并不是什么不同的东西，而是“天人一体”，最终都可以归结到“道”的同一的对象。表面上外在的自然并不疏离于人，它就是人“无机的身体”，与人因为“道”的创造性、生成性而相互融合，自然的历史就是历史的自然，历史的自然就是自然的历史。这用老子的话来阐述就是：“有物混成，先天地生。寂兮寥兮，独立不改。周行而不殆，可以为天地母。吾不知其名，强字之曰道，为之名曰大。大曰逝，逝曰远，远曰反。故道大，天大，地大，王亦大。域中有四大，而王居其一焉。”（《道德经》）由此，“天地与我并生，而万物与我为一。既已为一矣，且得有言乎？既已谓之一矣，且得无言乎？一与言为二，二与一为三。自此以往，巧历不能得，而况其凡乎？故自无适有，以至于三，而况自有适有乎？无适焉，因是已！”（《庄子·齐物论》）这样，作为结果，自然环境中出现了生态危机，一方面，这是自然界出了问题；另一方面，从最一般的层面来看也可以说是人自身出了问题，是人本身患了病。所以，人们破坏自然环境，实际上也等于是在伤害自己，“天人一体”的人与自然的本真关系绝不可能让大自然承受的痛苦与人相分离，相反这种痛苦与被伤害最终必然会降临到以始作俑者身份在场的人身上。

第三，老子以“道”为始，阐述了周行不殆，各复归根的观点。他在《道德经》中说：“致虚极，守静笃，万物并作，吾以观复。夫物芸芸，各复归其根。归根曰静，是谓复命。复命曰常，知常曰明，不知常，妄作凶；知常容，容乃王，公乃王，王乃天，天乃道，道乃久，没身不殆。”其意思是人们要从万物都一齐在蓬勃生长的现象中考察其往复的道理，从而真正体悟到人在生活中应保持清静坚守不变，尽力使心灵的虚寂达到极点。所谓清净，从万物纷纭，各自返回它的本根来看，返回到它的本根就叫作清静，也可以称作复归于生命。这种复归于生命的过程就叫自然。与此相联系，所谓聪明就是认识了自然规律，而轻妄举止就是不认识自然规律，这往往会出乱子和导致灾凶。与之相对立，一个人如果认识了自然规律，那么他就会做到坦然公正、周全，符合自然的“道”。而人只有符合自然的“道”，才能长久，才能终生不遭遇危险。也可以这样认为，在老子的视域中，“循环是道的运动，万物生于有，有生于‘无’（即‘道’）；‘道’又向着相反的方向运动变化，复归于无极，复返归之，‘大曰逝，逝曰远，远曰反'，'观其复'变化无穷。在循环运动中，万物生长，蓬勃生息，最后复归其根。这就是'常'（自然），这样才有明（明智），容（兼容），全（一切），天（天之道），久（持久发展），从而终身没有灾祸"①。

对此庄子也曾提出相类似的复归论。在《庄子·寓言》中，庄子认为："卮言日出，和以天倪，因以曼衍，所以穷年。不言则齐，齐与言不齐，言与齐不齐也，故曰'无言'。言无言，终身言，未尝言；终身不言，未尝不言。有自也而可，有自也而不可；有自也而然，有自也而不然。恶乎然？然于然；恶乎不然；不然于不然。恶乎可？可于可；恶乎不可？不可于不可。物固有所然，物固有所可。无物不然，无物不可。非卮言日出，和以天倪，孰得其久！万物皆种也，以不同形相禅，始卒若环，莫得其伦，是谓天均。天均者，天倪也。"卮言合于自然之变，日日更新，这种更新以不同的形体相继承，如同圆环一般，循环往复，永远看不到端绪，如此就达到了自然的均衡，能够消磨岁月而久远长存。

在唯心主义和旧唯物主义中，诸多学者都会有意或者无心地以先验的方式主观悬设一个理想或完满的人（或者其他对象），这个拥有完满的自然本性的人一旦进入现实社会，便受到外在力量的束缚而被异化成为非人，因而人的发展总是遵循从完满的人到对象化的非人再向真正的人复归这一人道主义历史观的逻辑演进。比较典型的例如在1844年，那时的马克思还是一个不成熟的马克思主义者，尚处于"费尔巴哈派"思想发展阶段。与费尔巴哈哲学人本主义把人的本质理解为"一种内在的、无声的、把许多个人自然地联系起来的普遍性"② 相类似，在《1844年经济学哲学手稿》中，马克思也认为人应该有一个人之为人的精神性的"类本质""类特性"。这个"类本质""类特性"就是"自由的有意识的活动"③。人的生命活动，如生产劳动，如果是"自由的有意识的"，那它就是具有"类特性"的活动，也才是专属于人的活动，才是人的本质力量的体现。一旦这种活动不再是"自由的"或"有意识的"或既不是"自由的"也不是"有意识的"，那它对人来说就成了"某种异己的活动"④。如此，"劳动的现实化竟如此表

---

① 余谋昌：《环境哲学：生态文明的理论基础》，中国环境科学出版社，2010，第26页。

② 《马克思恩格斯选集》第1卷，人民出版社，2012，第135页。

③ 《马克思恩格斯文集》第1卷，人民出版社，2009，第162页。

④ 《马克思恩格斯文集》第1卷，人民出版社，2009，第160页。

现为非现实化，以致工人非现实化到饿死的地步。对象化竟如此表现为对象的丧失，以致工人被剥夺了最必要的对象——不仅是生活的必要对象，而且是劳动的必要对象。甚至连劳动本身也成为工人只有通过最大的努力和极不规则的间歇才能加以占有的对象。对对象的占有竟如此表现为异化，以致工人生产的对象越多，他能够占有的对象就越少，而且越受自己的产品即资本的统治”①。“因此，私有财产是外化劳动即工人对自然界和对自身的外在关系的产物、结果和必然后果。”② 所以工人要摆脱异化或非人化状态，就必然要走向共产主义。“共产主义是对私有财产即人的自我异化的积极的扬弃，因而是通过人并且为了人而对人的本质的真正占有；因此，它是人向自身、也就是向社会的即合乎人性的人的复归，这种复归是完全的复归，是自觉实现并在以往发展的全部财富的范围内实现的复归。这种共产主义，作为完成了的自然主义，等于人道主义，而作为完成了的人道主义，等于自然主义，它是人和自然界之间、人和人之间的矛盾的真正解决，是存在和本质、对象化和自我确证、自由和必然、个体和类之间的斗争的真正解决。它是历史之谜的解答，而且知道自己就是这种解答。”③ 当然“自由王国只是在必要性和外在目的规定要做的劳动终止的地方才开始；因而按照事物的本性来说，它存在于真正物质生产领域的彼岸”④，所以年轻的马克思祈望在他设想的哲学共产主义社会中完全复归人的自然本性也只“存在于真正物质生产领域的彼岸”。但是，如果把此处马克思的哲学人本主义“尾巴”阉割掉，那么我们就会看到，马克思所观想的复归了自然本性的人，“是人和自然界之间、人和人之间的矛盾的真正解决，是存在和本质、对象化和自我确证、自由和必然、个体和类之间的斗争的真正解决”⑤，因而这样的理想状态的人在自我可持续发展的同时也不会扰乱万物的固有运动。换言之，他在自身完全生态化的同时也按照生态的要求与他生活的对象世界达成了统一。

现代倡导的循环经济也从实践上凸显了老子“周行而不殆”的思想中

---

① 《马克思恩格斯文集》第1卷，人民出版社，2009，第157页。

② 《马克思恩格斯文集》第1卷，人民出版社，2009，第166页。

③ 《马克思恩格斯文集》第1卷，人民出版社，2009，第185~186页。

④ 《马克思恩格斯文集》第7卷，人民出版社，2009，第928页。

⑤ 《马克思恩格斯文集》第1卷，人民出版社，2009，第185页。

内含的生态意蕴。这种循环经济“是指在生产、流通和消费等过程中进行的减量化、再利用、资源化活动的总称”①。当今时代，人类砍伐树木、开采矿藏、捕食鱼虾，导致我们这个星球上的可利用资源日益减少，一些本来资源丰富的地方也出现了资源枯竭的现象。在我国，“2008 年 3 月 17 日，国家正式确定甘肃白银、河南焦作、江西萍乡、湖北大冶、吉林白山、云南个旧、辽宁阜新、黑龙江伊春、吉林辽源、辽宁盘锦、宁夏石嘴山和黑龙江大兴安岭地区等 12 个城市为全国首批资源枯竭型城市”②。2009 年 3 月，国务院在确定了全国首批 12 个资源枯竭型城市的基础上，又确定了第二批 32 个资源枯竭型城市。“一、地级市 9 个：山东省枣庄市、湖北省黄石市、安徽省淮北市、安徽省铜陵市、黑龙江省七台河市、重庆市万盛区（当作地级市对待）、辽宁省抚顺市、陕西省铜川市、江西省景德镇市。二、县级市 17 个：贵州省铜仁地区万山特区、甘肃省玉门市、湖北省潜江市、河南省灵宝市、广西壮族自治区合山市、湖南省耒阳市、湖南省冷水江市、辽宁省北票市、吉林省舒兰市、四川省华蓥市、吉林省九台市、湖南省资兴市、湖北省钟祥市、山西省孝义市、黑龙江省五大连池市（森工）、内蒙古自治区阿尔山市（森工）、吉林省敦化市（森工）。三、市辖区 6 个：辽宁省葫芦岛市杨家杖子开发区、河北省承德市鹰手营子矿区、辽宁省葫芦岛市南票区、云南省昆明市东川区、辽宁省辽阳市弓长岭区、河北省张家口市下花园区。”③ 这些资源枯竭型城市除了存在经济结构失衡、接续产业发展困难、就业压力较大等问题以外，在保护生态环境方面也面临很大的压力。为了节约资源和保护环境，我国 2008 年 8 月 29 日第十一届全国人民代表大会常务委员会第四次会议通过了《中华人民共和国循环经济促进法（2018 修正）》，并根据 2018 年 10 月 26 日第十三届全国人民代表大会常务委员会第六次会议《关于修改〈中华人民共和国野生动物保护法〉等十五部法律的决定》进行了修正。新修正的《中华人民共和国循环经济促进法》

① 《中华人民共和国循环经济促进法（2018 修正）》，天津市南开区人民政府网站，http://www.tjnk.gov.cn/STHJJ4748/ZCFG5895/202108/t20210826_5559046.html，最后访问日期：2022 年 5 月 14 日。

② 《全国首批 12 个资源枯竭型城市聚集研讨可持续发展》，中国政府网，http://www.gov.cn/ztzl/2008-09/19/content_1100369.htm，最后访问日期：2022 年 5 月 14 日。

③ 《国务院确定第二批资源枯竭城市抓紧完善转型规划》，中国政府网，http://www.gov.cn/gzdt/2009-03/05/content_1250904.htm，最后访问日期：2022 年 5 月 14 日。

强调："发展循环经济是国家经济社会发展的一项重大战略，应当遵循统筹规划、合理布局，因地制宜、注重实效，政府推动、市场引导，企业实施、公众参与的方针。"[①]在具体激励措施方面指出："国务院和省、自治区、直辖市人民政府设立发展循环经济的有关专项资金，支持循环经济的科技研究开发、循环经济技术和产品的示范与推广、重大循环经济项目的实施、发展循环经济的信息服务等。具体办法由国务院财政部门会同国务院循环经济发展综合管理等有关主管部门制定。"[②] 同时强调："国务院和省、自治区、直辖市人民政府及其有关部门应当将循环经济重大科技攻关项目的自主创新研究、应用示范和产业化发展列入国家或者省级科技发展规划和高技术产业发展规划，并安排财政性资金予以支持。利用财政性资金引进循环经济重大技术、装备的，应当制定消化、吸收和创新方案，报有关主管部门审批并由其监督实施；有关主管部门应当根据实际需要建立协调机制，对重大技术、装备的引进和消化、吸收、创新实行统筹协调，并给予资金支持。"[③] 此外还指出："国家对促进循环经济发展的产业活动给予税收优惠，并运用税收等措施鼓励进口先进的节能、节水、节材等技术、设备和产品，限制在生产过程中耗能高、污染重的产品的出口。具体办法由国务院财政、税务主管部门制定。企业使用或者生产列入国家清洁生产、资源综合利用等鼓励名录的技术、工艺、设备或者产品的，按照国家有关规定享受税收优惠。"[④] 这些措施的落地施行，使我们的经济生活一头连着资源，一头连着环境，既促进了资源的有效使用，也在资源的循环利用中减少了对自然的扰动，减轻了对环境的压力。"周行而不殆"思想尽管是以观念想

---

① 《中华人民共和国循环经济促进法（2018 修正）》，天津市南开区人民政府网站，http://www.tjnk.gov.cn/STHJJ4748/ZCFG5895/202108/t20210826_5559046.html，最后访问日期：2022 年 5 月 14 日。

② 《中华人民共和国循环经济促进法（2018 修正）》，天津市南开区人民政府网站，http://www.tjnk.gov.cn/STHJJ4748/ZCFG5895/202108/t20210826_5559046.html，最后访问日期：2022 年 5 月 14 日。

③ 《中华人民共和国循环经济促进法（2018 修正）》，天津市南开区人民政府网站，http://www.tjnk.gov.cn/STHJJ4748/ZCFG5895/202108/t20210826_5559046.html，最后访问日期：2022 年 5 月 14 日。

④ 《中华人民共和国循环经济促进法（2018 修正）》，天津市南开区人民政府网站，http://www.tjnk.gov.cn/STHJJ4748/ZCFG5895/202108/t20210826_5559046.html，最后访问日期：2022 年 5 月 14 日。

象的方式在运思，但“万物皆种也，以不同形相禅，始卒若环，莫得其伦，是谓天均”（《庄子·寓言》），也深刻揭示了循环经济最为核心的“自然循环”的要义，因而他们在演绎有关天、地、人及其关系的“玄想”的同时，也以哲学形式表达了他们思想中朴素的生态性。

第四，“冲气以为和”的和谐思想。在《道德经》中，老子指出：“万物负阴而抱阳，冲气以为和。”“道”本身包含阴阳二气，阴阳二气相互相交形成一种适匀协调、和谐统一的状态，万物背阴而向阳，在阴阳二气这种互相激荡的状态中产生，不断发展形成新的和谐体。

在中国哲学发展史上，有关和谐的观念源远流长。《周易·乾卦·象》中说：“保合大和，乃利贞。”“大和”即“太和”。“太和”与“刚暴”对立，意为高度的和谐。《尚书·皋陶谟》中提出了“和衷”的概念，说：“同寅协恭，和衷哉！”这里“和衷”意指和谐协调、和睦同心，后来在此基础上演化出来的成语“和衷共济”基本上保留了“和衷”的本义，用来比喻齐心协力克服困难。而老子在这里第一次自觉地将“和”提升到宇宙观高度进行言说，肯定了宇宙万物均处于阴阳对立统一的和谐状态。庄子也提出了“和合”的哲学观点，认为：“夫明白于天地之德者，此之谓大本大宗，与天和者也。所以均调天下，与人和者也。与人和者，谓之人乐；与天和者，谓之天乐。庄子曰：‘吾师乎，吾师乎！万物而不为戾，泽及万世而不为仁，长于上古而不为寿，覆载天地、刻雕众形而不为巧。此之谓天乐。’故曰：‘知天乐者，其生也天行，其死也物化。静而与阴同德，动而与阳同波。’故知天乐者，无天怨，无人非，无物累，无鬼责。故曰：‘其动也天，其静也地，一心定而王天下；其鬼不祟，其魂不疲，一心定而万物服。’言以虚静，推于天地，通于万物，此之谓天乐。天乐者，圣人之心，以畜天下也。”（《庄子·天道》）可见在庄子的观念中，人们认识了天地是以无为为德的这个根本之后，就可以凭它来调和天下，在人与自然关系上做到顺应自然和谐发展，在人与人关系上实现与他人和谐相处。这就是所谓的“天乐”和“人乐”。透彻理解“天乐”的人，他们按照自然规律生活，以随万物而转化的态度来对待死亡。与地阴一起隐寂而清静悠然，与天阳一起波动而行走活动。

从词源学方面来看，东汉文字学家许慎的《说文解字》认为“和”字左“禾”右“口”，解释为“相应也”，引申为互相唱和的意思。“谐”字在《说文解字》中，从言皆声，指音乐和谐，引申为和合、调和之义。无论是“相应”，即相适应，还是音乐和谐，二者都是因为有差别才存在。相适应是一个对象或多个对象主动或被动行动以消解其他对象由差别性产生的外向性斥力的过程。对象之间没有差别性，就没有对象之间相适应的问题，有差别才能谈得上相适应，才能谈“和”。中国古代的音乐不仅有俗乐和雅乐的区分，还定音为五个音级，分别是宫、商、角、徵、羽，说明音乐不仅有种类的不同，还有性质、高低等一系列差别。音乐和谐，就是使这些呈现差别性的“音”具有统一性或统一起来。因此，要使音乐和谐成为可能，“音”有差别是必要条件，否则，音乐和谐的追求和实现就会因为仅仅有同一性（无差别的同一性）而变得不可能或无意义。由此可见，差异、和谐应该是同一个矛盾体中对立的两个方面，二者既因为相互对立而具有斗争性，也因为相互依存而具有同一性。有和谐就有差异，没有差异就没有和谐，多元、差异、矛盾、斗争是和谐概念中的应有之义。当然，虽然和谐不自觉和无条件地以差异的存在为逻辑支点，但是这并不否定二者都内在地趋向“均衡”和“协调”。均衡、协调既是和谐的基本精神，又是二者的落脚点。在严格的意义上，作为差别性概念，和谐突出强调的是矛盾的双方在对立统一的辩证运动中相互适应，形成相辅相成的均衡状态。因此，和谐不是一团和气，而是以与差别的同在为必要条件的追求、要求和力求协调一致。

老子和庄子正是从各种有差别的对立面（阴与阳、生与死）的统一中来阐述他们对和合或者和谐的价值追求。人与自然之间达到了这个要求就是“天乐”，人与人之间达到了这个要求就是“人乐”。鉴古宜观今，当今人类之所以面临划时代的生态危机，就是因为人类极度张扬的活动使人与自然之间的矛盾异常尖锐。因此老子、庄子的和合之道就给我们开启了一道如何走向明天的“门户”。这就是致力于“天乐”，在改造自然的过程中科学地尊重自然、善待自然、保护自然，解决自然方面的问题。应在这个前提条件下追求“人乐”，充分地满足人的不同需要，解决人自身方面的问题，从而最大限度地整合社会各种资源和力量，实现全社会的团结与合作，作为一个整体去面向自然，做出能做出的与自然和合相处的最佳选择。

第五，万物平等的思想。在《道德经》中，老子说：“天地不仁，以万物为刍狗；圣人不仁，以百姓为刍狗。天地之间，其犹橐籥乎？虚而不屈，动而愈出。多言数穷，不如守中。”天地对待万事万物都像对待刍狗一样，无所谓偏爱，圣人也同样没有偏爱地平等对待所有百姓。因此，包括人在内，世间的万事万物都是平等的，并没有高低贵贱的区分。我们与其“多言数穷”，“不如守中”，无偏爱地对天地万物一视同仁。

庄子也认为：“物固有所然，物固有所可。无物不然，无物不可。故为是举莛与楹，厉与西施，恢诡谲怪，道通为一。”小草与巨木、丑女与西施，它（她）们外表殊异，不过从“大道”上来看，相对立的二者之间浑然一体，没有所谓高下贵贱等区别。同时庄子进一步提出：“民湿寝则腰疾偏死，鳅然乎哉？木处则惴栗恂惧，猨猴然乎哉？三者孰知正处？民食刍豢，麋鹿食荐，蝍蛆甘带，鸱鸦耆鼠，四者孰知正味？猿猵狙以为雌，麋与鹿交，鳅与鱼游。毛嫱丽姬，人之所美也；鱼见之深入，鸟见之高飞，麋鹿见之决骤，四者孰知天下之正色哉？自我观之，仁义之端，是非之涂，樊然淆乱，吾恶能知其辩！”（《庄子·齐物论》）人、鳅、猿等物种之间确实在栖居、食性、审美等方面有很大的不同，然而这只是表明不同的物种趋利避害的本性不一样。其实，“毛嫱丽姬，人之所美也；鱼见之深入，鸟见之高飞，麋鹿见之决骤”恰恰说明了不同的物种都具有趋利避害的同一性。

因此，“以道观之，物无贵贱”，即从自然的常理的角度来看，万事万物都是平等的，本来没有贵贱之分。其实“何贵何贱，是谓反衍；无拘而志，与道大蹇。何少何多，是谓谢施；无一而行，与道参差。严乎若国之有君，其无私德；繇繇乎若祭之有社，其无私福；泛泛乎其若四方之无穷，其无所畛域。兼怀万物，其孰承翼？是谓无方。万物一齐，孰短孰长？道无终始，物有死生，不恃其成。一虚一满，不位乎其形。年不可举，时不可止。消息盈虚，终则有始。是所以语大义之方，论万物之理也。物之生也，若骤若驰。无动而不变，无时而不移。何为乎，何不为乎？夫固将自化”（《庄子·秋水》）。事物所谓贵贱等都是可以相互转化的，从这个意义上来说，它们都是一样的。人们根本不需要刻意去用多少、长短、贵贱等来衡量这些对象。

在现代环保运动中，以罗尔斯顿等为代表的学者认为人现实生活于其中的自然界是一个复杂而不可思议的系统，它“把所有的事物都组合成个体生命，并使它们之间的结合如此地松散（等于自由），以致仍能作为其环境中极为珍贵的部分而存在；同时，这种结合又是如此地紧密，以致生养万物的生态系统优先于个体生命”[①]，甚至人们日常生活中毫无奇巧的大地也“不仅是单纯的土壤，也是一个能量的源泉”[②]，其中“食物链不断向前传输能量，死亡和衰败将能量送回土壤”[③]。与此相联系，在他们看来，地球上的每个自然物，土地、山脉、平原、河流、海洋、大气圈等都是地球的不同的器官或者器官的各个零部件，它们每一个部分都有神秘莫测的特殊功能与特殊地位，有自己特定的生态位置，相互依存，共生发展，发挥着其他事物无可替代的独有作用。同时，“正是由于有机体拥有这样一些协调的、完整的功能（它们都指向有机体的‘好’的实现）”[④]，自然界这个“有机体是一个具有目标导向的、完整有序而又协调的活动系统，这些活动都指向一个目标：实现有机体的生长、发育、延续和繁殖”[⑤]。因此，他们认为“河流应当是真实的河流，而不是筑起了大坝的河流；山也不是被挖得千疮百孔的山，而是渺无人烟的荒山”[⑥]，即使建立自然保护区，也不能抽掉“荒野”的实际内涵、它的真实性与原始性，而使之成为用金钱再造出的一个虚假的“荒野”。总之，“荒野作为自然整体一部分有权按照自身的方式生活，这种体验过程能够促使人从大地的征服者角色向作为大地共同体中的普通一员的方向转变”[⑦]。

至于人，“我们在自然界中的地位，使资源关系成为必不可少的关系，但是当我们要知道我们怎样归属于这个世界的时候，我们就会从那种资源关系的原型中得出自然界不归属于我们的方式”[⑧]。换言之，“我们是想要把自己限定在自然界的关系中，而绝不是把自然界限定在我们的关系中”[⑨]。

---

① 〔美〕霍尔姆斯·罗尔斯顿：《环境伦理学——大自然的价值以及人对大自然的义务》，杨通进译，中国社会科学出版社，2000，第248~249页。

② 〔美〕利奥波德：《沙乡年鉴》，郭丹妮译，北方妇女儿童出版社，2011，第206页。

③ 〔美〕利奥波德：《沙乡年鉴》，郭丹妮译，北方妇女儿童出版社，2011，第206页。

④ 徐嵩龄主编《环境伦理学进展：评论与阐释》，社会科学文献出版社，1999，第36页。

⑤ 徐嵩龄主编《环境伦理学进展：评论与阐释》，社会科学文献出版社，1999，第36页。

⑥ 孙道进：《环境伦理学的哲学困境——一个反拨》，中国社会科学出版社，2007，第12页。

⑦ 雷毅：《深层生态学：阐释与整合》，上海交通大学出版社，2012，第109~110页。

⑧ 〔美〕罗尔斯顿：《价值走向原野》，王晓明、霍峰、李立男译，《哈尔滨师专学报》1996年第1期。

⑨ 〔美〕罗尔斯顿：《价值走向原野》，王晓明、霍峰、李立男译，《哈尔滨师专学报》1996年第1期。

不仅如此，“人类活动成败与否，很大程度上取决于土地对于人类所施加的力量的反应”[①]，因而“人类动物与其它一切动物一样，都受制于迄今已发现的所有的自然规律”[②]，“不管我们愿意还是不愿意，自然规律都在我们身心里起作用”[③]。这一切都表明人与世间万物的同质、同构性，人这个“神圣的主体”，并没有特殊的高高在上的地位。

由此可知，与现代环保运动中的学者所持的观点相比，老子、庄子倡导的万物平等思想与其具有内在的一致性，因而都以各有特点的内容体现了同样的对生态性的肯定。

第六，道法自然的观点。《道德经》中，老子阐述了“道”与天、地、人等之间的关系，他提出：“有物混成，先天地生。寂兮寥兮，独立不改，周行而不殆，可以为天下母。吾不知其名，字之曰道……人法地，地法天，天法道，道法自然。”关于“人法地，地法天，天法道，道法自然”的原因，老子指出：“道生之，德畜之，物形之，势成之。是以万物莫不尊道而贵德。道之尊，德之贵，夫莫之命而常自然。故道生之，德畜之。长之、育之、亭之、毒之、养之、覆之。生而不有，为而不恃，长而不宰，是谓玄德。”这说明“道”之所以被尊崇，德之所以被珍视，就在于“道”生长万物而不据为己有，“德”抚育万物而不自恃有功，一切顺其自然。由此出发，老子认为：“大道泛兮，其可左右。万物恃之而生而不辞，功成不名有，衣养万物而不为主，常无欲，可名于小；万物归焉而不为主，可名为大。以其终不自为大，故能成其大。”这是说“道”以无为的方式充塞天地，它养育万物，是万物的归附，万物依赖它生长发育。因此人也要循“道”而行，遵从自然规律办事，这样才能“成其大”。

庄子讲述了一个故事：“昔者海鸟止于鲁郊，鲁侯御而觞之于庙，奏《九韶》以为乐，具太牢以为膳。鸟乃眩视忧悲，不敢食一脔，不敢饮一杯，三日而死。此以己养养鸟也，非以鸟养养鸟也。夫以鸟养养鸟者，宜栖之深林，游之坛陆，浮之江湖，食之鳅鲦，随行列而止，委蛇而处。彼

---

① 〔美〕利奥波德：《沙乡年鉴》，郭丹妮译，北方妇女儿童出版社，2011，第198页。

② 〔美〕霍尔姆斯·罗尔斯顿：《哲学走向荒野》，刘耳、叶平译，吉林人民出版社，2000，第43页。

③ 〔美〕霍尔姆斯·罗尔斯顿：《哲学走向荒野》，刘耳、叶平译，吉林人民出版社，2000，第43页。

唯人言之恶闻，奚以夫譊譊为乎！《咸池》《九韶》之乐，张之洞庭之野，鸟闻之而飞，兽闻之而走，鱼闻之而下入，人卒闻之，相与还而观之。鱼处水而生，人处水而死，彼必相与异，其好恶故异也。”（《庄子·至乐》）鲁侯用养活自己的方式来养鸟，从表面上看是对鸟非常看重，但结果却是鸟“不敢食一脔，不敢饮一杯，三日而死”。究其原因，庄子认为鸟、兽、鱼与人天生就是不同的物种，它们的喜好和厌恶的东西也是不同的，要使这些相异的物种顺利成长，我们就要“法自然”，“以鸟养养鸟”，顺应鸟、兽、鱼等动物的自然本性，唯有如此才能使万物各得其所，也才能达到“条达而福持”（《庄子·至乐》）的理想境界。

毋庸置疑，我们生活的自然界是一个以自然物质为基础的感性世界，因而它本身内含着自然关系，也必然在自然规律的宰制作用下进行运动、变化和发展。当人们开展实践活动，改造自然界时，他们当然是想通过自己的改造活动改变自然，使改造后的自然界能满足自己的需要。但在自然规律的制约下，自然界的运行有不以人的主观意志为转移的一面。这意味着人改造自然的结果与预期的设想很有可能不一致，或者短期取得了与预期设想一致的结果，长期来看又与原初预计的结果南辕北辙。例如从 20 世纪 50 年代开始，我国一些地区出现了围垦湖泊，与河争地的热潮。从表面上看，这些围垦起来的土地平阔且多由湖泥淤积，富含有机质，非常肥沃适宜耕种，因此相关政府部门在短时间内安置了大批民众，很大程度上缓解了当地人口分布数量稠密、人均耕地不足的问题，同时也有效增加了地方财政收入，提高了广大群众的生活水平。然而，大规模的围湖造田却也使得被围垦的湖泊面积急剧缩小。一是严重影响了湖泊的生态。湖中大批水禽赖以生息的大片芦苇、荻丛环境被破坏，许多洄游、半洄游鱼类来回游动、产卵的通道被隔断，导致这些依湖而居的物种正常的生养繁殖受到了极大威胁，不仅沿湖水生物、植物种类多有变化，而且一些动植物种群几乎已经绝迹难寻。二是人工垦殖为了增加产量施用肥料尤其是化肥，造成了湖水富养，继而大量浮游生物数量暴涨，降低了湖水含氧量，水质变差，使湖区水产资源的生长、发育、品质受到极大的损害。三是影响了当地的气候小环境。随着湖泊蓄水面积的急剧缩小，曾经巨大的水体对气候的调节作用大大降低，地方温度、湿度、风力风向都与先前多有变化。四是破坏了湖泊原有的进出水调蓄功能。每当淫雨霏霏，连日而下的雨水致使江洪聚发，浩大的湖区就是一个天然的泄洪区。滔滔而下的洪水涌入湖中，可以使洪峰得到有效削减，防止产生大面积的洪灾。但是筑坝围湖造田，使湖泊面积大为缩小，相应的洪峰分流空间也急剧减少。其结果就是一旦遇到暴雨洪水，沿湖整个地区几乎无须臾喘息之机就会出现洪水泛滥。

因此，面对巍巍而存的外在物质世界，习近平指出："人类必须尊重自然、顺应自然、保护自然。人类只有遵循自然规律才能有效防止在开发利用自然上走弯路，人类对大自然的伤害最终会伤及人类自身，这是无法抗拒的规律。"① 与老子、庄子"道法自然"的思想相比较，我们当代人宣扬的生态智慧当然在科学性等方面掘进更为深刻，拓展更为宽广，在内在本质上和他们的主张也有一定的趋同性，即都强调对自然的尊重和顺应，因此应在"尊重自然、顺应自然"的向度让老子、庄子"道法自然"的观念与生态对接起来，成为我们建设人与自然和谐共生的现代化过程中的重要"文化之根"。

第二节　从先秦起始的儒家生态思想

我国先秦时期，诸子百家并立，儒家经由孔子创立，孟子、荀子等发展，之后延绵不断，至今仍有重要影响。其中一代代儒者或谈天论地，或观想人与社会，凸显出了其中内容丰富的生态智慧。

其一，天行有常，重视利用自然规律。持这一观点的典型是战国末期赵国人荀子。他对关于天和神的传统观念进行了批判，指出："列星随旋，日月递炤，四时代御，阴阳大化，风雨博施，万物各得其和以生，各得其养以成，不见其事而见其功，夫是之谓神；皆知其所以成，莫知其无形，夫是之谓天。"（《荀子 · 天论》）可见，在荀子看来，天不过就是客观存在的自然界，它的运行变化不是在预示社会的治乱吉凶，而是有自己固有的规律："天行有常，不为尧存，不为桀亡。应之以治则吉，应之以乱则凶。强本而节用，则天不能贫；养备而动时，则天不能病；修道而不贰，则天不能祸。故水旱不能使之饥渴，寒暑不能使之疾，妖怪不能使之凶。本荒

① 习近平：《决胜全面建成小康社会　夺取新时代中国特色社会主义伟大胜利——在中国共产党第十九次全国代表大会上的报告》，人民出版社，2017，第 50 页。

而用侈，则天不能使之富；养略而动罕，则天不能使之全；倍道而妄行，则天不能使之吉。故水旱未至而饥，寒暑未薄而疾，妖怪未至而凶。受时与治世同，而殃祸与治世异，不可以怨天，其道然也。故明于天人之分，则可谓至人矣。”（《荀子·天论》）因此，荀子提出：“大天而思之，孰与物畜而制之；从天而颂之，孰与制天命而用之；望时而待之，孰与应时而使之；因物而多之，孰与骋能而化之；思物而物之，孰与理物而勿失之也；愿于物之所以生，孰与有物之所以成；故错人而思天，则失万物之情。”（《荀子·天论》）简言之，人不要迷信天，盲目崇拜天道，而应重视利用自然规律。

唐代的柳宗元发展了荀子的观点，他认为：“山川者，特天地之物也。阴与阳者，气而游乎其间者也。自动自休，自峙自流，是恶乎与我谋？自斗自竭，自崩自缺，是恶乎为我设？彼固有所逼引，而认之者不塞则惑。夫釜鬲而爨者，必涌溢蒸郁以糜百物；畦汲而灌者，必冲荡贲激以败土石。是特老圃者之为也，犹足动乎物，又况天地之无倪，阴阳之无穷，以澒洞轇輵乎其中，或会或离，或吸或吹，如轮如机，其孰知之？且曰：‘源塞，国必亡。人乏财用，不亡何待？’则又吾所不识也。且所谓者天事乎？抑人事乎？若曰天者，则吾既陈于前矣；人也，则乏财用而取亡者，不有他术乎？而曰是川之为尤！又曰：‘天之所弃，不过其纪。’愈甚乎哉！吾无取乎尔也。”（《非国语·三川震》）这是说山川河流、阴阳二气等都是天地间的自然物体和元气，它们自在地运行和流动。我们不应从它们的外在表现来预测祸福。这实际上也是在用另一种方式揭示人不仅需尊重自然规律，更要相信自己的力量，在一定程度上体现了自然界和人之间的辩证关系。

明清之际，思想家王夫之则提出：“天人之蕴，一气而已”，“气外更无虚托孤立之理也”（《读四书大全说》卷十）。由于“气者，理之依也”（《思问录·内篇》），“理”不能离开“气”而单独存在，那么，当然应该从“气”出发来解释包括“理”在内的万事万物。这样，“天下惟器而已矣。道者器之道，器者不可谓之道之器也。无其道则无其器，人类能言之；虽然，苟有其器矣，岂患无道哉？……无其器则无其道，人鲜能言之，而固其诚然者也”（《周易外传》卷五）。故“未有弓矢而无射道，未有车马而无御道，未有牢醴璧币、钟磬管弦而无礼乐之道。则未有子无父道，未有弟无兄道”（《周易外传》卷五）。由此论之，没有天地或者自然，也就不可能有人。因此在王夫之的逻辑理路中，天人的根本——“气”是独立于人事而以其固有规律运行的，人则从属于天地自然之“气”，所以人不能违背他们所依附的“气”，而只能利用自然规律来达成事功。

其二，天人合一的观想。关于天，孔子认为：“天何言哉？四时行焉，百物生焉，天何言哉?”（《论语·阳货》）天不言不语，但它却操控万物的生灭和四时的转换，主宰人的祸福生死。在这个意义上，人是归附于天的。那么这种归附仅仅是外在的依附，还是对立面的合一呢？孔子之孙子思提出：“诚者，天之道也；诚之者，人之道也。诚者，不勉而中，不思而得，从容中道，圣人也。诚之者，择善而固执之者也。”（《中庸》）人道实行“诚”，是上天赋予人们“诚”，因而人道与天道是对立面的合一。

孟子也认为：“诚身有道：不明乎善，不诚其身矣。是故诚者，天之道也；思诚者，人之道也。至诚而不动者，未之有也；不诚，未有能动者也。”（《孟子·离娄》）“诚”，天之道；“思诚”，人之道。二者本质上是同一的。

荀子在《天论》中指出：“天职既立，天功既成，形具而神生，好恶喜怒哀乐臧焉，夫是之谓天情。耳目鼻口形能各有接而不相能也，夫是之谓天官。心居中虚，以治五官，夫是之谓天君。财非其类以养其类，夫是之谓天养。顺其类者谓之福，逆其类者谓之祸，夫是之谓天政。暗其天君，乱其天官，弃其天养，逆其天政，背其天情，以丧天功，夫是之谓大凶。圣人清其天君，正其天官，备其天养，顺其天政，养其天情，以全其天功。如是，则知其所为，知其所不为矣；则天地官而万物役矣。其行曲治，其养曲适，其生不伤，夫是之谓知天。”人的形躯、精神及至好恶与喜怒哀乐、祸福凶吉，都由于天或者自然规律而被统率起来，面对这样天人一体的状态，人只有清理天君，纠正天官，具备天养，顺着天政，培养天情，才能成全人的天功。

到了汉代，董仲舒认为：“《春秋》大一统者，天地之常经，古今之通谊也。今师异道，人异论，百家殊方，指意不同，是以上亡以持一统。法制数变，下不知所守。臣愚以为诸不在六艺之科孔子之术者，皆绝其道，勿使并进。”（《汉书·董仲舒传》）他在以这种“罢黜百家，独尊儒术”的做法使儒学全面的意识形态扩展空前高涨的同时，也指出：“治天下之端，在审辨大；辨大之端，在深察名号。名者，大理之首章也，录其首章之意，以窥其中之事，则是非可知，逆顺自著，其几通于天地矣。是非之正，取之逆顺；逆顺之正，取之名号；名号之正，取之天地；天地为名号之大义也。古之圣人，謞而效天地，谓之号，鸣而施命，谓之名。名之为言鸣与命也，号之为言謞而效也，謞而效天地者为号，鸣而命者为名，名号异声而同本，皆鸣号而达天意者也。天不言，使人发其意；弗为，使人行其中；名则圣人所发天意，不可不深观也。受命之君，天意之所予也。故号为天子者，宜视天如父，事天以孝道也；号为诸侯者，宜谨视所候奉之天子也；号为大夫者，宜厚其忠信，敦其礼义，使善大于匹夫之义，足以化也；士者，事也，民者、瞑也；士不及化，可使守事从上而已。五号自赞，各有分，分中委曲，曲有名，名众于号，号其大全。名也者，名其别离分散也，号凡而略，名详而目，目者，遍辨其事也，凡者，独举其大也。享鬼神者号一，曰祭；祭之散名：春曰祠，夏曰礿，秋曰尝，冬曰烝。猎禽兽者号一，曰田；田之散名：春苗、秋搜，冬狩，夏狝；无有不皆中天意者。物莫不有凡号，号莫不有散名如是。是故事各顺于名，名各顺于天，天人之际，合而为一。"（《春秋繁露·深察名号》）其中董仲舒明确提出了"天人之际，合而为一"。

宋代的张载进一步推进了对于"天人合一"命题的探究。他以独断式的方式指出："乾称父，坤称母；予兹藐焉，乃混然中处。故天地之塞，吾共体；天地之帅，吾其性。民吾同胞，物吾与也。"（《正蒙·乾称》）天地犹如人的父母，人与万物都出自天地，所以"释氏语实际，乃知道者所谓诚也，天德也。其语到实际，则以人生为幻妄，以有为为疣赘，以世界为荫浊，遂厌而不有，遗而弗存。就使得之，乃诚而恶明者也。儒者则因明致诚，因诚致明，故天人合一"（《正蒙·乾称》）。

明代王阳明也从自己的心学出发，阐述了"天人合一"的思想。在为解析儒家经典《大学》所做的问答中，王阳明说："大人者，以天地万物为一体者也。其视天下犹一家、中国犹一人焉。若夫间形骸而分尔我者，小人矣。大人之能以天地万物为一体也，非意之也，其心之仁本若是。其与天地万物而为一也，岂惟大人，虽小人之心，亦莫不然。彼顾自小之耳。是故见孺子之入井，而必有怵惕恻隐之心焉，是其仁之与孺子而为一体也。孺子犹同类者也，见鸟兽之哀鸣觳觫，而必有不忍之心焉，是其仁之与鸟兽而为一体也。鸟兽犹有知觉者也，见草木之摧折而必有悯恤之心焉，是其仁之与草木而为一体也。草木犹有生意者也，见瓦石之毁坏而必有顾惜之心焉，是其仁之与瓦石而为一体也。是其一体之仁也，虽小人之心，亦必有之。是乃根于天命之性，而自然灵昭不昧者也，是故谓之明德。”按照他的说法，“明明德”是“立其天地万物一体之体”，这就在展示万物一体的观念在儒家思想体系中突出地位的同时，也将这一观念的内容充分地展现出来。

清代黄宗羲通过“气外无理”“心即是气”的哲学反思进一步探究了儒家的“天人合一”思想。黄宗羲批判了程朱学派的“理在气先”，接受了王阳明的“心外无理”，反对心外有理，并由此提出：“盈天地皆心也。变化不测，不能不万殊。”“故穷理者，穷此心之万殊，非穷万物之万殊也。”（《明儒学案》自序）同时，“人禀是气以生，心即气之灵处。理不可见，见之于气。性不可见，见之于心。心即气也”（《孟子师说》）。如此，“天地皆心”，“心即气”，所以天地皆气，并无他物在气外。

如果不考虑唯物主义和唯心主义的分野，儒家学者倡导“天人合一”的思想与马克思的看法也具有一致性。在《关于费尔巴哈的提纲》中，马克思开篇就批判，“从前的一切唯物主义（包括费尔巴哈的唯物主义）的主要缺点是：对对象、现实、感性，只是从客体的或者直观的形式去理解”①。从马克思进行批判时使用的“只是”一词来看，他并没有否定“从前的一切唯物主义”。现实世界不是抽象的对象，而是一个客观存在的物质世界。因此，在马克思的视域中，人现实生活的世界绝不是由人的精神活动生成的，因为“无”不能生出“有”，它只能是一个人通过自己能动的物质实践活动创造出来的物质世界，是一个被人改造过的人化的自然。

对于费尔巴哈，马克思、恩格斯批判说：“当费尔巴哈是一个唯物主义者的时候，历史在他的视野之外；当他去探讨历史的时候，他不是一个唯物主义者。”② 确实，只要进入社会历史领域，费尔巴哈就先验地假设人有抽象的“类本质”，极力张扬人道主义历史观，这和黑格尔的“绝对精神”及其运动史一样都“是倒立着的”，因此必须把它倒过来。而通过把“倒立着的”东西再“倒过来”，马克思不再从抽象的思辨出发，用先验的原则去

---

①《马克思恩格斯选集》第 1 卷，人民出版社，2012，第 133 页。

②《马克思恩格斯选集》第 1 卷，人民出版社，2012，第 158 页。

生搬硬套现实，而是“从物质实践出发”，按照事物的本来面目指出：“可以根据意识、宗教或随便别的什么来区别人和动物。一当人开始生产自己的生活资料，即迈出由他们的肉体组织所决定的这一步的时候，人本身就开始把自己和动物区别开来。”[①] 这表明尽管人和动物的区别点非常多，例如人有意识，信仰宗教，动物没有意识，更谈不上信仰宗教，因此可以根据意识和宗教或随便别的什么来区别人和动物，但是，马克思还是看到了意识等本身是需要由人的劳动、人的实践活动来说明的东西，它们“只是由于需要，由于和他人交往的迫切需要才产生的”[②]，所以马克思并不赞成有意识与信仰宗教是人与动物的根本区别。因而仅仅“根据意识、宗教或随便别的什么”并没有把人和动物真正区别开来。只有“当人开始生产自己的生活资料”，人的生产劳动才真正开始“把自己和动物区别开来”。人的生产劳动是人的实践活动，说生产劳动把人和动物真正区别开来，就是说是实践把人和动物真正区别开来。这表明实践是人区别于其他事物的根本特质也即人的本质。

这样，关于人自己生成的人化的自然界，因为“从前的一切唯物主义……不是把它们当做感性的人的活动，当做实践去理解”[③] 是其“主要缺点”，所以与“从前的一切唯物主义”相对立，马克思认为应该把人化的自然“当做感性的人的活动，当做实践”也即人化自然是人的实践活动。

这样，由于实践是人的本质，当马克思肯定人化自然是人的实践活动时，人化自然也就是人的本质。因而作为“感性世界”，人化自然并不在人自身之外，它就是人自身的本质性存在。

可见，马克思的人化自然观一方面表达的是他对客观存在的物质世界的看法，即自然观；另一方面也是阐发他关于人自身的意见也即历史观。此时马克思的自然观和历史观已经相互融合在一起。换言之，在马克思的视域中，表示自然界的“天”与以实践为本质的人是合一的。

其三，与“仁”紧密相依的“克己”与仁爱万物。儒家从孔子起就极为重视“仁”。在自己的弟子颜渊问什么是“仁”时，孔子认为“克己复礼

① 《马克思恩格斯选集》第 1 卷，人民出版社，2012，第 147 页。
② 《马克思恩格斯选集》第 1 卷，人民出版社，2012，第 161 页。
③ 《马克思恩格斯选集》第 1 卷，人民出版社，2012，第 133 页。

为仁。一日克己复礼，天下归仁焉。为仁由己，而由人乎哉？”（《论语·颜渊》）因此，一个人要达到“仁”，一个重要方面就是做到“克己”，自觉地约束自己的行为。

当今时代，人类面临前所未有的生态危机。诚然，我们可以从多个向度追问这场危机出现的缘由，但无可否认人对自然界资源的贪婪是其中不可忽视的重要原因。随着工业革命的发展，人类的能力一方面凭借机器的帮助在体力与智力这两个维度获得了极大的提升，另一方面受限于社会生产力的发展水平，这个时期的人类仍没有充分摆脱物化的束缚，致使他们在异化的外在和内在的强力宰制下贪婪地使用自动机器无休止地向自然界开战。人们滥采地下的各种矿产，滥捕户外的野生动物，肆无忌惮地砍伐森林、劈山修桥筑路、填海拦江，等等。这些由无限的贪欲推动的改造自然界的活动与自然界有限的资源之间产生了剧烈的冲突，最终引发了划时代的生态灾难。与之相对照，孔子从“仁”出发，要求人们“克己”，在当下人类追寻永续发展的漫漫征途上给我们打开了一面“窗户”，既然人的贪欲这个“因”结出了生态危机的“果”，那么我们就要“克己”，有效控制自己不断畸形膨胀的欲望，以“克己”即有限制的需求去对接有限的自然资源，力争达到人与自然的相互和解。

当然，在孔子的视域中，以实践理性在场的“仁”除了“克己”以外，它还突出表现在“爱人”上。当自己的弟子樊迟问仁时，子曰：“爱人。”（《论语·颜渊》）在具体的理解中，孔子肯定诸如“己所不欲，勿施于人”（《论语·颜渊》）、“君子成人之美，不成人之恶”（《论语·颜渊》）等都是合乎“仁”的“爱人”的表现。

秦汉以降，董仲舒把孔子倡导的“仁爱”由人推及物，完成了“仁”从爱人普及到爱物的转变。他认为：“《春秋》之所治，人与我也。所以治人与我者，仁与义。也以仁安人，以义正我，故仁之为言人也，义之为言我也，言名以别矣。仁之与人，义之于我者，不可不察也。众人不察，乃反以仁自裕，而以义设人。诡其处而逆其理，鲜不乱矣。是故人莫欲乱，而大抵常乱。凡以暗于人我之分，而不省仁义之所在也。是故《春秋》为仁义法。仁之法在爱人，不在爱我。义之法在正我，不在正人。我不自正，虽能正人，弗予为义。人不被其爱，虽厚自爱，不予为仁。昔者晋灵公杀膳宰以淑饮食，弹大夫以娱其意，非不厚自爱也，然而不得为淑人者，不爱人也。质于爱民，以下至于鸟兽昆虫莫不爱。不爱，奚足谓仁？仁者，爱人之名也。”（《春秋繁露·仁义法》）可见尽管“仁”的原则是爱人，然而不在爱护自己，更为重要的是爱别人。真正的美善之人，不仅真心实意地爱别人，对鸟兽昆虫也没有不爱的。

有宋以来，朱熹在生命哲学的向度又把“仁”进一步发展，将“仁”和整个宇宙的本质与原则结合起来，把“仁”直接解释为某种生长之道或者生命精神。在《仁说》中，朱熹认为：“天地以生物为心者也，而人物之生，又各得夫天地之心以为心者也。故语心之德，虽其总摄贯通，无所不备，然一言以蔽之，则曰仁而已矣。盖天地之心，其德有四，曰元、亨、利、贞，而元无不统。其运行焉，则为春、夏、秋、冬之序，而春生之气无所不通。故人之为心，其德亦有四，曰仁、义、礼、智，而仁无不包。其发用焉，则为爱恭宜别之情，而恻隐之心无所不贯。故论天地之心者，曰乾元、坤元，则四德之体用不待悉数而足。论人心之妙者，则曰仁，人心也，则四德之体用亦不待遍举而该。盖仁之为道，乃天地生物之心，即物而在。情之未发，而此体已具；情之既发，而其用不穷。诚能体而存之，则众善之源、百行之本莫不在是。此孔门之教所以必使学者汲汲于求仁也。其言有曰：‘克己复礼为仁。’言能克去己私，复乎天理，则此心之体无不在，而此心之用无不行也。又曰：‘居处恭，执事敬，与人忠’，则亦所以存此心也。又曰：‘事亲孝，事兄弟，乃物恕’，则亦所以行此心也。又曰：‘求仁得仁’，则以让国而逃，谏伐而饿为能不失乎此心也。又曰：‘杀身成仁’，则以欲甚于生、恶甚于死为能不害乎此心也。此心何心也？在天地则块然生物之心，在人则温然爱人利物之心，包四德而贯四端者也。”朱熹断定天地生生不已形成生物之仁；人得天地之心以为心，人心之德即为仁。这种生命的统一体现的“仁”是“百行之本”与“众善之源”。

清代中期，戴震在朱熹等人的观点的基础上将“仁”与具有宇宙本体地位的“生”更为紧密地联系起来，他提出：“仁者，生生之德也；民之质矣，日用饮食，无非人道所以生生者。一人遂其生，推之而与天下共遂其生……在天为气化之生生，在人为其生生之心，是乃仁之为德也；在天为气化推行之条理，在人为其心知之通乎条理而不紊，是乃智之为德也。”（《孟子字义疏证·仁义礼智》）“仁”就是以宇宙本体存在的“生生之德”，不但人类遂其生，而且天地之间的万物也共遂其生。

当今生态危机的一个重要表征是物种灭绝。在《寂静的春天》中，卡森对此进行了沉重的观想："从那时起，一个奇怪的阴影遮盖了这个地区，一切都开始变化。一些不祥的预兆降临到村落里：神秘莫测的疾病袭击了成群的小鸡，牛羊病倒和死去。到处是死亡的阴影，农夫述说着他们家人的疾病，城里的医生也愈来愈为他们病人中出现的新的疾病感到困惑。不仅在成人中，而且在孩子中也出现了一些突然的、不可解释的死亡现象，这些孩子在玩耍时突然倒下，并在几小时内死去。一种奇怪的寂静笼罩了这个地方。比如，鸟儿都到哪儿去了呢？许多人谈论着鸟儿，感到迷惑和不安。园后鸟儿寻食的地方冷落了。在一些地方仅能见到的几只鸟儿也气息奄奄，战栗得很厉害，飞不起来。这是一个没有声息的春天。这儿的清晨曾经荡漾着乌鸦、鸫鸟、鸽子、樫鸟、鹪鹩的合唱，以及其他鸟鸣的音浪；而现在一切声音都没有了，只有一片寂静覆盖着田野、树林和沼泽。农场里的母鸡在孵窝，却没有小鸡破壳而出。农夫抱怨着他们无法再养猪了——新生的猪仔很小，小猪病后也只能活几天。苹果树开花了，但花丛中没有蜜蜂嗡嗡飞来，所以苹果花没有得到授粉，也不会有果实。曾经一度是多么吸引人的小路两旁，现在却仿佛是火灾浩劫后残余的焦枯的植物。被生命抛弃了的地方只有一片寂静，甚至小溪也失去了生命；钓鱼的人不再来访，因为所有的鱼已经死亡。"① 与此相联系，现代生态价值追求的一个重要向度就是最广泛的共生。儒家以"仁"达到"爱人"，再到"爱物""泛爱众"，与现代强调共生的生态价值具有内在的一致性。

其四，"和为贵"的生态性思辨。集中体现了孔子思想主张的《论语》提到："有子曰：'礼之用，和为贵。先王之道，斯为美。'"（《论语·学而》）这是说礼的应用以和谐为贵。古代君主的治国方法中，宝贵的地方也在于和谐。孔子在与子路讨论时，还阐发了"君子和而不同，小人同而不和"（《论语·子路》）的观点，认为君子寻求与人和谐而不愿人云亦云，盲目附和，对待任何事情都必须经过自己的独立思考；与此不同，小人追求盲目附和，遇事没有自己独立的见解，做不到与别人保持融洽友好的关系。

---

① 〔美〕蕾切尔·卡森：《寂静的春天》，吕瑞兰、李长生译，上海译文出版社，2008，第2～3页。

一方面，荀子提出：“天下之公患，乱伤之也。胡不尝试相与求乱之者谁也？我以墨子之‘非乐’也，则使天下乱，墨子之‘节用’也，则使天下贫，非将堕之也，说不免焉。墨子大有天下，小有一国，将蹙然衣粗食恶，忧戚而非乐，若是则瘠，瘠则不足欲，不足欲则赏不行。墨子大有天下，小有一国，将少人徒，省官职，上功劳苦，与百姓均事业，齐功劳，若是则不威，不威则罚不行。赏不行，则贤者不可得而进也；罚不行，则不肖者不可得而退也。贤者不可得而进也，不肖者不可得而退也，则能不能不可得而官也。若是，则万物失宜，事变失应，上失天时，下失地利，中失人和，天下敖然，若烧若焦。墨子虽为之衣褐带索，啜菽饮水，恶能足之乎？既以伐其本，竭其原，而焦天下矣。”（《荀子·富国》）墨子坚持“非乐”等主张，“上失天时，下失地利，中失人和”，致使社会混乱。另一方面，与墨子相比较，“故先王圣人为之不然。知夫为人主上者，不美不饰之不足以一民也，不富不厚之不足以管下也，不威不强之不足以禁暴胜悍也。故必将撞大钟、击鸣鼓、吹笙竽、弹琴瑟，以塞其耳；必将雕琢刻镂、黼黻文章，以塞其目；必将刍豢稻粱、五味芬芳，以塞其口，然后众人徒、备官职、渐庆赏、严刑罚，以戒其心。使天下生民之属，皆知己之所愿欲之举在是于也，故其赏行；皆知己之所畏恐之举在是于也，故其罚威。赏行罚威，则贤者可得而进也，不肖者可得而退也，能不能可得而官也。若是，则万物得宜，事变得应，上得天时，下得地利，中得人和，则财货浑浑如泉源，汸汸如河海，暴暴如丘山，不时焚烧，无所臧之，夫天下何患乎不足也？故儒术诚行，则天下大而富，使而功，撞钟击鼓而和”（《荀子·富国》）。因此，“上得天时，下得地利，中得人和”，不在于行墨家之术，而在于“儒术诚行”。在这里，如果将墨子和儒家具体的主张除去不谈，荀子实际上通过有关“富国”的论述以间接的方式表达了他对“上得天时，下得地利，中得人和”的肯定。

此外，其他诸多儒家典籍也论及了“和合”精神。例如《礼记·乐记》中提到：“乐者，天地之和也；礼者，天地之序也。和，故百物皆化。序，故群物皆别。乐由天作，礼以地制。过制则乱，过作则暴。明于天地，然后能兴礼乐也。”并且，“大乐与天地同和，大礼与天地同节。和，故百物不失，节，故祀天祭地。明则有礼乐，幽则有鬼神。如此，则四海之内，合敬同爱矣”。《中庸》中说：“中也者，天地之大本也；和也者，天下之达道也。致中和，天地位焉，万物育焉。”《春秋繁露》也提出：“天有两和，以成二中，岁立其中，用之无穷，是北方之中用合阴，而物始动于下，南方之中用合阳，而养始美于上。其动于下者，不得东方之和不能生，中春是也；其养于上者，不得西方之和不能成，中秋是也。然则天地之美恶在？两和之处，二中之所来归，而遂其为也。是故东方生而西方成，东方和生，北方之所起；而西方和成，南方之所养长；起之，不至于和之所不能生；养长之，不至于和之所不能成；成于和，生必和也；始于中，止必中也；中者，天地之所终始也，而和者，天地之所生成也。夫德莫大于和，而道莫正于中，中者，天地之美达理也，圣人之所保守也，诗云：‘不刚不柔，布政优优。’此非中和之谓欤！是故能以中和理天下者，其德大盛，能以中和养其身者，其寿极命。”

其五，尽物之性，参赞化育的生态精神。儒家经典《中庸》认为：“唯天下至诚，为能尽其性；能尽其性，则能尽人之性；能尽人之性，则能尽物之性；能尽物之性，则可以赞天地之化育；可以赞天地之化育，则可以与天地参矣。”也就是说，人如果彻悟天地万物运行的至理，就能够完全合理地发挥和利用万物的天性，继而与天地共同作用，化育万物。

“天行有常”，世间万物都有自己固有的运行规律，因而一旦人的活动所产生的扰动超过了一定的限度，万物的生长发育就会受到影响。与此相一致，今天我们所经历的物种灭绝、生态失衡等现象都是人不合理的外在活动扰乱了自然界的生态平衡，让受内在固有规律规约的诸多物种生存发展的各方面需求和外在环境能提供的自然条件之间再也难以达到对立面的统一，最终导致本应是万物繁茂生长的春天变得无比静寂。因此，在建设生态文明过程中，我们才一再强调要树立尊重自然、顺应自然的生态文明理念，促使人们的实践行动最大限度地摆脱盲目性，在与自然对象运动发展的规律的影响性质和作用方向相一致的前提条件下让它们也带有必然性。这种必然性因其是与自然对象相顺应的必然性，所以在它的宰制下自然物种只可能更为顺利地成长，更为完善地化育。

毋庸置疑，《中庸》提出人“尽物之性”，继而参赞天地，化育万物的思想与上述我们坚持尊重自然、顺应自然以达到我们星球上的各物种生态的延续与发展是一致的。并且，由于事物现象与本质的对立，人们从现象到本质的飞跃也需要一个过程。在不同的推进阶段人们把握本质的范围和程度都有区别，这也规定了人们尊重自然、顺应自然所达到的水平。在这一点上，《中庸》指出人需要彻悟天地万物运行的至理，才能够完全合理地发挥和利用万物的天性，这也凸显了其在真理向度的现实在场。

第三节　贵州山地农耕孕育的地方生态意识

位于中国西南地区的贵州是一个喀斯特地貌发育完整的内陆山区省份。典型的山地农耕在生产生活方面孕育出了贵州人民内蕴丰富的生态智慧。

一　尊崇自然的民族文化

在贵州，各民族长期在大山大水的环境中生活，巍巍而存的山川自然既锤炼出了他们勤劳坚毅的民族品格，同时也化育出了他们尊崇自然的民族文化。例如《苗族古歌》中记载，当鸿蒙初开，“天已撑稳了，地已支住了，白天没太阳，夜里没月亮，天是灰蒙蒙，地是黑漆漆。牯牛不打架，姑娘不出嫁，田水不温暖，庄稼不生长，饿了没饭吃，冷了没衣穿。哪个好心肠？想出好主张，来铸金太阳，太阳照四方；来造银月亮，月亮照四方”[①]。因为“种庄稼自古靠太阳，收谷子从来靠月亮。你们不如去找太阳，你们不如去求月亮，去找太阳想办法，去求月亮出主张。太阳和月亮就在山尽头，月亮和太阳就在天边上”[②]。在古代，社会生产方式极度不发达，“自然界起初是作为一种完全异己的、有无限威力的和不可制服的力量与人们对立的，人们同自然界的关系完全像动物同自然界的关系一样，人们就像牲畜一样慑服于自然界，因而，这是对自然界的一种纯粹动物式的意识”[③]。与此相一致，落籍定居在贵州的先民面对威力无穷的自然对象诸如太阳、月亮、风、雨、雷、电等时都带有自然宗教式的敬畏。在他们的内心观想中，这些自然对象多是自然神的外在显现，决定人们饮食和男女日常生活的方方面面。因为太阳、月亮还没有出现，所以“天是灰蒙蒙，地是黑漆漆。牯牛不打架，姑娘不出嫁，田水不温暖，庄稼不生长”，人们完

---

① 潘定智等编《苗族古歌》，贵州人民出版社，1997，第 41 页。

② 贵州省社会科学院文学研究所、黔南布依族苗族自治州文艺研究室编《布依族古歌叙事歌选》，贵州人民出版社，1982，第 101～102 页。

③ 《马克思恩格斯选集》第 1 卷，人民出版社，2012，第 161 页。

全无法正常过日子。这事实上就从先民精神生活的层次表达了作为自然物的太阳、月亮是光明、温暖和生命之源，是世界上最为宝贵的东西，因而也就从逻辑上开启了必须尊崇太阳、月亮等自然物的观念之“门”。

除了尊崇天上的太阳、月亮以外，贵州先民也表达了自己的土地崇拜。在他们虔诚准备的祭祀活动中，“种种都摆全，样样都摆完；种种都摆齐，件件都摆全。摆完准备好的供品，再请你土地菩萨。……以前土地菩萨来到池塘，池塘没有吃鱼，做纸马去找，找来这个土地菩萨；先前土地菩萨转到田里，这田不长粮，做纸马去找，找来这个土地菩萨，好造房子给你住。土地菩萨死也要回地里，土地菩萨才去仙界，大家才去祭奠，土地菩萨才去得了田里，笑眯眯去请”[①]。在贵州先民的意识中，土地菩萨是土地的化身，崇拜荣生万物的土地在形式上就是祭祀土地菩萨。只有把土地菩萨用“供品”供养好了，土地神灵高兴，田地里的农作物才会有好收成，大家才能丰衣足食。

其他自然物诸如水、动植物等也进入了贵州先民的意义世界，成为他们尊崇的对象。例如侗族群众就以夸赞歌的形式描述了自己的生活：“冷天喝口井中水，流到肚内暖融融；热天口渴到井边，喝上一捧凉心胸。瞎子喝了这井水，眼睛明亮见天空；哑巴喝了这井水，能说会唱嗓音洪。无病的人喝这井水，不怕病魔来行凶；病人喝了这井水，不用吃药能做工。”[②]苗族巫辞《焚巾曲》则表达了贵州先民对护寨的枫树的赞颂：“夫上高山喊，妻去坝子叫，喊儿走过来，集中一大帮，聚拢成一寨，住在浑水边，住在绿水旁，枫树当房屋，枫树下安家，大地才有村和寨，人类才有双和对。”[③] 大枫树能保佑村寨，让先民自然繁衍成长。布依族也通过民间故事“牛王节”，叙述了贵州先民的牛崇拜现象。这一故事的梗概是，很久以前，人们种庄稼就是先放把火烧去荒坡上的草木，然后再进行种植，但是粮食收得很少，不够吃。有一次，火烧得太大，浓烟一直冲到天上。玉帝大发雷霆，准备派遣风神和雨神下四十九天大雨，刮三十六天大风来惩罚人类。老牛王听了忙站出来劝阻，并请求玉帝准许人类每天吃三顿饭，可是玉帝

---

① 中国民间文艺研究会贵州分会编印《民间文学资料·第65集》下，1984，第188~207页。

② 谢廷秋：《寻找诗意的家园——贵州生态文学研究》，社会科学文献出版社，2018，第28页。

③ 中国民间文艺研究会贵州分会编印《民间文学资料·第48集》，1982，第223页。

下旨人们三天只能吃一顿饭。老牛王违抗了玉帝的旨意。这事后来被玉帝知道了，将老牛王打下凡间，从此，牛王就在凡间给人耕田犁地，人间的庄稼越长越好，人们为了感谢老牛王，就把牛王从天上下来的日子——农历十月初一，定为牛王节。在这一天，大家都要供奉牛王。家家户户都把糍粑粘在牛角上，并粘上野菊花，表示对它的崇拜。①

二　顺应自然的种植栽培

具体到贵州的气候来说，由于这一地区位于副热带东亚大陆的季风区内，所以类型上属于亚热带温湿季风气候。受此影响，贵州一省冷暖气流频繁交汇，年降水量很大，并且降水在各个季节的分配也很不均匀，多达80%的雨水都集中在夏秋两季。贵州这种淫雨多阴特别是秋雨连绵的气候特征并不适宜棉花等好光、喜热、忌渍、耐旱的农作物的栽培，因为这很容易使棉花郁闭严重，受病原菌侵染而发生严重的烂铃问题。不过，荔波县等地的人们却“善种棉花”②。他们一般选择近水之地，依地势而居。当附近潮湿空气涌上高山，从山上沿河谷向下吹时，常在河谷的迎风坡面成云致雨，而在背风坡面山麓地带形成干燥高温的气流，这种现象被称作“焚风效应”。这样在他们所生息的河谷一带就由于“焚风效应”的影响而形成半干旱的区域。当地群众就地开荒垦地，播种棉花，既尊重了棉花的生长习性，也顺应了自己居所的地势，由此趋利避害，使棉花种植得以实现并不断得到推广。至于长期栖居“在平远州属”③ 的先民，他们的落籍定居地远离贵州中心地带，深山丛林蔓延成片，沿途山高路险，地势陡峭，难于蓄水。因此他们顺应环境，只种山粮，也即仅种植玉米、土豆、高粱、谷子、荞麦等喜干抗旱的农作物。与平远州属的先民不同，历史上属布依族东北支系由该民族土司统辖的属民落籍定居在“坝子”上。“坝子”是当地对相对平坦的河漫滩、小型盆地、河谷阶地及小型河谷冲积平原等的俗称，主要分布于河谷沿岸、山麓地带。受地形限制，“坝子”一般面积都不大，四周群山环绕，河流相连，灌溉便利。与此相联系，聚居在坝上的居民们

---

① 谢廷秋：《寻找诗意的家园——贵州生态文学研究》，社会科学文献出版社，2018，第36页。
② 刘锋：《百苗图疏证》，民族出版社，2004，第150页。
③ 刘锋：《百苗图疏证》，民族出版社，2004，第150页。

顺应自然环境的变化，不再“只种山粮”，而是“日出而耕，日入而织。获稻与秸储之”①，开始栽培种植喜水的水稻。

在农作物种植方式方面，历史上属于苗族黔中南支系西北亚支系②的部分群众“在广顺州之金筑司。择悬崖凿窍而居，高者百仞”③。据考证，其定居地“广顺州之金筑司”主要位于今天的贵州麻山地区，因此他们又被称为“麻山亚支系”。从地形地貌上看，麻山地区位于濛江、盘江诸水系的分水岭，地形陡峭、沟谷纵横、地表支离破碎，适耕地逼仄不能成片，加之当地喀斯特地貌充分发育，石漠化也比较严重，因而不仅地下密布溶洞暗河，地面随处可见绝壁、石柱、石林，而且岩石裸露率高，岩层漏水性强，贮水能力低。一旦大雨骤至，则山洪泛滥，夹泥沙顺流而下，水土流失严重，导致该地大部分地区泥少土瘦。面对恶劣的地理环境，当地民众顺应自然，形成了自己独特的农作物种植方式。他们在历史上很长一段时间内都“耕者不用牛，用铁代犁，而不耘”④。确实，尽管长期以来，我国农业生产中以畜力拉犁耕地的方式十分普遍，但这种耕种方式一是要求所耕种土地最好连片形成一定面积，二是要求土壤疏松，土层较厚，否则不仅浪费人力畜力，也容易损坏农具。而这一地域居民“用铁代犁”，废牛耕转而采用锄耕，靠人力翻地种植的方式克服了驭使畜力在山地耕种上的局限，尽管劳动艰辛，但却有力地保障了自己的生活。这种勤劳坚毅的生产智慧在其他居民中也有体现。据载，直至明清时期，生活在贵阳府属附近的群众多是“夫妇耦耕并作”⑤，即农事耕种时用人力翻土，不用牛耕。

三　和谐共生的饲养

据载，侗族南部支系中有一个特定群体，即“阳洞罗汉苗”。因为早年一直归“西山阳洞司”管辖治理，所以以属地为名，其对外称呼中带有“阳洞”二字。至于“罗汉”一词，主要在于侗族称呼“男子”时发音近似汉语中“罗汉”二字的读音。这一族群明清时期生活在“黎平府”“阳

① 刘锋：《百苗图疏证》，民族出版社，2004，第164页。
② 参见余满晖《“百苗图”的农业生态思想探赜》，《农业考古》2015年第1期。
③ 刘锋：《百苗图疏证》，民族出版社，2004，第65页。
④ 刘锋：《百苗图疏证》，民族出版社，2004，第65页。
⑤ 刘锋：《百苗图疏证》，民族出版社，2004，第37页。

洞”都柳江流域，其“养蚕织锦，常以香水沃发，力勤可爱，为苗蛮中特出者”[①]。

黎平“阳洞”都柳江，明代称“合江”，发源于黔南州独山县，横穿兴华、定威、八开、都江、古州、都什、八吉等地，最后流入从江县。两岸重峦叠嶂，气候温和，夏无酷暑，冬无严寒，历来为黔桂两省水上交通的重要枢纽。“阳洞罗汉苗”世居于此，受环境影响，他们在农业方面除了自给以外，还很注意参与市场活动，与商业和谐交融，共生发展。可见，在“阳洞罗汉苗”的农业生产中，“养蚕”一般不是供给自己所需，而是为了进行商业贸易。受地理环境限制，“阳洞罗汉苗”不可能生产出大量的粮食产品进行交换，但他们并没有把自己排除在当地活跃的商业活动之外，而是充分利用住地条件将自己的农业生产融入商业。就都柳江下游气候来看，比较适合桑蚕生长发育。因此，“阳洞罗汉苗”有意识地饲养桑蚕，“养蚕织锦”使自己的农业生产与都柳江流域的商业环境和谐相接。在从养蚕到织锦交易的贸易中发展本地商业，同时以经商交易为动力支撑进一步促进地方养蚕业发展，二者相互助力，共同发展。

此外，今天分布在黔南布依族苗族自治州平塘县境内的毛南族，史载他们多“挟戈摖狗”[②]“计口而耕”[③]。历史上贵州因为多山，所以不仅重峦深谷，而且村落市井间也时有虎迹。其“朱虎最狞，尝于绥阳村落间，二日啮三十七人，捕之则咆㷠入山”[④]（《居易录》），比较严重的虎患如明万历二十六年（1598），兴隆卫就发生了“虎食百余人”[⑤]的恶性事件。这种情况无疑加大了毛南族先民的生存压力。他们由于自己独特的生产方式不得不经常出入深山密林，然而日渐猖獗的虎患却时时威胁着他们的生命安全，成了世居先民必须解决的极为迫切的问题。而毛南族先民“挟戈摖狗”，豢养家犬，一是方便他们“以渔猎为事”[⑥]的生产活动。借助猎犬，他们的劳动收入会大大增多。二是在外穿山钻林劳作时，相伴随行的犬只

① 刘锋：《百苗图疏证》，民族出版社，2004，第229页。

② 刘锋：《百苗图疏证》，民族出版社，2004，第245页。

③ 刘锋：《百苗图疏证》，民族出版社，2004，第245页。

④ （清）张潮等编纂《昭代丛书·戊集续编》卷第50，上海古籍出版社，1990。

⑤ （清）鄂尔泰等：《贵州通志·地理类》，巴蜀书社，2006。

⑥ 刘锋：《百苗图疏证》，民族出版社，2004，第245页。

凭借灵敏的嗅觉也能预先发现虎患等危险，有效地保护山民的安全。因此，尽管毛南族先民为养狗消耗了他们为数不多的生活资料，但是，狗与人却相依相存，和谐地共处于一个共生系统。

关于牛的饲养，落籍贵州的先民除利用牛力耕作以外，也将之用于食品、祭祀、资财交换等。他们“祀祖之期，必择大牯牛以头角端正肥壮者饲之”[①]，“肥，则聚合各寨之牛斗于野，胜则为吉，即卜期屠之以祀”[②]。宰牛后，剩下的牛角牛皮等也都加以充分利用。他们或在宴会中“以牛角饮之”[③]，或“穿皮鞋”[④] 载歌载舞，“祭白虎”[⑤] 庆祝秋收。由此可见，贵州先民饲养家牛，一方面为牛提供了稳定的生养繁衍之处，另一方面也能使自己驭使牛力，宰牛为食等，因而也凸显了贵州世居民众人牛共生，和谐一体的朴素观念。

四　与自然相适应的生产生活用具

在贵州，坝子水源丰富，山溪常年流淌，间或山水浩大，移石拔树，卷土扬沙，一方面使附近居民深受其苦，另一方面亦亲身感受到平时潺潺流水中蕴含的巨大力量。世居此地的先民根据周边自然界的水力能浮石毁堤，威能巨大，朴素地思考，寻找灵感，并结合汉民族使用水碓的经验，依山临水与自然环境条件相适应，“刳木临流作臼，由自推而舂之”[⑥] 造“碓塘”。它不同于汉民族水碓较大，附近居民一般都需要排队等候使用的特点，而是“临食”时随时“掊取稻把入臼舂之，供炊”[⑦]。

其他如苗族川黔滇支系中“大头龙家”的生活，这些落籍贵州的先民“男女皆勤力耕作”[⑧]，其中“男子戴竹笠，妇女穿土色衣”[⑨]。“大头龙家”使用“竹笠”这种野外农业生产的辅助用具，大体有两个原因。其一，“大

---

① 刘锋：《百苗图疏证》，民族出版社，2004，第 6 页。
② 刘锋：《百苗图疏证》，民族出版社，2004，第 6 页。
③ 刘锋：《百苗图疏证》，民族出版社，2004，第 190 页。
④ 刘锋：《百苗图疏证》，民族出版社，2004，第 54 页。
⑤ 刘锋：《百苗图疏证》，民族出版社，2004，第 54 页。
⑥ 刘锋：《百苗图疏证》，民族出版社，2004，第 164 页。
⑦ 刘锋：《百苗图疏证》，民族出版社，2004，第 164 页。
⑧ 刘锋：《百苗图疏证》，民族出版社，2004，第 332 页。
⑨ 刘锋：《百苗图疏证》，民族出版社，2004，第 332 页。

头龙家”世居的贵州地区地处云贵高原，尽管一年之中阴雨天居多，但一旦天气晴好，则烈日当空，紫外线照射量很大，如果人长时间劳作暴晒，很容易灼伤皮肤，情况严重时甚至中暑病倒。其二，竹者，《说文解字》认为其为“冬生草也”①，现代将之划分为禾本科竹属植物，茎多节，中空，性凉。另外，从力学上看，竹子的纤维密度小弹性好，尤其是强度高，相对强度是钢材的3~4倍，且具有较高的抗压强度和抗拉强度。同时竹子截面环形，内弯面受压外弯面受拉，因而抗弯刚度也十分突出。“大头龙家”利用竹子的上述特征编竹为笠，以遮挡高原上强烈的阳光。这种做法既适应了竹材自身的特点，也体现了“大头龙家”等苗民在劳动中合理地利用自然对当地气候条件的适应。

至于居住在天柱县的“西溪苗”先民，历史上，大约公元7世纪成书的《隋书·地理志》的内容就涉及这一支系。进入宋代，宋廷通过溪洞建制将侗族纳入藩兵守边，所以对与侗族密切杂居的“西溪苗”明确规定沿坝子边缘山路向上挖三锹为界，山下为侗族定居区，山上为“西溪苗”定居区。因此，“西溪苗”生息地多山高林密，荆棘遍布，更兼地湿路潮，蚊蝇蚂蟥丛生。这就给“西溪苗”日常农业生产劳动带来很大的不便。平时稍不留意，皮肤裸露之处就可能或被荆棘刮伤，或受到蚂蟥等叮咬。为克服这种困难，更好地适应环境，“西溪苗”外出“种山”生产时，一般都使用绑腿这种用具将膝以下裸露部分紧紧绑扎起来，这样一方面上山下岭非常轻便，另一方面也有效地保护了自己的身体，凸显出他们创造性的生产智慧和与自然环境相适应的能动力量。

---

① 王贵元：《说文解字校笺》，学林出版社，2002，第186页。

第三章　贵州生态文明建设的西方文化之鉴

第一节　生态地反思：当代西方环境哲学

一　从法兰克福学派到生态马克思主义的生态向度

20世纪20年代以来，随着青年卢卡奇（György Lukács）的《历史与阶级意识——马克思主义辩证法研究》和卡尔·柯尔施（Korsch Karl）的《马克思主义和哲学》的问世，马克思主义开始出现深刻的分化，一股被人们称为“西方马克思主义”的思潮向人们展现了与传统大相径庭的对马克思主义的理解。这股思潮中各论者的具体观点并不统一，相互之间只是从概貌上表现出大体一致的特征与趋向，即不满意恩格斯、列宁、斯大林等对马克思主义的理解，使20世纪的马克思主义哲学呈现多样化的格局。其中法兰克福学派以德国法兰克福大学的“社会研究中心”为中心聚集了诸如霍克海默（Max Horkheimer）、施密特（Schmidt）、阿多诺（Theodor Wiesengrund Adorno）、马尔库塞（Herbert Marcuse）、哈贝马斯（Jürgen Habermas）等一群学者，他们直接继承了青年卢卡奇等人的学理，提出了一套逻辑独特的批判理论，以对资本主义意识形态进行全方位的彻底批判。具体到人与自然的关系，霍克海默认为当下“呈现给个人的、他必须接受和重视的世界，在其现有的和将来的形式下，都是整个社会活动的产物。我们在周围知觉的对象——城市、村庄、田野、树林，都带有人的作用的印迹。人不仅仅在穿着打扮、在外在形式和情感特征上是历史的产物，甚至人们看和听的方式也是与经过多少万年进化的社会生活过程分不开的。感官呈现给我们的事实通过两种方式成为社会的东西：通过被知觉对象的历史特性和通过知觉器官的历史特性。这两者都不仅仅是自然的东西；它们是由人类活动塑造的东西"[①]。事实上，我们这个"工业社会的人们天天见到的感觉世界到处都打上了有目的的劳动的印迹：房屋、工厂、棉花、菜牛、人，另外，不但有地下火车、货车、汽车和飞机这类对象，而且还有这些对象被知觉期间的运动。在这个复杂的总体里，无法详细地区分开什么东西属于无意识的自然，什么东西属于人的社会活动。在经验的自然对象本身有问题的地方，甚至连这些对象的自然性也要通过与社会领域的对比来规定；就此而论，这些对象的自然性也依赖于社会领域"[②]。因此"在文明的高级阶段，人类意识的活动不但无意识地决定着知觉的主观方面，而且在很大程度上也决定着客体"[③]，这一点是不言而喻的。既然自然界的对象都是历史的产物，都与社会过程分不开，它们的自然性也依赖于社会领域，那么自然界发生的一切变化，包括环境破坏等反人化的变化最终都可以归因到人自身，也即人应当为这些现象承担既是道义的，也是具有因果必然性的责任。

与霍克海默相类似，施密特以阐发马克思的自然概念起手，他指出："马克思在批判布鲁诺·鲍威尔时说：自然和历史不是'两种不相干的"东西"'。在人的面前总是摆着一个'历史的自然和自然的历史'。"[④] 因此，"自然之所以引起马克思的关切，比什么都重要的是它首先是人类实践的要素。例如他在'巴黎手稿'中就已明确指出：'抽象的、孤立的、与人分离的自然界，对于人说来也是无。'"[⑤] 其实，只要真正进入马克思的原初著作规定的视域，我们就能完全地最为清晰地看到，"在马克思那里，自然和历史难分难解地相互交织着"[⑥]。并且，"马克思不仅认为从本源上给与的东西同被实践中介了的'来自外部的附加物'是不可分割的，而且他更进一步意识到：只有在把一切中介性的有用劳动除外的情况下，才能讲到'不

---

① 〔联邦德国〕马克斯·霍克海默：《批判理论》，李小兵等译，重庆出版社，1989，第192页。

② 〔联邦德国〕马克斯·霍克海默：《批判理论》，李小兵等译，重庆出版社，1989，第193页。

③ 〔联邦德国〕马克斯·霍克海默：《批判理论》，李小兵等译，重庆出版社，1989，第193页。

④ 〔联邦德国〕A. 施密特：《马克思的自然概念》，欧力同、吴仲昉译，商务印书馆，1988，第42页。

⑤ 〔联邦德国〕A. 施密特：《马克思的自然概念》，欧力同、吴仲昉译，商务印书馆，1988，第20页。

⑥ 〔联邦德国〕A. 施密特：《马克思的自然概念》，欧力同、吴仲昉译，商务印书馆，1988，第52页。

借人力而天然存在'的特殊商品体的'物质的基质'"[①]。还需要说明的是，"马克思虽然也时常把物质概念和自然概念并列起来使用，但他的理论具有'实践的'特征，其必然结果，首先不是从思辨的或物理的角度去规定归属于物质概念的现实，而确实是从经济唯物主义的角度去规定现实"[②]。因此，如果不是纠缠于那些并不起决定作用的枝节，而是从总体上来考察马克思，那么在他那里，"一切自然存在总是已经从经济上加工过的，从而是被把握了的自然存在"[③]，"它自身只有在成为为我之物的时候，即在自然组合进入人与社会的目的中去的时候，才成为重要的"[④]。如此我们"如果像马克思一样，不再把自我实现的绝对概念作为矛盾的推动力，而只剩下受历史制约着的人作为精神的承担者，那么也就谈不上什么不依赖于人的自然辩证法，因为自然界不存在辩证法中最本质的一切要素"[⑤]。这意味着"只有对自然的认识过程才是辩证的，而自然本身并不是辩证法的……辩证法的关系只有在人与自然之间才是可能的"[⑥]，换言之，"由于自然产生出作为意识活动之主体的人，自然才成为辩证法的"[⑦]。自然界及它的辩证运动，它们一切现实存在的意义都必须依附于与人的实际对接，因而如霍克海默一样，施密特也在事实上表达了人也是自然界诸如环境突变等现象发生的极为重要的原因。

马尔库塞把生态与革命结合起来，他认为："（我们）为什么要关注生态呢？因为粗暴冒犯地球是反革命的一个重要方面。反人类的种族灭绝战争就它攻击生命本身的来源和资源来说也是'生态灭绝'。消灭现在还活着

---

① 〔联邦德国〕A. 施密特：《马克思的自然概念》，欧力同、吴仲昉译，商务印书馆，1988，第51页。

② 〔联邦德国〕A. 施密特：《马克思的自然概念》，欧力同、吴仲昉译，商务印书馆，1988，第57页。

③ 〔联邦德国〕A. 施密特：《马克思的自然概念》，欧力同、吴仲昉译，商务印书馆，1988，第57页。

④ 〔联邦德国〕A. 施密特：《马克思的自然概念》，欧力同、吴仲昉译，商务印书馆，1988，第54页。

⑤ 〔联邦德国〕A. 施密特：《马克思的自然概念》，欧力同、吴仲昉译，商务印书馆，1988，第56页。

⑥ 〔联邦德国〕A. 施密特：《马克思的自然概念》，欧力同、吴仲昉译，商务印书馆，1988，第211页。

⑦ 〔联邦德国〕A. 施密特：《马克思的自然概念》，欧力同、吴仲昉译，商务印书馆，1988，第57页。

的人已经远远不够；同时还要必须通过烧毁污染土壤、毁掉森林、炸毁堤坝来剥夺那些甚至尚未降生的生命。这种嗜血的疯狂不会改变战争的最终进程，但它却是当代资本主义以什么为目标的一个非常清晰的表达：对帝国主义自身国内生产资源的无情浪费与对破坏性力量以及对战争工业制造的致死商品的消耗联起了手来。"[①] 实际上，"文明的一个基本功能就是改变人的本性和他的自然环境，以便使他'变得文明'，也就是说，使他成为市场社会的主客体，使快乐原则服从现实原则并把人变成越来越异化的劳动工具。这种残酷而痛苦的转变慢慢地蔓延到了外部自然。当然，自然一直以来都是劳动的一个方面（在很长的一段时间里，它一直以来都是唯一的一个方面）。但它曾经也是一个超越于劳动之外的维度，是美、宁静、非压抑的秩序的一个象征。正是由于这些价值，自然曾是市场社会及其利润和效用价值的否定。但是，自然世界是一个历史性的世界，一个社会性的世界。自然可能是攻击性的暴力社会的否定，但它的安宁却是男人和女人努力的结果，是他和她的生产力的产物。但资本主义的生产力的结构本质上是扩张性的：它不断地削减劳动世界和不仅有组织而且受操纵的闲暇世界之外的最后剩余的自然空间。自然受污染与剥削侵犯的过程首先是一个经济过程（生产方式的一个方面），但它也是一个政治过程。资本力量延伸到了自然所代表的宣泄和逃遁的空间。这是垄断资本主义的极权主义趋势：在自然那里，个人只能看到他自身的社会的重复；充满危险的逃遁和争论维度必定被关闭"[②]。在这里，马尔库塞态度鲜明地指出当下的"生态灭绝"的发生是人的原因，它与"帝国主义自身国内生产资源的无情浪费与对破坏性力量以及对战争工业制造的致死商品的消耗"紧密相关，在很大程度上可以将之归结到垄断资本主义的极权主义。

因此，马尔库塞认为："说到底，为拓展美丽的、非暴力和宁静的世界而斗争就是一场政治斗争。强调这些价值，强调恢复作为人类生存环境的地球，并不仅仅是一个浪漫的、美学的、诗意的想法，这并不只是一个特权阶层关心的问题，现如今，这是一个生存问题。人们必须清醒地认识到，

① 〔美〕赫伯特·马尔库塞：《新左派与20世纪60年代》，陶锋、高海青译，人民出版社，2020，第256~257页。

② 〔美〕赫伯特·马尔库塞：《新左派与20世纪60年代》，陶锋、高海青译，人民出版社，2020，第256~258页。

我们完全有必要改变生产方式和消费方式，放弃军工产业，放弃生产废品和小玩意的产业，代之以生产那些对减少劳动的生活、创造性劳动的生活以及享受生活来说有必要的产品和服务。"[①] 这也是说，"污染和毒害既是物理现象，也是精神现象，既是客观现象，也是主观现象。为保障更幸福的生活环境而战可能会强化个人身上自我解放的本能之源。当人们不再能区分美和丑、宁静和喧嚣时，他们也就不再能理解自由和幸福的本质了。就自然已经变为资本的领地而不是人类的领地而言，自然有助于强化人类的奴役状态。这些状况根植于现存社会的基本制度，而对后者来说，自然首先是以利润为目标的剥削对象。这是任何资本主义生态学都无法逾越的内在限制。真正的生态学进入了为社会主义政治学而战的激进斗争，而这种政治学必定从生产过程和人们残缺的意识这一根源处来攻击这种制度"[②]。由此可见，马尔库塞把生态批判的锋芒直接指向了资本主义制度。面对"既是物理现象，也是精神现象，既是客观现象，也是主观现象"的种种对自然界的污染和毒害，真正的生态学要实现自然解放，就应当超越晚近的资本主义制度，否弃这种"以利润为目标"的生态学无法逾越的内在限制，转向进入社会主义政治学。"生态逻辑纯粹就是资本主义逻辑的否定；地球在资本主义的框架下不可能获得拯救"[③]，只有在取代资本主义的社会主义这种政治学中，自然受污染与剥削侵犯的过程才能受到真正规约，"过上从我们资本主义工业世界的恐惧、工资奴役、暴力、恶臭以及地狱般的噪声中解脱出来的生活"[④]。

1979 年，加拿大滑铁卢大学社会学教授本·阿格尔在《西方马克思主义概论》中提出了"生态学马克思主义"这一概念。作为当代国外马克思主义中最有影响力的思潮之一，生态学马克思主义学者围绕资本主义生产方式与生态危机的联系，对资本主义展开了系统批判，以此重构历史唯物

① 〔美〕赫伯特·马尔库塞：《新左派与 20 世纪 60 年代》，陶锋、高海青译，人民出版社，2020，第 259 页。

② 〔美〕赫伯特·马尔库塞：《新左派与 20 世纪 60 年代》，陶锋、高海青译，人民出版社，2020，第 259~260 页。

③ 〔美〕赫伯特·马尔库塞：《新左派与 20 世纪 60 年代》，陶锋、高海青译，人民出版社，2020，第 259 页。

④ 〔美〕赫伯特·马尔库塞：《新左派与 20 世纪 60 年代》，陶锋、高海青译，人民出版社，2020，第 259 页。

主义，同时凸显自己的生态关怀。例如本·阿格尔提出：“我们的中心论点是，历史的变化已使原本马克思主义关于只属于工业资本主义生产领域的危机理论失去效用。今天，危机的趋势已转移到消费领域，即生态危机取代了经济危机。资本主义由于不能为了向人们提供缓解其异化所需要的无穷无尽的商品而维持其现存工业增长速度，因而将触发这一危机。”[①] 在这一方面，“我们认为，马克思的危机理论可以重新运用于当前的社会制度。因为我们放弃马克思的经济危机理论并不意味着也放弃他的关于非异化的人的活动的理论或他的矛盾的理论。相反，拯救马克思的观点和避免乌托邦主义的唯一办法，是分析目前存在于像受广告操纵的消费与受到威胁的环境之间关系的这样一些危机的新形式”[②]。现在，由于不断程序化的、受强制协调的异化劳动作用而感到灰心丧气的人们通过过度生产推动了以广告为媒介的商品消费的趋势，“这种过度生产的趋势从生态的角度来说不仅是破坏性的、浪费的，而且本身‘也是有害的’，它并不足以补偿人们因异化的、受操纵的劳动而遭到的不幸”[③]。

对于这种现象：“我们认为异化消费只不过是真正自由的苍白反映；在一定的生态限制条件下，它必然很快就会中止的；克服这种异化消费的关键是改造生产使其不再异化。这样，我们就可以使人们缩减其消费需求，打破对受广告操纵的消费的全面依赖。正如我们所设想的，这一过程一般具有以下三个相互关联的步骤：（1）生态系统无力支撑无限增长，从而将需要缩减旨在为人的消费提供源源不断商品的工业生产；（2）这种情况将需要人们首先缩减自己的需求，最终重新思考自己的需求方式，从而改变那种把幸福完全等同于受广告操纵的消费的观念；（3）对需求方式的这种重新思考可以使异化消费变成我们称为‘生产性闲暇’和‘创造性劳动’的现象。人们再参加劳动，将不再把这种劳动看作是获得应用于未来消费的财富的源泉。人们可以在社会有用的生产活动中实现自己本身的基本愿

---

① 〔加〕本·阿格尔：《西方马克思主义概论》，慎之等译，中国人民大学出版社，1991，第486页。

② 〔加〕本·阿格尔：《西方马克思主义概论》，慎之等译，中国人民大学出版社，1991，第490页。

③ 〔加〕本·阿格尔：《西方马克思主义概论》，慎之等译，中国人民大学出版社，1991，第495页。

望和价值。"[①] 因此，生态危机的克服在表面上要求人们重新思考自己的消费行为并致力于克服消费的异化状况，但"关键是改造生产使其不再异化"。本·阿格尔紧盯着消费领域绕了很大一个圈子，最后还是如马克思一样溯源到了生产领域。这也说明了本·阿格尔仅仅把生态危机与人的消费相联系不过是一种书斋中的幻想。

美国第一代环境史学家、美国人文与科学院院士唐纳德·沃斯特专门研究了人类活动对生态环境的影响。他说："当世界上第一颗原子弹爆炸、那天早上的天空突然由暗淡的蓝色变成耀目刺眼的白色时，该项工程的负责人、物理学家J. 罗伯特·奥本海默最初感到一阵无法抑制的自豪。但不久《福者之歌》报上出现的一段沉郁的话语在他的脑海中闪现着：'我已成为死神，世界的毁灭者。'之后的几年里，奥本海默尽管仍把原子弹的制造描述为'技术上的喜悦'，但他对这一科技成果运用后果的担忧却在增长着。其他原子科学家，包括艾伯特·爱因斯坦、汉斯·贝蒂和利奥·西拉德，甚至忧心忡忡地表示要决心控制住他们的研究所造成的这种可怕的武器，而且这一决心最后为很多普通的美国人、日本人以及其他国家的人所支持。人们越来越感到担心，尽管原子弹在反法西斯战争中功不可没，颇受赞誉，但它本身已成为我们人类可能不得不予以对付的自己手中的更为可怕的力量。这是第一次存在着一种可能导致地球上很多生命死亡的技术力量。正如奥本海默所提醒的，现在人们通过科学家的工作已经认识到了罪孽。"[②] 人类依靠科技生产出了原子弹，但却使人类从此面临亡族灭种的核威胁。因此，我们完全可以说，"在自然界经历了大部分荒蛮时代之后，直到现在，只有人类才成了最严重的干扰因素"[③]，反思未来人类通向明天的路途，"只有通过认识经常变化的过去——人类与自然总是一个统一整体的过去——我们才能在并不完善的人类理性帮助下，发现哪些是我们认为

① 〔加〕本·阿格尔：《西方马克思主义概论》，慎之等译，中国人民大学出版社，1991，第497页。

② 〔美〕唐纳德·沃斯特：《自然的经济体系——生态思想史》，侯文蕙译，商务印书馆，1999，第397页。

③ 〔美〕唐纳德·沃斯特：《自然的经济体系——生态思想史》，侯文蕙译，商务印书馆，1999，第425页。

有价值的，而哪些又是我们该防备的”[①]。

詹姆斯·奥康纳在《自然的理由——生态学马克思主义研究》的“前言”指出：“我一直以为，今天的这些激进的绿色（和绿色的激进）运动，可以说根源于20世纪末世界资本主义的基本矛盾。根据来自69个国家的1700位科学家（包括仍然健在的196个诺贝尔奖获得者中的99位科学家）在1992年发出的一份警告，‘人类与自然界正处于一种冲突之中’。一方面，在过去的二三十年时间中，环境和社会问题的增加已经超过了任何一种理性的预计；另一方面，在上述同一时期内，过去的那种对资本和资本主义的政治、经济及社会性的规范形式，在那些渴望参与新全球经济的分赃（以及使当地经济避免遭受投资冷淡、资本外逃和其他各种打击）的新自由派政府（和社区）的手里，已经部分地或者说全部地被解除了。就在国家（和社会）需要对资本作出更为严格和更为理性的规范的历史阶段——尤其是当我们考虑到生态系统的可生存性、社区的聚合性社会功能以及作为社会稳定性之基础的社会规范的时候——国家所具有的驾驭能力（以及社会的规范能力）却变得越来越受到威胁和失去作用。尽管很多非常重要的生态和社会问题正在以更为强有力的方式凸显出来，但过去的那些规范和约束形式已经被‘自由市场’（‘资本的自由’）和‘民主’（‘新自由主义的意识形态和政治学’）所取代。总之，社会的生产和再生产在经济和地理的维度上已经变得更为复杂——发生在不同地点的不同类型的事件对发生在其他地点的其他类型的事件的影响，变得更快和更具决定性——而政治及社会性的规范力却变得更为简单（和笨拙）了。”[②] 基于这种认识，詹姆斯·奥康纳认为：“有很多理由可以坚信，不论带有怎样的尝试性质和实验性质，这些以及其他一些生态学社会主义趋势都绝不会是昙花一现，它们使我们得以在讨论生态学和社会主义时把这两者看成似乎是相互间没有原则矛盾的（很明显这对于激进的城市生态运动来说尤其正确）。或者，换句话说，有充分理由可以坚信，世界资本主义的矛盾本身已

① 〔美〕唐纳德·沃斯特：《自然的经济体系——生态思想史》，侯文蕙译，商务印书馆，1999，第499页。

② 〔美〕詹姆斯·奥康纳：《自然的理由——生态学马克思主义研究》，唐正东、臧佩洪译，南京大学出版社，2003，前言第2~3页。

经为一种生态学社会主义趋势创造了条件。”①

安东尼・吉登斯理性分析了人化环境的风险问题，他认为：“人化环境或者‘社会化自然’这一范畴，指的是人类与物质环境之间的变化了的关系的性质。根据这个范畴，各种生态危险产生于人类知识体系所引起的自然变化。就社会化的自然而言，严重风险的绝对数量足以使人生畏：由核电站的许多事故和核废料引起的辐射；海洋的化学污染足以摧毁制造大气层中氧气的浮游植物；大气污染的一种‘温室效应’，破坏着臭氧层，使冰雪覆盖层融化，淹没大片地区；热带雨林遭到大规模的毁坏，而它是再生氧的基本来源；大面积使用人造肥料，结果使得成千上万英亩的表层土壤失去了肥力。”② 除了这些生态危险之外，“现今全球所有危险中，核战争显然是潜在的最直接和最可怕的危险。自八十年代初以来，人们承认，即使是非常有限的核战争也会给气候和环境带来相当严重的影响。少量核弹头的爆炸都可能对环境造成不可逆转的破坏，这种破坏还会威胁到所有高级动物物种的生存。据计算，‘核冬’（nuclear winter）的产生，仅需要五百至两千个核弹头，而这还不到所有核武器国家拥有核弹头总数的百分之十，甚至也低于五十年代拥有的核武器数目”③。可见当今人类面对的是一个存在巨大生态风险的人化环境。不言而喻，这些生态风险都与人化环境中的人化因素紧密相依，在完全的意义上它们就是人现代化活动的结果。因此，“在存在着具有严重后果的风险因而麻烦不断的背景下，这同时既是主体转变也是全球社会组织转变的过程”④，未来的“乌托邦现实主义将‘打开窗口’以迎接未来，并与正运作着的制度化倾向连接起来”⑤。

特德・本顿（Ted Benton）回顾了“20 世纪 60 年代末，世界上冒出了一股讨论日益严峻的环境灾难的风潮。保罗・埃利希（Paul Ehrlich）的《人口爆炸》（The Population Bomb）、《生态学家杂志》（Ecologist）的《生存的蓝图》（A Blueprint for Survival）、罗马俱乐部的《增长的极限》（The

---

① 〔美〕詹姆斯・奥康纳：《自然的理由——生态学马克思主义研究》，唐正东、臧佩洪译，南京大学出版社，2003，第 430 页。

② 〔英〕安东尼・吉登斯：《现代性的后果》，田禾译，译林出版社，2011，第 111~112 页。

③ 〔英〕安东尼・吉登斯：《现代性的后果》，田禾译，译林出版社，2011，第 110~111 页。

④ 〔英〕安东尼・吉登斯：《现代性的后果》，田禾译，译林出版社，2011，第 155 页。

⑤ 〔英〕安东尼・吉登斯：《现代性的后果》，田禾译，译林出版社，2011，第 155 页。

Limits to Growth），事实上在问题诊断和前景预测方面是十分不同的——但它们都用自己的方式显示了与政治上的过去的毅然诀别。希望技术发展和认识提高能够将我们带入一个生活水平越来越高、人类越来越幸福的未来，这种现代的乐观想法已经幻灭。据《增长的极限》作者所构想，人口、工业生产、农业生产、污染的不间断的指数化增长，总有一天必突破这个有限的世界的极限，并带来灾难性的后果”[①]。即使在“生产领域之外的、构成了‘日常生活’全部内容的大众娱乐和活动，和生产本身一样，也有它们的‘条件’：街道要足够安全、足够安静、足够干净，好让孩子们在外面玩耍，让女人们随意散步，让邻里们见面聊天；道路要通往周边的乡下；要有供开会、庆祝、表演、欢庆的公共场地等等。有时，这些条件和生产条件是一致的，但它们也有可能按照多多少少复杂的、造成生态退化的方式和生产条件联系在一起。因此，资本破坏其自身条件的趋势，也有可能使破坏其他非生产性社会实践的条件的趋势成为必然”[②]。这就使“我们可以颇有理由地认为，国家政策也许是那些与资本积累至多有着极为的间接关系的重大环境问题的自发的成因”[③]。这样，“由托莱多的观点得出的一个重要结论是，资本主义生产关系的超越性并不会靠自身就保证生态的和谐。前后一致地思考后资本主义社会该如何解决由资本主义和国家社会主义体制所遗留的生态问题，可能需要一种立足更远大的人类历史的生态学理论”[④]。

约翰·贝拉米·福斯特通过论述布哈林的思想提出：“真正活着的、呼吸着的人类主体，并不像维特根斯坦（Wittgenstein）和其他‘唯我论之后的探寻者’所认为的像速记员，只提供着‘速记的便利的符合’，而更是一种能动的、有变革能力的存在，他们‘改变了整个地球的面貌，在生物圈

---

① 〔英〕特德·本顿：《生态马克思主义》，曹荣湘、李继龙译，社会科学文献出版社，2013，导言第2页。

② 〔英〕特德·本顿：《生态马克思主义》，曹荣湘、李继龙译，社会科学文献出版社，2013，第177页。

③ 〔英〕特德·本顿：《生态马克思主义》，曹荣湘、李继龙译，社会科学文献出版社，2013，第177页。

④ 〔英〕特德·本顿：《生态马克思主义》，曹荣湘、李继龙译，社会科学文献出版社，2013，第176~177页。

中生活和工作的社会人已经从根本上改造了这个星球的表面'。"[①] 福斯特认为："布哈林还是很好地意识到了人与自然之间在共同进化中的复杂的互反的关系，意识到了生态退化（特别是按照马克思所说与土壤的关系中）的可能性，以及避免那种不考虑自然物理环境之存在的激进的社会建构主义的必要性。"[②] 此外，福斯特还引用了威廉·莫里斯（William Morris）对城市污染和工人被迫在有毒的环境中工作的事例的论述，他说："这周新闻中，一个铅粉中毒案的报道值得工人们普遍关注。去除那些冗词就可以看到，一个人被迫工作在铅粉飞扬的环境下却没有预防措施以阻止他迅速死亡，由此而被杀死，对于这个可怜人，额外的一周一先令是对他被谋杀的赔偿的慷慨数目。雇主不可能不知道他加速死亡的危险，不可能不知道他早晚会中毒。令人难以置信的还有，陪审团有关案件所说的一切是'表达一种希望，霍克曼先生（工厂的监管）应该能……对在混合工厂中工作的人们提供一些必要的额外的防护'。然而更进一步，这仅仅是一个关于工人生活方式的夸张的例子。在目前条件下，几乎整个'低等阶级'被文明所强加的劳动都是不健康的，也就是说人的寿命因此而缩短；然而不能因为我们没有看见人们在我们眼前被割断喉咙，我们就以为它不存在。"[③] 福斯特称布哈林为"一位被列宁称为'革命的金童'、'全党最喜爱的人'、'最伟大的理论家'的俄国革命著名领导人"，这说明了他对布哈林观点的肯定。同时因为"甚至恩格斯在世时，马克思的共产主义和生态支撑的观点就已经明显存在于威廉·莫里斯的乌托邦之中"[④]，所以根据福斯特对马克思生态性的肯定，我们可以说他也赞同威廉·莫里斯上述对资本主义社会反生态的阐述。因此，在福斯特的视域中，自然界出现的诸如生态退化等现象都是人的活动引起的。我们要有效克服这种生态退化的异化状态，就需要"进入到一种革命的哲学，这种哲学所指向的不是别的，而是在所有

---

① 〔美〕约翰·贝拉米·福斯特：《马克思的生态学——唯物主义与自然》，刘仁胜、肖峰译，高等教育出版社，2006，第255页。

② 〔美〕约翰·贝拉米·福斯特：《马克思的生态学——唯物主义与自然》，刘仁胜、肖峰译，高等教育出版社，2006，第256页。

③ 〔美〕约翰·贝拉米·福斯特：《马克思的生态学——唯物主义与自然》，刘仁胜、肖峰译，高等教育出版社，2006，第265~266页。

④ 〔美〕约翰·贝拉米·福斯特：《马克思的生态学——唯物主义与自然》，刘仁胜、肖峰译，高等教育出版社，2006，第265页。

方面对异化的超越：一种具有现实基础的理性生态学和人类自由——生产者联合起来的社会"[1]。

二　从浅层生态学到深层生态学

在《返回宇宙论》中，斯蒂芬·图尔敏（Stephen Toulmin）指出："现在，生态运动自身分裂成了两个阵营。一个阵营支持这样的主张：开明的生态政策最终应该考虑人类的长远利益。支持这一观点的人本质上是人类中心主义的，甚至是功利主义的……另一阵营中的人，他们是用更真诚的宇宙论的观点来看待人在自然中的位置，因而，他们不得不把功利主义和人类中心主义的论据搁置一边，而将康德'目的王国'中的道义上的公民延伸到其他生命形态，并加上与此公民应享受的尊严、尊敬。在他们看来，自然自身再一次成为一个'完整的体系'或宇宙，而成为我们虔诚对待的对象。"[2] 这两个阵营最早被挪威哲学家阿伦·奈斯（Arne Naess）区分为浅层生态学与深层生态学。具体到第一个阵营一般是指浅层生态学，它以人类中心主义为思想基础。人类中心主义认为人是万物的尺度，按照以人为中心的价值观来考察和对待对象世界的一切事物。其中极端的人类中心主义者以绝对主体的身份选择站在自然的对立面向自然进军，向自然开战。他们不顾自然本身的合规律运行，片面依据人在并非全面发展状态下的畸形需要去斗天斗地，以求完全按自己的观念意志改天换地，让自然无条件地来造福人类。而温和的人类中心主义者注意到了人改造自然的活动如果违背了自然界的固有运动规律必然会招致大自然无情的报复，严重情况下会导致极其严重的生态危机的事实，因而他们在张扬人自身的价值，人的活动的属人性、为人性的同时，也强调人在满足自己衣食住行需求的过程中要尊重自然、顺应自然、保护自然，不能以与自然发生尖锐冲突的方式获得一时的需要。与此相联系，浅层生态学"主张在不削弱人类利益的前提下改善人与自然的关系。它把人类的利益作为出发点和归宿，认为保护资源与环境本质上就是为了人类更好地生存；它把生态危机看成是人类发

---

① 〔美〕约翰·贝拉米·福斯特：《马克思的生态学——唯物主义与自然》，刘仁胜、肖峰译，高等教育出版社，2006，第 287 页。

② S. Toulmin, *The Return to Cosmology: Postmodern Science and Theology of Nature* (Berkeley: University of California Press, 1982), p. 271.

展过程中难以避免的现象，认为生态危机只能表明人类发展的不充分，只要我们不断完善社会建制、改进分配体制、发展科学技术，这类问题最终都能得到解决。因此，它主张在现有经济、社会、技术框架下通过具体的治理方案来解决环境问题”①。例如 1974 年佐治亚大学的哲学教授威廉姆・布莱克斯通（W. T. Blackstone）出版了《哲学与环境危机》，书中他的“观点大都是很保守的；当哲学第一次大胆地介入环境主义事务时，出现这种情形是不足为怪的。布莱克斯通本人的论文就完全把环境伦理问题理解为拥有‘一个可生存的环境’的人权问题。他认为，应当把拥有一个健康的环境的权利，视为一种‘从这样一种不可剥夺的基本权利——追求我们的政治传统所承认的平等和自由的权利中推导出来的权利’。他在这里无疑是从环境质量的角度来谈论天赋权利的，但他的观点却完全是人类中心论的。布莱克斯通的这一观点不过是重复尼克松总统的老调；尼克松总统在 1970 年 1 月 22 日的国会发言中曾指出，美国‘70 年代的大问题’是如何确保‘每一个美国人天生就具有’的拥有一个不受污染的环境的权利。基于相同的理由，国会议员、地球日（1970 年 4 月 22 日）的倡导者纳尔逊・盖洛德号召修改宪法，以确保每一个美国人‘对于健康的环境所拥有的不可剥夺的权利’。正如布莱克斯通对这些观点所作的解释那样，这些观点与限制个人自由以确保‘所有人的自由、权利和福祉’的洛克哲学在逻辑上是一致的。布莱克斯通确实承认了未来人的权利，但其他形式的生命仍被排斥在道德王国之外。权利只与人有关”②。

罗马俱乐部学者撰写的《增长的极限》也以温和的人类中心主义为逻辑支点立论，这些学者认为：“1. 如果在世界人口、工业化、污染、粮食生产和资源消耗方面现在的趋势继续下去，这个行星上增长的极限有朝一日将在今后一百年中发生。最可能的结果将是人口和工业生产力双方有相当突然的和不可控制的衰退。2. 改变这种增长趋势和建立稳定的生态和经济的条件，以支撑遥远未来是可能的。全球均衡状态可以这样来设计，使地球上每个人的基本物质需要得到满足，而且每个人有实现他个人潜力的平等机会。3. 如果世界人民决心追求第二种结果，而不是第一种结果，他们

① 雷毅：《深层生态学：阐释与整合》，上海交通大学出版社，2012，第 12 页。

② 转引自〔美〕R. F. 纳什《大自然的权利》，杨通进译，青岛出版社，1999，第 151 页。

为达到这种结果而开始工作得愈快，他们成功的可能性就愈大。这些结论是如此深刻，而且为进一步研究提出了这么多问题，以致我们十分坦率地承认已被这些必须完成的巨大任务所压倒。”① 按照《增长的极限》的逻辑，诸如粮食等资源的开发都是为满足人类需要服务的，人之所以要解决自己无限的欲望和自然界有限资源的矛盾，也是为了防止未来“人口和工业生产力双方有相当突然的和不可控制的衰退”。关于这种为人性，罗马俱乐部学者并没有讳言，他们在《增长的极限》的“评论”中特别指出：“在邀请麻省理工学院小组承担这项研究时，我们心目中有两个直接的目的。一个目的是要探讨我们的世界系统的极限，以及它对人类的数量和活动所施加的强制力。人类现在比以前任何时候更趋向于不断增长，常常是人口，占用土地，生产，消费和废物等等的加速增长，盲目地设想环境会容许这样的扩张，其他集团会屈服，或者科学技术会消除障碍。我们想要探索对增长的这种态度，同我们这个有限行星的大小，以及同我们的正在出现的世界社会的基本需要——由于减少社会的和政治的紧张局势而为一切人改善生活的质量——相容的程度。”②

美国环境科学家巴里·康芒纳（Barry Commoner）在《与地球和平共处》中提出：“究竟是为了保护生态圈使之不至于毁掉而保护生态圈呢，还是为了提高依赖生态圈而生存的人类的福利而保护生态圈呢？这导致了进一步的问题：如何看待‘福利’？主张生态保护的一些人认为，如果人类对技术圈的制造物少些依赖，与周围的生态系统多些和谐——自己烤面包而不是买面包，步行或骑自行车而不是坐汽车，住小镇而不是住在大城市——那么，人类的福利就会得到改善。上述做法其实等于是否定了人对社会的价值，例如，不让妇女用买面包——而不是烤面包——所省下的时间去管理城市的博物馆；也排斥了省力省时的技术可以和整个环境相容的可能性。这种认识认为，技术圈，无论设计得怎么好，都只能是让人们获取不属于其生态龛的资源，因而是生态环境所不能接受的手段。但是，我们不久就会明白这种认识是错误的；尽管现在的技术圈中几乎每一点都和生态圈相抵触，然而，与生态圈相和谐的技术的确是存在的——只不过现

---

① 《增长的极限》，李宝恒译，四川人民出版社，1983，第19~20页。

② 《增长的极限》，李宝恒译，四川人民出版社，1983，第217~218页。

在用得极少而已。”① 以这种人类中心主义为基础，康芒纳“深信每个人的生命，不论贫贱，都一样宝贵；深信丰衣足食总比衣少食好；深信城市音乐厅演奏的交响乐光靠牧人的笛子是吹不出来的。我的判断正是建立在这些信念之上的。如果人类真的必须放弃这些享受才能结束现在对生态圈的毁灭性破坏，那么根据我的判断，人类将在这场战争中惨败。我的观点是：人类和自然的这场战争将两败俱伤——大自然会一片荒芜；人类社会将倍受磨难，不仅因为资源短缺，而且因为我们现在的生产系统有害于环境，减少了经济增长的机会，这在发展中国家会尤为突出。这就呼唤着达成这样一个和平协议，既考虑到自然自给自足的需求，又能维持并发展人类现有的物质生活水平，消灭贫穷。最后，在用比喻性语言定义这一任务时，我们必须牢记交战中只有一方——即人类——能付之于行动。我知道有人随时准备作为那些没有发言能力的动物、森林、土地、大海，甚至地球本身的代言人。但不争的事实是：地球上所有的生物中，只有人类才有能力去有意识地改变我们的所作所为。如果说我们和地球之间应该达成和解，要行动的只能是我们”②。

1971 年佐治亚大学召开的学术会议刊发的论文集收录了洛克菲勒大学约尔·范伯格（J. Feinderg）教授的论文，文中他提出：“‘没有意识、期盼、信仰、愿望、目标和目的，一个存在物就没有利益；没有利益，它就不可能受益；没有受益的能力，它就没有权利。’这个原则把权利拥有者的范围严格限制在人类（包括白痴、婴儿与后代）和动物的界线内。范伯格解释说，动物不是道德‘代理人’，但它们确实拥有有待满足的利益和权利。如果一个受托管理人滥用了留给某个动物的钱财，那么，人们就可以站出来维护这个动物的权利，就像如果有人盗用了不会说话的婴儿的钱财，人们就会出来维护该婴儿的权利一样。范伯格把植物排除在权利共同体之外，理由是：植物缺乏足够的认知能力，不能意识到它们自己的需要、要求和利益。人们也许会关心某种特殊的植物的福利，甚至制定法律来保护它；但在范伯格看来，这是一个有关人（从植物那里获得）的利益以及人

---

① 〔美〕巴里·康芒纳：《与地球和平共处》，王喜六等译，上海译文出版社，2002，第 12～13 页。

② 〔美〕巴里·康芒纳：《与地球和平共处》，王喜六等译，上海译文出版社，2002，第 174～175 页。

从植物那里受益的权利问题。相应地，范伯格还否认那些无可救药的‘植物人’的权利。根据同样的逻辑，他取消了物种的权利资格。集合在一起的一大堆自然存在物不可能有需求和愿望。对濒危的珍贵物种的保护，不过是对人们欣赏它们并从中获益的权利的保护。范伯格强调说，‘纯粹的物体’更不可能拥有权利。他认为‘说岩石也拥有权利是荒谬的……因为岩石属于那种权利对它来说毫无意义的实体’。”① 范伯格的观点“成为后来关于扩展权利范围的合法性的大规模哲学研究的里程碑”②，随着研究的深入，深层生态学也开始成为人们关注的重要主题。深层生态学作为当代西方激进环境主义思潮中的重要流派，1973 年由挪威哲学家阿伦·奈斯提出。“它的以生物为中心的平等观的基本洞见是，生物圈中的所有事物都拥有生存、繁荣和自我实现的平等权利。”③ 其实早在 1964 年，宾夕法尼亚大学法律学教授克拉伦斯·莫里斯（C. Morris）就在一篇关于“大自然的法律权利”的论文中阐发了有关深层生态学的观点，他指出：“应当这样来理解环境保护法，即它表达的是‘偏爱大自然的观念’，而不是‘打乱’环境的观念。他认为，下述假定有助于人们减少其对环境的影响：反对污染和保护环境的措施‘包含着对大自然的原始法律权利’的确认，‘大自然的院外说客’应当在法庭上为这种权利进行辩护并使之得到实施。莫里斯非常严肃认真地把法律权利授予了‘飞鸟、小花、池塘……凶猛的野兽、露天石矿、原始森林以及馨香的山村空气’。这种试图废除法律理论中源远流长的人类中心论的愿望，直接开启了克里斯托弗·斯通 1972 主张给予树木及其他自然客体以法律地位的著名建议。”④ 受这些讨论推动，深层生态学的诸多学者开始次第登场阐述他们的研究观点与理论观想。例如挪威学者奈斯坚持原则上的生物圈平等主义，他认为：“对于生态工作者来说，生存与发展的平等权利是一种在直觉上明晰的价值公理。它所限制的是对人类自身生活质量有害的人类中心主义。人类的生活质量部分地依赖于从与其它生命形式密切合作中所获得的深层次的愉悦和满足。那种忽视我们的依赖和建立主-

---

① 转引自〔美〕R. F. 纳什《大自然的权利》，杨通进译，青岛出版社，1999，第 151~152 页。
② 转引自〔美〕R. F. 纳什《大自然的权利》，杨通进译，青岛出版社，1999，第 151 页。
③ 转引自〔美〕R. F. 纳什《大自然的权利》，杨通进译，青岛出版社，1999，第 146 页。
④ 转引自〔美〕R. F. 纳什《大自然的权利》，杨通进译，青岛出版社，1999，第 153 页。

仆关系的企图促使人自身走向异化。"① 这亦是说，"生态平等主义隐含着对未来研究变量'拥挤程度'的重新解释，因此，不仅仅是人类的拥挤程度受到人们的重视，而且所有哺乳动物的拥挤程度和生命平等关系的丧失也受到人们的认真对待（有关某些哺乳动物对自由空间很高要求的研究表明，研究人类都市社会物质需求的理论家们大大低估了人类对生活空间的需要。行为拥挤症状如神经官能症、侵略性、丧失传统等等，这些症状在很大程度上也同样存在于哺乳动物中）"②。受此影响，奈斯除了对多样性原则与共生原则怀有深深的敬意以外，他还体现出鲜明的反等级态度。在奈斯看来，"'非你即我'往往会减少生命形式的多样性，也会导致同一物种群体解体。因此，从生态观点看，应受到鼓励的态度是赞成人类生活方式、文化、职业、经 济 的多样性。它们支持反对军事侵略与征服的斗争，同样，他们也支持反对经济、文化侵略与统治的斗争；它们反对消灭部落或文化，也同样反对消灭海豹、鲸鱼"③。从这也可以看出："人类生活方式的多样性是部分的由于（有意无意地）掠夺和压制了其它物种。掠夺者的生活不同于被掠夺者，但两者的自我实现潜能都会受到不利影响。多样性原则不会仅仅因为某些有力的阻碍态度和行为而掩盖了差异。生态平等主义原则和共生原则支持反等级态度。这种生态学态度有利于上述三个原则向包括发展中国家和发达国家在内的任何群体冲突扩展。这三个原则也有利于极为谨慎地对待所有未来的全盘计划，除非它们与已扩大和正在扩大的无等级多样性一致。"④ 当然，在这些原则贯彻的过程中，缘于"生命的脆弱性与已获得生态平衡的栖息地的外部影响程序大致成比例。这一结论支持我们要求加强地方自治和物质精神自足的努力。但这些努力以促进非人类中心化为先决条件。因为如果我们能够使其它因素不变，加强地方自治便能减

---

① 〔挪〕A. 奈斯：《浅层生态运动与深层、长远生态运动概要》，雷毅译，《哲学译丛》1998年第4期。

② 〔挪〕A. 奈斯：《浅层生态运动与深层、长远生态运动概要》，雷毅译，《哲学译丛》1998年第4期。

③ 〔挪〕A. 奈斯：《浅层生态运动与深层、长远生态运动概要》，雷毅译，《哲学译丛》1998年第4期。

④ 〔挪〕A. 奈斯：《浅层生态运动与深层、长远生态运动概要》，雷毅译，《哲学译丛》1998年第4期。

少能源消耗”[①]。

因此在深层生态学家的视域中，“虽然人类对大自然的某些影响是可以接受的，但是现代人已经大大地超越了适当的标准，就好像一头狮子一天要杀死 15 只羚羊那样。在深层生态学家看来，由于人口数量和资源消耗量急剧增长，特别是对濒危物种栖息地的侵占，人们已犯了严重侵犯其他自然物的权利的罪过。环境伦理学之所以重要，就在于作为一种文化创造，它可以约束人的上述行为。过量捕杀其它动物的狮子，不能用道德来约束它自己；但是，人却不仅拥有力量，而且拥有控制其力量的精神潜能。只有他才能认识到其它创造物自我实现的权利，并依据这些权利来判断他自己的行为。这种能力使得一种生物中心论的世界观和整体主义的环境伦理学成为可能。深层生态学家希望，这种观念能够促使人们大量降低其人口数量，大规模地自觉减少其对生态系统的有害影响，并从根本上变革经济、政治、社会和技术制度”[②]。

作为对上述看法的反应，“深层生态学的理论家们清楚地认识到，深层生态学的基本策略若要顺利地运用于当代生态实践，首先在于从观念上解决现代人对生态问题的根本看法，因而特别重视深层生态意识的培养。他们试图以培养现代人的生态意识为开端，来逐步实现人与人、人与自然的相互认同，最终达到人与自然合一的‘自我实现’的境界”[③]。在一般方法上，“体验荒野（experiencing the wilderness）是培养谦恭美德的过程，从这种体验中可以发展出一种观念，即荒野作为自然整体的一部分，其中的山川、河流、鱼、熊等存在有权按照自身的方式生活。这种体验过程能够促使人从大地的征服者角色向作为大地共同体中的普通一员的方向转变”[④]。在这种条件下，“人不仅负有保护和促进具有内在价值的存在物的义务，也有义务维护和促进具有内在价值的生态系统的完整和稳定。由于整个自然界（生物加上它们的生存环境）是一个自我调节系统，因而它的每一

---

① 〔挪〕A. 奈斯：《浅层生态运动与深层、长远生态运动概要》，雷毅译，《哲学译丛》1998 年第 4 期。

② 〔美〕R. F. 纳什：《大自然的权利》，杨通进译，青岛出版社，1999，第 179 页。

③ 雷毅：《深层生态学：阐释与整合》，上海交通大学出版社，2012，第 162~163 页。

④ 雷毅：《深层生态学：阐释与整合》，上海交通大学出版社，2012，第 172 页。

个组件（物种、种群、群落到栖居地环境）全部应受到保护”[①]。为了做好这一工作，深层生态学的学者“都十分推崇中国古代道家‘无为’的哲学思想，认为道家提倡的‘无为而治’就已经表达了生态中心主义的思想。所谓‘无为’绝不是人类在自然面前应当无所作为，而是应当顺应自然”[②]。

第二节　绿色的确定性：当代西方环境科学

一　当代西方循环经济理论与实践

20世纪60年代，美国经济学家肯尼思·博尔丁（Kenneth E. Boulding）在阐述生态经济学时提出了“宇宙飞船经济理论”，“其简单含意是，我们人类赖以生存的地球，只不过是茫茫无垠太空中的一个小小太空船。人口、经济不断增长终将使这个小飞船内有限的资源开发完；人们生产和消费所排出的废物终将使飞船舱内完全污染。因此，必须建立既不会使资源枯竭、又不会造成污染的、能循环使用各种物质的，‘循环经济’，以代替过去的‘单程经济’”[③]。在“宇宙飞船经济理论”的影响下，西方有关循环经济的探索逐渐进入主流的研究。比较典型的如美国学者莱斯特·R. 布朗（Lester R. Brown）指出，在过去的半个世纪里，“我们砍伐树木快过林木的生长，过度放牧造成草场的荒漠化，超量开采水资源使得地下水位下降、河流干涸。耕地土壤的流失速度超过了新土壤的形成速度，使土地渐渐失去其固有的肥力。……我们向大气排放大量的二氧化碳，超过了大自然的吸收能力。随着大气中二氧化碳浓度的提高，全球的气温也在随之而升高。这就是所谓的温室效应。栖息地的毁坏和气候的变化，造成了大量动植物物种的灭绝，其速度远远超过了新物种的进化速度，导致了自6500万年前恐龙绝种之后的第一次大规模物种毁灭”[④]。对此布朗指出，如果我们执行A模式即还像惯常那样一切照旧行事，那么“会导致环境不断衰退并最终

---

① 雷毅：《深层生态学：阐释与整合》，上海交通大学出版社，2012，第168页。
② 雷毅：《深层生态学：阐释与整合》，上海交通大学出版社，2012，第170页。
③ 程福祜：《国外生态经济学术观点评介（续）》，《生态经济》1986年第1期。
④ 〔美〕莱斯特·R. 布朗：《B模式：拯救地球　延续文明》，东方出版社，2003，第1页。

导致经济衰退。透支地球自然资产所形成的环境泡沫经济终将破灭”[①]。因此，人类需要一个新的社会经济模式——B 模式。这种“所谓‘B 模式’，是一种抢在全球泡沫经济突然破灭之前，进行全面动员、使泡沫逐渐消失的对策。要使泡沫不致突然全部破灭，需要人们进行史无前例的国际合作，以实现世界人口、气候气象、地下水位和土壤状态的稳定——而且要迅速，要以战时状态所需要的速度进行。实际上，无论从规模上说，还是从紧迫性上说，我们所需要的动员程度，都会与美国在第二次世界大战时的情况相类似。我们的唯一希望，是迅速进行体系上的变革，建立起以反映生态真理的市场信息为基础的体系。这意味着应当重新改造现行的税收体制，降低所得税，提高对燃烧化石燃料等破坏环境行为的征税标准，以使生态成本在税制中得到反映”[②]。例如在提高水资源的利用率方面，布朗提到：“上个世纪大部分时间内，主导的做法是建造大型水坝，将水收集并且积蓄起来不让流掉。但由于可以筑坝的地点越来越少，而且修建大型水坝常需淹没大片地区，使当地居民搬迁他方，还会不可逆转地改变当地生态系统，现今的这个纪元就大易其辙了。越来越多的国家转而收集本地雨水以保证充分的供应。在印度，拉金德拉·辛格是这一运动的领头人。大约 20 年前，他……开始同村民一起，帮助他们设计当地的蓄水设施。村民们每选中一个坝址，他便将人们组织起来建个土坝。所有的石头、泥土等材料都产自当地。劳动力也由村民提供。辛格帮助进行设计和工程施工。他告诉村民，除了满足他们日常对水的需求外，小水库的渗流还会逐渐提高地下水位，恢复已被废弃的水井。他还告诉他们，这需要等待一段时间才能实现。结果恰如他所说的一样。在获得最初的成功后，他就在当地成立了一个非政府机构，有 45 名专职员工和 230 名非专职人员。在福特基金会和其他团体的资助下，该组织不仅在拉贾斯坦邦帮助兴建了 4500 个蓄水点，还增加了村民的收入，改善了他们的生活。”[③]

在日本，当下循环经济的发展也比较典型。其实施的“《推进形成循环型社会基本法》（《循环型社会基本法》）把循环型社会定义为抑制自然资

---

① 〔美〕莱斯特·R. 布朗：《B 模式：拯救地球　延续文明》，东方出版社，2003，第 85 页。
② 〔美〕莱斯特·R. 布朗：《B 模式：拯救地球　延续文明》，东方出版社，2003，第 185 页。
③ 〔美〕莱斯特·R. 布朗：《B 模式：拯救地球　延续文明》，东方出版社，2003，第 114 页。

源消费的、尽最大限度减轻环境负荷的社会。其实现手段与方法有：①防止产品变成废物；②当产品变成循环资源（可再生资源）时，鼓励对其进行适当的再循环；③对不能循环利用的循环资源确保进行适当的处置"①。而"《推进形成循环型社会的基本计划》（《循环型社会计划》）在2003年由日本内阁做出决定。它建立了1个激励性指标和3个物质流指标（按不同自然区域和时间段分别进行统计的物质投入总量、物质流量、物质排放总量），并设定了到2010年的物质'入口'、'循环'和'出口'的3项目标。'入口'指标，是资源生产力的度量，由GDP除以自然资源和其他投入量获得。2010年的'入口'目标设定为39万日元/t，比1990年翻一番。'循环'指标，显示再循环的（recycled）或者再使用的（reused）物质量所占比率，由物质的循环利用量除以物质的投入总量，得出循环利用率。'循环'目标设定为14%，比1990年提高80%。'出口'指标，是最终处置量的表征，设定的目标是比1990年降低75%，为2800万t"②。

日本这些法律和计划的制定和实行，有力地推动了社会循环经济的相关研究与行动实践。如"1998年，札幌市开展了一项由政府参与进行的独特实验，把商业活动产生的食品废物变为动物饲料。该市对包括百货公司、超市、食品加工厂、学校和医院等246个地方产生的食品废物和残渣，由札幌市环境事业公社用7辆特制卡车收集运送食品废物，交由中间处理商，即三造有机废物再循环株式会社，采用热油减压脱水工艺（类似油炸虾，俗称'天布罗方式'）每天生产50t动物饲料。制成的饲料批发给饲料公司，继而卖到北海道的养猪场和养鸡场，从而实现了本地食品废物的再循环"③。此外，北海道大学农业系在寺沉实（Minoru Terasawa）教授的指导下正进行生物质废物联合处理的研究。它旨在开发一种特殊的生物厕所，这种"用于山间小屋等处的生物厕所，是一种把人粪尿同木质废物一起分解的装置。这种厕所把难分解的生物质（如锯屑和刨花）作为人工地基，对易分解（易腐烂）的有机废物（如厨余垃圾、人粪尿和畜禽粪尿）进行无臭分解与消化，符合资源化原理。易腐烂的生物质，如食品废物和畜禽粪尿，可以

① 〔日〕吉田文和：《日本的循环经济》，温宗国等译，中国环境科学出版社，2008，第1页。
② 〔日〕吉田文和：《日本的循环经济》，温宗国等译，中国环境科学出版社，2008，第2页。
③ 〔日〕吉田文和：《日本的循环经济》，温宗国等译，中国环境科学出版社，2008，第106页。

利用木屑之类的森林资源，在无臭的过程中实现资源化，木屑之类本身也成为具有附加价值的有机肥料和土壤改良剂。这样，既解决了畜禽粪尿问题，也有效地利用了森林资源”①。

二 当代西方生态现代化理念与行动

面对现代化进程中生态环境的恶化，西方生态现代化的理论和实践开始成形并逐步发展起来。1982 年 1 月 26 日，德国学者马丁·耶内克（Martin Jänicke）在参加柏林州议会时率先使用了“生态现代化”的概念。在“生态现代化：新视点”这一章中，耶内克较为详细地阐述了“生态现代化”的基本内涵与其理论延展，他认为：“‘生态现代化’一词出现于20世纪 80 年代早期，其提供了一种生态与经济相互作用的模式。其意图在于，将存在于发达市场经济之中的现代化驱动力与一种长期要求连接起来。这种要求就是：通过环境技术革新而达到一种更加环境友好型经济的发展。最初，这一概念在一个叫‘柏林科学中心’（Berlin Science Center）中的研究中得以形成和发展，并且，只是在一个范围较小的柏林社会科学学术团体（有时被称为环境政策研究的‘柏林学派’）中被接受和使用。从那以后，这一概念在德国环境政策争论中逐渐产生了强烈的影响。它对社会民主党的影响最大，但最终也影响了绿党（联盟 90/绿党）。1998 年成立的德国新政府，在 10 月通过的‘红绿’联盟协定中，提出了‘生态现代化’行动纲要，反映了这一概念在政治上的被接受。20 世纪 90 年代初以来，在环境科学的论争之中，这一概念已经在国际上被广泛使用。”② 几乎同时，作为最早在文献中正式使用了“生态现代化”一词的约瑟夫·胡贝尔（Joseph Huber）也围绕“生态现代化”展开了论述，他提出：“当前的主要问题就在于工业系统（技术圈）将社会圈和生物圈奴役了，这个问题正是工业系统的结构设计失误所致。因此，必须通过对技术圈进行生态社会性重建来加以克服。这一过程，就是胡伯所认为的生态现代化。由此，生态现代化理论的出发点必然是现代社会的工业特征，而非资本主义或官僚特征。”③

---

① 〔日〕吉田文和：《日本的循环经济》，温宗国等译，中国环境科学出版社，2008，第 109 页。

② 〔德〕马丁·耶内克、克劳斯·雅各布主编《全球视野下的环境管治：生态与政治现代化的新方法》，李慧明、李昕蕾译，山东大学出版社，2012，第 10 页。

③ 周鑫：《西方生态现代化理论与当代中国生态文明建设》，光明日报出版社，2012，第 36 页。

在上述看法的基础上进一步进行分析，诸如耶内克等学者得出结论：“‘生态现代化’的潜能能够从根本上减少工业增长过程中的环境负担，这是一种无可替代的治理方法。例如，据估计，‘绿色电力’的技术潜能几乎与目前全球的电力供应相等值。其他的‘充足即可’或改变生活风格的战略都不拥有相似的潜能。”① 这表明“‘生态现代化’背后的驱动力有：第一，技术现代化以及革新竞争的资本主义逻辑，同时加上全球环境需求的市场潜力：环境问题的市场化技术性解决方案为我们提供了一种前景广阔的‘双赢方案’。第二，先驱国家实施的‘明智的’环境规制。这些先驱国家一般具有如下特征：较高的环境压力与较高的环境应对能力相辅相成，而潜在的竞争优势通常强烈地激发了这些国家的‘明智的’环境规制。环境规制通常既是环境革新，也是这种革新扩散的一个重要前提条件。第三，在一个全球环境管治日益复杂的背景下，污染工业面临着日益增长的经济不安全与风险。这种商业风险的日益增长，使得‘生态现代化’成为那些环境资源密集型企业获取安全的一种战略选择”②。

因此可以说，“生态现代化理论最早期著述（特别是约瑟夫·胡贝尔的文章）的特点有：极为强调技术创新在环境改革中所起的作用，尤其是工业生产领域的技术创新；对（官僚）国家持批评态度；肯定市场行动者与市场动态在环境改革中所起的作用；理论取向为系统论取向，且偏向进化论，认为人类能动性与社会斗争的作用是有限的；倾向于从民族国家的层次进行分析”③。20 世纪 80 年代至 20 世纪 90 年代中期，生态现代化发展的“这一阶段对技术创新的强调有所减少，并不像早期理论那样将其视为生态现代化理论的核心动力；更平衡地看待国家和‘市场’这两者在生态转型中分别起的作用；更强调生态现代化的体制动态与文化动态。在这一阶段，生态现代化理论的著述仍着重于对经济合作与发展组织成员国的工业生产进行国别研究和比较研究。自 20 世纪 90 年代中期起，生态现代化理论的

① 〔德〕马丁·耶内克、克劳斯·雅各布主编《全球视野下的环境管治：生态与政治现代化的新方法》，李慧明、李昕蕾译，山东大学出版社，2012，第 26~27 页。

② 〔德〕马丁·耶内克、克劳斯·雅各布主编《全球视野下的环境管治：生态与政治现代化的新方法》，李慧明、李昕蕾译，山东大学出版社，2012，第 27 页。

③ 〔荷〕阿瑟·莫尔、〔美〕戴维·索南菲尔德编《世界范围的生态现代化——观点和关键争论》，张鲲译，商务印书馆，2011，第 4 页。

前沿在研究的理论视野和地域范围上都有所扩展，涵盖了以下内容：消费的生态转型；欧洲以外国家的生态现代化（新兴工业国家、欠发达国家、中东欧地区的过渡型经济体，也包括美国、加拿大这样的经合组织国家）；全球性进程"①。

当然，生态现代化并非仅仅是学者的观想，它同时也是一种现实的具体行动。例如在芬兰，生态现代化的进程就与这个国家过去30年的农业环境政策的演进相互缠绕。20世纪70年代到80年代末，芬兰的农业生产中"农业污染的问题无关紧要"②。随着生态现代化的发展，它也深刻影响到了芬兰的农业。"自20世纪80年代末到90年代中期，农业被人们视为'同样重要的污染源之一'。在芬兰的1995年前水污染治理目标规划中，我们可以看到这种新认识在官方和目标层次的最初体现。这项规划于1988年得到了芬兰政府的批准，其总体目标是要求社区、工业和农业以同等规模减小对水的污染。这是芬兰第一次确立减少农业对水体污染的具体目标。"③1995年芬兰加入欧盟以后，其环境问题与农业持续挂钩。芬兰政府实施了全面的农业环境补贴。"在实际操作中，农民必须采取某些环境措施，才能获得每年发放的资助。"④从最终的考察结果看，"自20世纪80年代末起，芬兰确实出现了某些与生态现代化理论一致的转变迹象"⑤。

由此可见，在当代西方，生态现代化一方面是一种学者之间研讨的学理，这体现了它固有的形上性；另一方面它又对接现实，在与人们的社会生产、生活的纠缠中凸显了其科学性。在这个意义上，它当然也是我们推进人与自然和谐共生，建设美丽贵州的有益思想借鉴。

---

① 〔荷〕阿瑟·莫尔、〔美〕戴维·索南菲尔德编《世界范围的生态现代化——观点和关键争论》，张鲲译，商务印书馆，2011，第4~5页。

② 〔荷〕阿瑟·莫尔、〔美〕戴维·索南菲尔德编《世界范围的生态现代化——观点和关键争论》，张鲲译，商务印书馆，2011，第203页。

③ 〔荷〕阿瑟·莫尔、〔美〕戴维·索南菲尔德编《世界范围的生态现代化——观点和关键争论》，张鲲译，商务印书馆，2011，第205~206页。

④ 〔荷〕阿瑟·莫尔、〔美〕戴维·索南菲尔德编《世界范围的生态现代化——观点和关键争论》，张鲲译，商务印书馆，2011，第214页。

⑤ 〔荷〕阿瑟·莫尔、〔美〕戴维·索南菲尔德编《世界范围的生态现代化——观点和关键争论》，张鲲译，商务印书馆，2011，第221页。

下　编

第四章 生态地生活生产：贵州世居蒙古族的风俗风情

第一节 研究缘起与贵州世居蒙古族

当今时代，“面对资源约束趋紧、环境污染严重、生态系统退化的严峻形势”[①]，我国正在大力推进生态文明建设，以建设美丽中国，实现中华民族永续发展。长期以来，中国各民族不断与地方地理和人文环境相适应，其绵延几千年的传统文化不仅源远流长，而且包含了极为丰富的生态意蕴。因此美丽中国建设，必须古为今用，以辩证的方式从传统文化中汲取有价值的资源。

具体到贵州省，蒙古族人口数量在 1953 年第一次全国人口普查时共有 26 人，1964 年第二次全国人口普查时共 122 人，1982 年第三次全国人口普查时共 719 人，1990 年第四次全国人口普查时共 24025 人，[②] 而到 2010 年第六次全国人口普查时增加到 41561 人。当下除了黔东南苗族侗族自治州的台江县、雷山县以外，蒙古族杂居于贵州省其余各县市，主要集中在毕节市的大方县、纳雍县、织金县、黔西市和铜仁市的思南县、石阡县等地。

关于贵州蒙古族人口数量的变化，2002 年出版的《贵州省志·民族志》介绍：“1952 年到 1964 年间，因工业交通建设、招工、招生和国家直接调配干部到贵州的几十万人中就有蒙古族，1969 年到 1982 年，是国家对贵州省国防建设重点投入时期，迁入贵州的三线企业中，有不少是从

---

① 《胡锦涛文选》第 3 卷，人民出版社，2016，第 644 页。

② 参见贵州省地方志编纂委员会编《贵州省志·民族志》下册，贵州民族出版社，2002，第 897 页。

北方直接迁入贵州的，其中就有不少蒙古族。”① 由此可见，贵州前三次全国人口普查统计到的蒙古族基本上是新中国成立后外迁来的居民，因此当时蒙古族也并未被贵州省列为少数民族。而第四次全国人口普查时蒙古族人数之所以猛增到24000余人，主要是因为1982年到1990年，随着我国民族识别工作的深入开展，贵州各地有数量不少的余姓群众经政府相关部门根据国家民族政策严格考察辨别从原先的汉族改为蒙古族。这也导致在第四次全国人口普查过程中贵州省正式把当地蒙古族列为少数民族时出现了一个比较特别的现象，即以余姓为主的蒙古族占了绝大多数（85%以上）。

由此可见，贵州世居蒙古族是指以余姓为主的蒙古族。这些蒙古族群众的族源与迁徙路线从总体上看大致有两种说法。其一，元朝蒙古族黔地驻屯官兵和被派遣留驻贵州的宗王后代，主要迁徙路线为从北到南入云南后进入贵州。1251年7月，蒙哥登上蒙古国汗位后，委任其母弟忽必烈总领漠南，经略征伐整个南部中国。此后十余年虽然对吐蕃的用兵比较顺利，然而进攻南宋政权的战斗却因在江淮和四川一线遭到了极为顽强的抵抗而举步维艰，难以有大的进展。面对这种局面，忽必烈与大将兀良合台率10万蒙古骑兵于1252年7月从漠北出发，借道吐蕃，远征雄踞西南数百年但当时国势已经衰落的段氏大理国，以采取迂回战术，从西南包抄夹攻赵氏政权控制的长江中下游地区，最终达到征服整个南部中国的目的。1253年12月，忽必烈率领中路蒙古军攻入大理城，大理国主段智兴兵败被俘，大理国就此纳入元朝统治版图。随后，蒙古兵锋从云南入贵州，虽然先后招降了罗殿和八番（今贵州惠水、安顺一带）等地，入珍州（今贵州桐梓县一带），到1275年12月，“播州（今贵州遵义）安抚杨邦宪、思州安抚田景贤，未知逆顺，乞降诏使之自新，并许世绍封爵”②，但实际上蒙古军征伐贵州的过程并不顺利，其中诸如罗氏鬼国（现贵州水西，其地域大体包括贵州当下的大方、黔西、水城、织金、毕节等地。东南接贵阳、息烽、开阳，东北临仁怀、遵义，西交威宁、赫章，南靠镇宁、安顺、普安，北接壤四川古蔺）等地的抵抗非常激烈。史载早在

① 贵州省地方志编纂委员会编《贵州省志·民族志》下册，贵州民族出版社，2002，第897页。
② （明）宋濂：《元史》卷8《世祖本纪》，中华书局，1976，第171页。

宝祐四年（1256）五月“甲辰，罗氏鬼国遣报思、播言：大元兵屯大理国，取道西南，将大入边。诏以银万两，使思、播结约罗鬼为援”（《宋史·理宗本纪》）。后蒙古大军抵境，罗氏鬼国坚持抵抗，誓不投降。为达到迫降罗氏鬼国的目的，《元史·世祖本纪》载，至元十七年（1280）三月己未，“招讨罗氏鬼国，命以蒙古军六千，哈剌章军一万，西川药剌海、万家奴军一万人，阿里海牙军万人，三道并进”。当“前茅及境矣，公（李德辉——引者注）曰：‘蛮夷无亲，为俗吝贪，始由边将抚之失策，积怨以叛，好事之臣请加兵诛，旁诸小夷，汹惧相擅，继叛者必众，恐非直三万人能岁月平也。吾赖天子仁圣，驰一介之使招之，可坐俟其徕，岂必烦兵。’不及以闻，遣安珪止三道兵，张孝思谕鬼国降。其酋阿察熟公名，问曰：是活合李公耶？其言人曰：明信可恃，即日受命，身至播州降，语且泣曰：吾属百万人，非公惠活，宁斗死不降。事毕，驿闻，上为之开，可改鬼国为顺元路，以其弟阿利为宣抚使”（《元文类·中书左丞李忠宣公行状》）。但出乎元朝统治者的意料，仅过两个月，罗氏鬼国复反。对此《元史·纽璘传》记载：“（也速答儿）迁四川西道宣慰使，加都元帅。罗氏鬼国亦奚不薛叛，诏以四川兵会云南、江南兵讨之。至会灵关，亦奚不薛遣先锋阿麻、阿豆等将兵数万众迎敌，也速答儿驰入其军，挟阿麻、阿豆出，斩之，亦奚不薛惧，率所部五万余户降。”[①] 不过，元军平定罗氏鬼国的战斗并未由于这次平叛行动而结束。两年后，至元十九年（1282），爱鲁“进（云南行省）左丞。也可不薛（亦奚不薛）复叛，诏与西川都元帅也速答儿、湖南行省脱里察会师进讨”[②]。两军再次对垒于会灵关。《元史·张万家奴传》载：“其子孝忠……至元十九年，从都元帅也速答儿讨亦奚不薛蛮，遇其众于会灵关，追至沙溪，败之。进攻龙家寨阿那关，克之，遂攻亦奚不薛营，大破之。又以八百人败阿永蛮于鹿札河，乘胜至打鼓寨（金沙县），连破之。诸蛮平。”[③] 通过这一战，蒙古军“禽也可不薛（亦奚不薛）送京师，仁普诸酋长皆降，得户四千”[④]，最终平定了罗氏鬼国。

---

① （明）宋濂：《元史》卷129《纽璘传》，中华书局，1976，第3146页。
② （明）宋濂：《元史》卷122《爱鲁传》，中华书局，1976，第3012页。
③ （明）宋濂：《元史》卷165《张万家奴传》，中华书局，1976，第3880页。
④ （明）宋濂：《元史》卷122《爱鲁传》，中华书局，1976，第3012页。

因为以罗氏鬼国为代表的贵州诸地反复起事叛乱，加之对贵州进行控制的意图，对元朝统治者来说，巩固整个云南行省的统治有着极为重要的意义。例如，“至元十三年（1276）后，元朝开通自中庆（在今昆明市）经乌蒙（今云南昭通）达叙州（今四川宜宾）的水陆驿传，二十八年（1291）又开通自中庆经贵州（今贵阳）达镇远（今贵州镇远）的驿道，遂接通辰州（今湖南沅陵）以东的‘常行站道’。以后元廷又于镇远至岳州（今湖南岳阳）的沅江水道设 24 处水站，行旅至镇远可分流走水路或经陆道继续北上，此道遂成为云南、湖广地区联系内地最重要的交通线。三十年（1293）元又开设从中庆经乌撒（今贵州威宁）达泸州（今四川泸州）的驿道，前行西北可至成都或转东北达重庆。诸道开通后，今贵州地区成为联系今云南、四川、广西和湖南的重要纽带”[①]，是当之无愧的“襟喉之地”。因此，元朝统治者非常重视对贵州的掌控。仅在罗氏鬼国一地，至元十七年初次平乱后，当初征伐的部分军队受命驻扎留守。到了至元二十年（1283）四月“庚寅，敕药剌海戍守亦奚不薛，都元帅也速答儿还自亦奚不薛，驻军成都，求入见，许之，仍遣人屯守险隘”[②]。后“立三路达鲁花赤，留军镇守，命药剌海总之”[③]。关于此事，道光二十九年（1849）黄宅中等修订的《大定府志》卷 47 也有记载，曰：“置亦溪不薛、阿苴、鲊陇三路达鲁花赤。”[④]

鉴于同样的原因，至元二十三年（1286）六月，元世祖忽必烈诏派宗王皇孙铁木儿不花驻营亦奚不薛管理国贡马匹（主要有作为战马的水西马，另外还有用于运输的“后勤马”——乌蒙马），以响应元廷于要害地区令宗王率重兵镇守的策略，亦即《元史・兵志二》中提到的：“世祖之时，海宇混一，然后命宗王将兵镇边徼襟喉之地。”[⑤]

洪武十四年（1381）秋，朱元璋任命傅友德为征南将军，蓝玉、沐英为副将军，率步骑一共 30 万出征云贵。傅友德分遣都督郭英、陈桓等领兵

---

① 放铁：《蒙元统治对中国西南地区的影响》，仕奇集团网站，http：//www.nmonline.com.cn/s/shownews_ share.asp? ID=1824，最后访问日期：2016 年 6 月 3 日。

② （明）宋濂：《元史》卷 12《世祖本纪》，中华书局，1976，第 253 页。

③ （明）宋濂：《元史》卷 12《世祖本纪》，中华书局，1976，第 244 页。

④ （清）黄宅中主修《大定府志》卷 47，道光二十九年刻本。

⑤ （明）宋濂：《元史》卷 99《兵志二》，中华书局，1976，第 2538 页。

5万经永宁赴乌撒（今贵州威宁彝族回族苗族自治县），自率大军经辰州、沅州奔贵州后直逼云南，一路势如破竹，至洪武十五年（1382）闰二月仅用百余日就平定了贵州、云南。战败的蒙古军除投降的以外，剩余的成员四散逃匿，部分回归大漠，但也有部分由于山水远隔，时间仓促而不得不隐匿民间。这部分人得脱后，他们及其后辈在黔地生养繁衍，逐渐开枝散叶，形成了贵州世居蒙古族发展变迁的一个源流。

其二，元朝末年从我国南方其他地区外迁入黔。这一种说法的主要根据是贵州余姓蒙古族的族谱、口传及其先人墓碑碑文记载。他们留存的《奇渥温·铁改余氏蒙古族谱》介绍："如我余氏之祖，大元为先，本胡地蒙古人也。与女真国为邻，居北方。其远祖奇渥温胡人也。"至于其具体迁徙路线，贵州世居蒙古族依地域不同略有差异。如大方县凤山等地的蒙古族居民世传自己的先人原本定居湖广麻城，后红巾军起义，举家匿名逃难，经四川泸州凤锦桥辗转入黔落业定居。而铜仁市思南县等地的蒙古族群众家谱则记载他们这一支蒙古族是由江西经四川迁来，最后落籍定居贵州。

就地理位置来说，贵州地处云贵高原东部，属于四川盆地和广西、湖南丘陵之间的亚热带岩溶山地。境内中南部横亘苗岭，东北有武陵山，西有乌蒙山，北有大娄山，全省总面积的92.5%是山地和丘陵。随着蒙古族落籍贵州，当地这种"八山一水一分田"的自然地理与人文环境迅速影响到了这些迁居而来的蒙古族人的人文生态建构。石阡县与大方县的生态人文结构如表4-1所示。

表4-1　石阡县与大方县的生态人文结构

县	县域传统经济	村	村域传统经济
石阡县	坚持把农业现代化作为基础支撑，发挥特色优势强农业，2022年力争实现茶产业年综合产值50亿元、生态畜牧业年产值40亿元、果蔬菌产业年产值30亿元、以中药材为主的大健康产业年产值20亿元	中坝镇河西村	大力发展茶、经果林等传统产业的同时，招商引资，在河西大坝建设温泉休闲区

续表

县	县域传统经济	村	村域传统经济
大方县	“十三五”期间，大方县围绕以“辣椒、优质肉牛、猕猴桃、天麻、冬荪”为主的“菜、畜、果、药、菌”五大重点产业，全力推进农业产业，从生产、加工、销售各环节入手，不断延伸产业链，增加附加值，推动全县农业产业高质量发展	凤山彝族蒙古族乡凤山社区	种植玉米、马铃薯、小麦、大豆、皱椒等；农副土特产品主要有天麻、杜仲、竹荪等生物资源
		凤山彝族蒙古族乡栖凤社区	有大方天麻、大方皱椒、大方圆珠半夏、大方豆干等特产
		凤山彝族蒙古族乡店子社区	农作物以玉米、马铃薯、皱椒、小麦、大豆等为主；主要经济产业有甘蓝基地，徐家寨小红蒜等
		凤山彝族蒙古族乡谢都村	农作物以玉米、马铃薯、皱椒、小麦、大豆等为主；有天麻等名特产品
		凤山彝族蒙古族乡羊岩村	以种植玉米、大豆和马铃薯为主
		凤山彝族蒙古族乡石坪村	农作物以玉米、马铃薯、小麦、大豆等为主；有土豆，玉米等名特产品
		凤山彝族蒙古族乡杉坪村	农作物以玉米、马铃薯、小麦、皱椒、大豆等为主；有核桃等名特产品
		凤山彝族蒙古族乡银川村	农作物以玉米、马铃薯、皱椒、小麦、大豆等为主；有水果种植基地、土杂鸡养殖基地以及核桃、花椒等名特产品

资料来源：《贵州省毕节市大方县凤山乡》，博雅地名网，http：//www.tcmap.com.cn/guizhou/dafangxian_ fengshanyizumengguzuxiang.html，最后访问日期：2022 年 6 月 4 日。《大方县：推动农业产业高质量发展》，大方县人民政府网站，http：//www.gzdafang.gov.cn/ggfw/snfw/sndt/202204/t20220424_ 73560946.html，最后访问日期：2022 年 6 月 4 日。《石阡县中坝镇河西村》，贵州省民族宗教事务委员会网站，http：//mzw.guizhou.gov.cn/ztzl/lstz/zgssmzcz/trs/jj_ 5784090/202010/t20201013_ 64029605.html，最后访问日期：2022 年 6 月 4 日。曾奕辉：《石阡县政府工作报告》，石阡县人民政府网站，http：//www.shiqian.gov.cn/zjsq/ggkf/202202/t20220207_ 72466426.html，最后访问日期：2022 年 6 月 4 日。

其中石阡县中坝镇的河西村，以中低山及丘陵地貌为主，地势高低起伏大，截至 2020 年，全村共 284 户 1136 人，其中蒙古族 923 人，是贵州省典型的以蒙古族为主的少数民族村寨。[①] 大方县凤山乡域内彝、蒙古等民族占36.3%，1984年置凤山、白鹤、彝族乡和渣坪乡，1991年合并置凤山彝族蒙古族乡。[②] 从表4-1提供的资料可见，与石阡县、大方县其他地方的传统产业相比较，中坝镇河西村、凤山彝族蒙古族乡凤山社区等地并无明显的不同。对此，贵州省人民政府门户网站在介绍域内少数民族时也指出："贵州蒙古族由于与当地汉族居住交流的时间较长，因此在文化习俗、生产生活习俗、教育状况与所居各地的汉族较为相似。"[③] 正是在这种相似之中，贵州世居蒙古族一方面顺应、尊重贵州的自然环境，另一方面和谐地与当地主体民族交往交流交融，通过长期积淀形成了自己极富生态内蕴的风俗风情文化。

第二节　贵州世居蒙古族尊崇自然的生态旨趣

一　以"余"（鱼）为姓的动物崇拜

自元朝以来，贵州世居蒙古族一直以总体散居与局部聚居的格局在我国西南部的贵州省生息繁衍。民族之间的长期相互交融与贵州的大山大水并没有隔断这一支蒙古族与自己先祖的联系。其中关于他们的姓氏由来，贵州大方县凤山彝族蒙古族乡等地余姓蒙古族一直流传着一个改"铁"为"余"姓的传说，即他们原本姓"铁"，后来将原来的"铁"字拆开去掉"失"改成"金"字，再去掉"金"字下面的一横改为现在的"余"姓。这一改变的详细介绍在他们保存下来的嘉靖三年（1524）撰修的《余氏族谱》谱序中有清晰的记载：我余氏祖姓奇渥温，胡人也。……来至四川，改铁为余，余字万代不改，一行来至泸州凤锦桥，人多影大，难以一路，乃联诗盟誓作证，四散各处。诗曰：

---

① 参见《石阡县中坝镇河西村》，贵州省民族宗教事务委员会网站，http：//mzw.guizhou.gov.cn/ztzl/lstz/zgssmzcz/trs/jj_ 5784090/202010/t20201013_ 64029605.html，最后访问日期：2022年6月4日。

② 参见《贵州省毕节市大方县凤山乡》，博雅地名网，http：//www.tcmap.com.cn/guizhou/dafangxian_ fengshanyizumengguzuxiang.html，最后访问日期：2022年6月4日。

③ 《蒙古族》，贵州省人民政府门户网站，http：//www.guizhou.gov.cn/dcgz/hkgz/sjssmz/202109/t20210914_ 70370814.html，最后访问日期：2022年6月3日。

本是元朝宰相家，红巾赶散入西涯。
泸阳岸上分携手，凤锦桥边插柳丫。
否泰由天皆是命，悲伤思我又思他。
余字原无三两姓，一家分作万千家。
十人誓愿归何处，如梦云游浪卷沙。
后来贫富须相认，千朵桃花共树发。

通过“余字原无三两姓，一家分作万千家”，“盟誓诗”专门提到了他们四散各方后的姓氏处理情况，也即大家分开以后都以“余”字为姓，子孙万代不改。关于这一点，另据贵州当地蒙古族口传及其家谱相关记载，余氏世祖春秋高寿才生子铁子高，娶妻潘氏，单传铁木见，元朝成宗皇帝时受封为南平王，职任蒙古东路不花元帅，食邑湖广麻城，娶妻洪氏、张氏，皆下赐金花受诰封为一品夫人。其中洪氏生四子，取名秀一、秀二、秀三、秀四，张氏连生五子一女，子名庚五、庚六、庚七、庚八、庚九，女名金莲（又名寿英），后赘婿祝鳌续名庚十。九兄弟一妹夫，先后高中进士，谓之九子十进士。然春华虽好，不料风云难测，元至正十一年（1351）颍州人刘福通奉韩山童为主，暗以教会为引突起聚众反元，其追随者皆头裹红巾，称红巾军，来势汹汹。元地方官、军，有战死者，有投降者，有弃官匿藏者。九子一婿及家眷子女、随从三百余人，也遭受兵祸，不得不从湖广麻城封地取道，连夜奔逃，数日行至泸州凤锦乡。红巾军得到消息后派坚大人带领兵丁追捕，一时前有关卡严密盘查，后面追兵业已赶到，形势万分危急。正当九子十进士一众不知所措之际，忽见前面江中一尾金色大鲤鱼破水跃出，一时人急智生，随手指鱼对守关士兵说自己一行人姓余（鱼），因而得以混过关卡。后追兵到达询问关卡守卫可有铁姓众人过江，守关军士答曰：“未见铁姓，刚才只有余姓过江，业已去远矣。”坚大人顿生恻隐之心，又感无法回去交差，故遣散所带红巾兵丁，独身一人隐居在江边捕鱼为生。

在我国，鱼长期以来都是一种重要的食物来源。人们在捕鱼、食鱼等过程中，很早就给鱼注入了丰富的文化内涵。汉佚名的《饮马长城窟行》中曾记载：“客从远方来，遗我双鲤鱼，呼儿烹鲤鱼，中有尺素书。”像这种以绢帛写书信藏在鱼腹中进行传递的行为，称为“鱼传尺素”。因此，两地往来书信又有“鱼契”“鱼笺”“鱼符”的别称。至于在民间吉祥图案中，鱼也是一个寓意深刻、流传极广的装饰形象。如“连年有余”图，由鲤鱼与莲花组成，借鱼与“余”、莲与“连”之谐音，寓意生活优裕，财富有余；“双鱼富贵”图，将盛开的牡丹花与两条鲤鱼组合在一起，有勃勃生机、幸福美满、和谐昌盛之意；“鱼跃龙门”图，由鲤鱼、浪花和龙门三者共同组合而成，用以比喻人们在事业方面的希望与追求，意味着只要不懈拼搏，努力奋斗，定能一飞冲天，心想事成。其他如“鲤鱼戏莲”“童子抱鱼”“鲤鱼撒子”等图案，主要与旧时的生育崇拜联系在一起。因为鱼产卵很多，人们就借用鲤鱼与多子的莲蓬、荷花、童子的不同组合来祈求自己多子多福或谋求家庭人丁兴旺。

贵州余氏蒙古族先人因红巾军起义不得不匿名隐姓逃亡，在凤锦桥头分手四散时各人又形单影只，人不壮，气不旺，当然希望自己以后能生活安宁并顺利开枝散叶，子孙繁衍兴旺。所以在因江中鱼跃得脱大难后，余氏蒙古族一脉就以与“鱼”谐音的“余”字为姓，表示对鱼的尊崇。并且这种尊崇一直以家族文化的一部分代代相传。如每到年关，即使再困难，吃团圆饭时他们也要想方设法弄一尾鲤鱼作敬神鱼，不动刀砧完完整整地做熟后摆在饭桌中间供拜。平时遇婚嫁等喜事，最后一道菜总是上鱼，意指连庆有余。与这种尊崇相关，贵州余氏蒙古族族人喜养鱼，注意清沟除污、植树种草，为鱼生长提供良好环境，当他们捕鱼时，也从来不竭泽而渔，一般做法是用疏眼大网，留大放小，而这体现的正是一种处于自发水平的尊重自然、保护自然的生态观念。

二　崇敬自然风物的生态观念

贵州世居蒙古族落籍定居黔地后，其族人每逢过年都要供菩萨。首先，这种风俗与他们关于族源的传说紧密结合在一起。据余氏族谱记载和家族口传，其先祖“统家窃负而逃”时共有“九子十进士”，其“盟誓诗”也有“十人誓愿归何处”之说，这种与“十”有关的传承突出地体现在他们供菩萨的活动中。大方县大多数蒙古族人供菩萨的做法是从年三十这一天一直到正月初三都在家中堂屋烧大香，香粗如现在的卷烟大小，固定都是十根，同时用水果糖、鱼、鸡、猪肉等作为供品上供给菩萨。也有人会找一个合适的瓶子，在瓶子里装米饭，插上十根筷子去供菩萨。其次，所供的菩萨具体并无特别固定的对象，多与自然神灵例如土地菩萨等有关。正是通过祭祀诸如土地菩萨这些自然神灵，贵州世居蒙古族表达了他们对五谷丰登、人寿年丰的期盼，体现了他们对化育万物的自然界的崇敬。

除了过年时供菩萨以外，贵州世居蒙古族到了农历三月也会祭祖。蒙古族的圣主成吉思汗去世后，子孙对他的祭祀是月有月祭，季有季祭，其中最大的是每年农历三月二十一日俗称“三月会”的春祭。贵州世居蒙古族至今还保留着每年在农历三月祭祀祖先的习俗。

这种祭祀具体日期并不固定，也不是年年都举行仪式活动，但祭祀时他们无论怎样繁忙都会抽出时间，全家人聚在一起休息一天以感念先祖的福佑。当大家商议决定举行正式祭祀仪式时，整个家族男女老少都集中起来一起去祭拜祖先，仅酒席一项一般就要摆几十桌，多则上百桌，非常热闹。

值得一提的是，我国北方传统蒙古族群众有祭敖包的习俗。“敖包是蒙古语，意为堆子或鼓包，蒙古民族盛大的祭祀活动之一。敖包通常设在高山或丘陵上，用石头堆成一座圆锥形的实心塔，顶端插着一根长杆，杆头上系着牲畜毛角和经文布条，四面放着烧柏香的垫石；在敖包旁还插满树枝，供有整羊、马奶酒、黄油和奶酪等等。祭祀时，在古代，由萨满教巫师击鼓念咒，膜拜祈祷；在近代，由喇嘛焚香点火，颂词念经。牧民们都围绕着敖包，从左向右转三遭，求神降福。蒙古族牧民沿袭祖先的原始宗教信仰，认为山高大雄伟，便有通往天堂的道路；高山又是幻想中神灵居住的地方，因而便以祭敖包的形式来表达对高山的崇拜，对神灵的祈祷。”[①] 有意思的是，据贵州世居蒙古族族中老人口传，1949 年以前他们在三月祭祖时多会祭山神。是时贵州世居蒙古族群众以一张四方桌子为底座供上新雕刻好的土地菩萨等神道，桌子旁边扎上两根大杠子，杠子末端用棕绳或麻绳打横缠上十圈左右，再将栗木等坚固结实的木材制作的扁担居中插上，旋转绞紧后由四个大汉各担扁担的一端抬着土地菩萨等神道到就近高山开金身，群众前呼后拥，既威严，又热闹，其目的就是让高山神明（山神）依附上菩萨，将来好有求必应（见图 4-1、图 4-2）。有时遇到天旱少雨年岁，为救苗抗灾，也将庙里的土地菩萨抬上，辗转爬上附近大山，一边放

① 布赫等主编《内蒙古大辞典》，内蒙古人民出版社，1991，第 924~925 页。

鞭炮土铳，一边请法师做法事，以求云祈雨，希望山神菩萨保佑风调雨顺、五谷丰登。贵州世居蒙古族这种祭祖与祭祀山神相融合的习俗一方面当然与蒙古族子孙后代对其圣主成吉思汗的祭祀活动有关；另一方面无可否认这也受到他们落籍定居地传统文化，特别是汉文化的影响。

图 4-1 贵州大方县凤山彝族蒙古族乡的高山峭壁

资料来源：笔者摄于 2013 年。

确实，在我国汉文化中，关于山神的传说源远流长。屈原的《楚辞》里就专门有《山鬼》一篇，描绘山鬼“被薜荔兮带女萝。既含睇兮又宜笑，子慕予兮善窈窕”[①]，两千多年前成书的《山海经》也专辟了相关内容记载有关山神的种种传说。这些人格化了的山神大多能呼风唤雨，它们法力无边，既能降灾降难、危害大众，也能保佑人们牲畜兴旺、平安健康。因此，人们对之无不敬畏，进而去虔诚地祭祀。据传虞舜时即有“望于山川，遍于群神”[②] 的祭制，舜甚至曾亲身巡祭了泰山、恒山、衡山、华山。后来秦皇汉武等历代天子封禅祭天地，一般也要对山神进行祭祀。祭山时或用“投”和“悬”的方式将祭品猪、羊、鸡或玉石等悬在树梢或投入山谷，或直接将玉器和玉石埋于地下。上述种种祭祀山神的活动如果剥离其附着于表面的具体形式，它们与贵州世居蒙古族传统宗教文化中祭祀山神的活

① 张向荣：《〈楚辞〉解读》，天津古籍出版社，2011，第 66 页。

② 刘悦霄主编《国学精华读本·尚书》，内蒙古人民出版社，2006，第 9 页。

图 4-2 贵州大方县凤山彝族蒙古族乡的凤山

资料来源：笔者摄于 2013 年。

动并无本质上的差别，二者在其内在的价值向度上都凸显了我国先民对自然对象的尊崇，因而也就以形上的方式进入了生态的视野，体现为一种朴素的生态机制。

第三节 贵州世居蒙古族敬畏生命的生态取向

一 诞生：对新生命出生的庆贺

贵州世居蒙古族婴儿诞生时，男性亲属一般都不会进入产妇的房间，而是在房外静候婴儿的出生。现在间或产妇的丈夫也会留下陪伴产妇，主要是给予女方以精神鼓励。婴儿出生后，产妇喝红糖茶和鸡汤，坐月子一个月左右不随便出房。这时女婿会带上水果糖、鞭炮到丈母娘家鸣炮报喜，告诉岳父岳母母子平安及所生婴儿的性别，各方亲戚朋友也都会带着礼物前来探望。在礼物种类选择上，其他亲朋并无特殊讲究，一切以母子身体保养恢复为要，但产妇的父母则必须备上母鸡、婴儿四时衣物等以表示关心与祝福。小孩周岁生日时，通常会摆周岁宴，备酒款待亲朋，亲友也多有赠送。饭后趁客人未散举行“抓周”仪式，具体做法是陈列各种玩物和日常用具在小孩面前让其任意抓取，并根据小孩抓到的东西预测其的前程。

小孩抓到什么，就认为他来日爱什么、干什么。比如小孩抓了鸡蛋（寓意金元宝），就认为来日他会攒钱积财；抓了笔墨，则预示小孩将来一定会读书高进，金榜题名。

二　成年：对生命顺利成长的祝福

具体到“成年”，在贵州世居蒙古族中，1949 年以前有男子二十而冠，女子十五为笄的说法。只有到了这个年龄，才承认并接纳受冠者参加一切只有成人才能参与的社交活动。现在随着社会的发展，贵州世居蒙古族中无论男女，一般要到十八岁才算成年。这种对成年的承认是自然而然的，并不会举行什么特别的仪式，不过，在诸多家庭，当自己的孩子长到十二岁时，父母一般会请亲戚好友到家祝贺，谓之“满十二”。这种酒席受邀的多是至亲好友，因此规模场面通常都不太大。

三　丧葬：对生命逝去的悲伤

丧葬方面，贵州世居蒙古族多重土葬。老人临终，后辈在身边守着落下最后一口气叫“送终”，这个时候如亲属都在场，那么逝者将被视为有福之人。一旦老人身故，要立即为其净身沐浴，并更换预制的寿衣，寿衣一般穿三、五、七等单件数，同时往亡者嘴里放碎金银等“含口钱”，再在长辈指挥下入殓。入殓完毕棺材留一缝隙，棺下点七星灯，棺前摆一方桌，上设逝者灵位，灵位中间一般写“西逝享年几十寿或上上寿”，右写“逝者出生年月日何方人氏”，左写“逝者何年月日寿终正寝”。正式办丧事时，要专门请道士（亦称先生）。晚上道士将为亡者伴灵开路。仪式举行时道士打响锣鼓，口念开路经，逝者亲属绕棺而行。末了大家一起打开棺材盖，让亲属同逝者见最后一面以示最终告别，然后道士念闭殓咒同时盖严棺盖。出殡的日子一般由道士测定，到时安排专人在前撒纸钱开道，谓之丢开路钱。葬地都选在风水诸佳之地，一般由专门的阴阳先生预先测定。整个治丧期间，逝者家的女性亲属多会哭丧，早晚、饭前、饭后哭，“绕棺”“入殓”“闭殓”后哭，伴灵、出殡时也哭。逝者入土后，家人从第七天开始，每七天一次给逝者烧送纸钱，称为“烧七”，总共要烧七次。

贵州世居蒙古族的诞生、成年与丧葬习俗尽管具体形制殊异，但它们却以不同的内容与形式共同表达了这一支蒙古族人对生命的敬畏：诞生时对新生命出生的庆贺；成年时对生命顺利成长的祝福；丧葬时对生命逝去的悲伤。这样，贵州世居蒙古族的诞生、成年与丧葬习俗就以其内含的对生命的关怀与他们对自然的尊崇成为辩证的两极，二者相互作用，辩证统一地表达了贵州世居蒙古族在人文与自然向度的生态追求。

第四节　贵州世居蒙古族天人合一的生态思维

巴图尔·乌巴什·图们所著《四卫拉特史》记载，在四卫拉特部，广泛流传着他们的祖先源于树木或被树木孕育的传说。其大致内容为："古时候称作阿密内、图门内的两个人居住在无人生息的遥远戈壁。阿密内的十个儿子是准噶尔汗的阿勒巴图，意为承担赋役的，又叫属民。图门内的四个儿子称为杜尔伯特阿勒巴图。他们的儿子都有十几个。他们的子孙繁衍壮大。他们当中有一猎人，他在树林中狩猎时发现一棵树下躺着一个婴儿。树上有一形如漏管的树杈，其尖端正好对着婴儿的口，而且树的液汁顺着漏管滴入婴儿口中，成为他的食品。这树杈模样恰似漏管，所以称这婴儿为'绰罗斯'（蒙古语，漏管形状的树枝的意思）。并且树上有一只猫头鹰精心守护着这婴儿。因此称这个婴儿'瘤树为母、猫头鹰为父'。天命所降生也，因此称'绰罗斯'为'天之外甥'。猎人把婴儿抱去抚养成人，后推为首领。他的子孙成为诺颜阶级，抚养他的人们成了阿勒巴图，共同繁衍成准噶尔部族。"① 这种人从树而生的观念，以极为朴素、俚白的形式表达了人们对人树同源的体认。

在贵州世居蒙古族杂居所处的汉文化中，早从原始氏族社会开始，人们就已经形成了生命轮回、灵魂不灭的观念，而这种认识又常常以树木为载体进行传达。《尚书·逸篇》载："太社唯松，东社唯柏，南社唯梓，西社唯栗，北社唯槐。"这表明古人把树木看作神灵降临凭依的"主"，是神灵借以存世的躯壳或其的象征。因此，古代人一旦离世，其葬处必有树，并有特殊的礼制规定，不能僭越，即"天子坟高三仞，树以松；诸侯半之，树以柏"（《古微书》）。举行祭祀时，"虞主用桑，练主用栗"（《公羊传·文公二年》），桑木做的虞祭神主牌位一般不题任何文字，练祭使用的栗木

---

① 巴岱、金峰、额尔德尼整理注释《卫拉特历史文献》，内蒙古文化出版社，1985，第1页。

牌位则刻有谥号，祭后藏于宗庙，便于以后长年奉祀。

此外，贵州当地与蒙古族比邻而居的其他少数民族如苗族长期以来就流传有“人从树中来回到树中去”的神话传说。据苗家古歌吟唱，枫树孕育了蝴蝶，在蝴蝶生下十二个蛋以后，最后由鸡尾乌鸟孵出了人类始祖姜央及龙、牛、鸭等，如此人的生命过程就是一次充满愉悦的周而复始的旅行，人从树中生出，死后又变成一棵树，灵魂飘入月宫，飘到那清静虚寒的月亮树上。

贵州以余氏为代表的蒙古族既属蒙古族，又久居南方，毋庸讳言，人树相依一体的文化也深刻地影响了这一族群，所以他们在“盟誓诗”中介绍“万千家”本族子弟原是“一家分作”而来时，用“千朵桃花共树发”进行了形象化说明。他们认为人、树本为一体，子孙后代犹如桃树生发的枝芽万万千千，他们都由一树所发，本身枝连气接，因此，贵州世居蒙古族祖先虽然从“一家”分作“万千家”，但是这“万千家”的子孙后代却都血脉相依，既同源又共根。

贵州世居蒙古族这种人树一体的思想本质体现的是一种具体化了的天人合一的思维方式。树木森林，意指自然，自然“天地者，万物之父母也”（《庄子·达生》），其“生二”“生三”，及至“生人”，人树或人天之间并非绝对处于矛盾对立之中，而是由生成关系决定了它们的合一与平等。从生态文化的视角来看，人统治自然的人类中心主义必然要被扬弃与超越，现实地进行历史活动的人们也应当克服自己对自然的贪婪，进而在自我延续中用天人合一、人与自然和谐相处的基本价值取向去观察周围事物，解释社会生活、处理环境问题，以实现最大限度的平等正义。因此，“千朵桃花共树发”尽管直接传载的是贵州世居蒙古族先祖的悲欢离合，但却以朴素的形式跃迁进入了生态文化的视域，表达了天人同一、万物平等的生态追求。

第五节　贵州世居蒙古族顺应自然的生态智慧

一　桥边插柳，顺应自然对象的生长规律

在“盟誓诗”中，贵州余氏蒙古族人记述了其先祖分手四散时在泸州

凤锦桥边“插柳丫”以相互留念的故事，因“柳”意喻“留”也。其实在汉文化中，早在2500多年前成书的《诗经》就用“昔我往矣，杨柳依依”（《诗经·小雅·采薇》）之语来表达惜别之情。到了隋唐两宋时期，折柳送别暗寓殷勤挽留之风更盛。如隋代无名氏的《送别》：“杨柳青青著地垂，杨花漫漫搅天飞。柳条折尽花飞尽，借问行人归不归？”[①] 而唐代裴说专门写了《柳》：“高拂危楼低拂尘，灞桥攀折一何频，思量却是无情树，不解迎人只送人。”[②]

从生态上看，类似《送别》诗中的“柳条折尽”等行为实际上是在毁树毁林，破坏生态。而西南余氏蒙古族先人“桥边插柳”寓“留”则完全不同。东汉许慎《说文解字》解析“柳”字时指出其即“小杨也。从木，丣声”[③]。柳树为高大落叶乔木，性喜温暖湿润气候与潮湿深厚的酸性或中性土壤，较耐寒冷，特耐水湿环境，根系发达，萌芽能力较强，除可用种子繁殖外，一般主要采用扦插的方法进行繁殖。由此可见，“盟誓诗”记载的贵州余氏蒙古族先祖“桥边插柳丫”的做法首先顺应了柳树的生长习性。“桥，水梁也”[④]，有水不渡才建桥。长桥卧波，所以桥边四至一般都水汽弥漫，潮深湿润，非常适合喜水耐湿的柳树生长。在此插柳，可以大大提高柳树的成活率，利于其生长成林。其次顺应了自然规律，很好地发挥了柳树自身生长特点的优势与价值。修桥筑路，人工对河道和堤岸的扰动很大，这在一定程度上会破坏原有土层与岩石的结构，使桥边附近岸坡变得松散易垮。平时天旱少雨尚无大碍，一旦暴雨骤至，山洪频发，就有崩塌的危险。而柳树根系发达，是护堤固堤的优良树种。因此桥边插柳，不仅没有破坏生态，反而因势利导，恰好能够有效利用柳树的生长特点，固岸护桥，维护生态安全。最后也顺应了柳树的主要繁殖形式。余氏蒙古族先人的“插柳丫”实际上类似于今天的扦插繁殖方法，而这正是柳树的主要繁殖形式。无论他们当时是有意还是无心，客观上都不是在毁坏林木，而是在植树造林。有意思的是，余氏先祖“插柳丫”的行为还影响到了其后裔子孙。如现在落籍居住于贵州大方县、思南县和石阡县等地的余氏蒙古族人，与

① 贺新辉主编《古诗鉴赏辞典》下册，中国妇女出版社，2004，第1555页。
② 《全唐诗》，河北人民出版社，1997，第1138页。
③ （东汉）许慎：《说文解字》第2卷，中国戏剧出版社，2008，第679页。
④ （东汉）许慎：《说文解字》第2卷，中国戏剧出版社，2008，第742页。

世代宣讲传习“盟誓诗”有关，他们长期以来喜欢在塘边水角随手插柳栽杨，既表示不忘祖宗、不忘祖训，也用来护塘护坡，保护和美化环境。

二　依山就势，顺应自然环境的居住习惯

在居住场所上，我国北方蒙古族牧民住蒙古包，贵州世居蒙古族人则大多依当地地形地势，根据自己家庭的财力建三间一层半或两层的双斜面土木结构房屋居住。住房选址一般背山坐落在山间漫坡上，这样既利用屋后突兀高山的遮挡，改善住宅空气的微循环，让居所能静默养气，也利用宅址所在的漫坡有效防止了山体滑坡、泥石流等自然灾害。在居所具体结构上，总的方面以宜于自然通风采光，方便日常生活为要。一般正间的堂屋比左右两间退后大约一米，面朝门口设有供放祖宗牌位的神龛，右侧房一般为父母居所和厨房，左侧房大多由子女居住或兼作客房，楼上一般用来存放粮食杂物，有时也让后辈子女和往来客人住。有时候也依主体房屋在旁边搭建偏屋，这些偏屋的具体位置、门口朝向都不固定，搭建时主要考虑的是就近方便和能充分利用主体房屋前后的地形地势与空地，一般用来堆放煮饭烧菜用的柴火以及其他日常工具，或单纯建成猪舍喂猪。至于厕所，多建在主屋的两侧或者屋后，大致依使用方便划定小块面积搭起相当于半层主屋高的墙，开一进出门户，平时挂上帘子或安装一扇简陋柴门遮隔厕内外，再在顶部盖上房瓦即成，一般不单独区分男女厕（见图 4-3）。

图 4-3　蒙古族民居的偏屋和厕所

资料来源：2013 年笔者摄于大方县凤山彝族蒙古族乡。

值得一提的是，在大方县凤山彝族蒙古族乡还留存有一栋很特殊的蒙古族民居建筑。它与其他蒙古族居室砖木混合的形式不同，其整体都是利用当地常见的树木加工后搭建的，屋顶搭建成双斜面V字形，开门一面斜面较长，用稻草覆盖，正面四间，并排二进，前进中间是堂屋，紧邻左边一间侧开门兼作卧室、取暖暖房，右边第一间也是卧室，旁边一间从右边的卧室伸出一部分，另开辟一扇房门，进门右边筑灶台，左边搭火炉，用作厨房。两边厨房和卧室因为外凸自然形成了一个挡雨遮阳的过道，方便下雨天户外活动，也可兼作日常储物处。后进房间比较矮小，多堆放家用杂物。房间顶上镶嵌房梁，梁上用厚木板平铺和屋顶隔断，屋檐和房梁隔断之间侧面、后面用木板封闭，正面房屋和过道上檐都不加木板封闭，而是在其空处另加若干横竖木条做成花窗隔断，再在隔断木条花窗上用透光纸贴上以通风遮尘。纸用素纸，不加装饰，厚度比一般白纸略厚，但透光效果并不差（见图4-4）。

图4-4 贵州世居蒙古族民居

资料来源：笔者摄于2013年。

关于这栋民居，尽管其建成年代、使用情况等具体信息暂不清楚，但很可能是当地蒙古族以前比较具有代表性的建筑。与其他民居相类似，它的用材、结构都很好地顺应了南方山地环境气候，其中的陈设格局、位置安排很好地融入了当地群众的生活，整体清净优雅，自然得体。

三　山地耕种，顺应自然条件的生产方式

落籍定居贵州以来，当地蒙古族都放弃了自己先祖的游牧生产方式，

转而采取了与贵州山地环境相适应的以畜力拉犁的农耕或锄耕形式。一方面是垦殖旱地。旱地分当年垦殖地与多年垦殖地。当年垦殖地因翻耕次数少，地块板结，耕种时须完全依靠人力，使用锄耕翻地、碎土、平整土地，视地块板结密实程度选用宽齿锄或窄齿锄。如果地块板结严重，一般使用窄齿锄，反之则用宽齿锄。窄齿锄好处是翻地省力，缺点是不如宽齿锄效率高，而宽齿锄在硬实旱地不易进土，此时用起来反而会降低效率。至于多年垦殖地，由于多年屡次翻耕，土壤疏松，比较适合牛耕。通常的方式是假如旱地面积较大、形状比较规则一般利用牛力耕种。其他小块或不规则旱地仍然采用锄耕方式（见图 4-5）。

图 4-5　蒙古族垦殖的旱地

资料来源：2013 年笔者摄于大方县凤山彝族蒙古族乡。

另一方面是垦种水田。这种田地主要用来种植水稻。开垦农田时，一般顺应自然地理的形势，因地制宜将落籍定居地四周的山冲（山间的平地）、溪畔、矮坡、河谷按等高线水平分割成大小不等的水稻田（见图 4-6）。塌陷的边坡用筑垒、驳岸的方法加固抬升，过高的坎地则视其面积大小、土壤岩石构成等要么整体开挖移除，要么保留不动让稻田顺其势拉伸成块，最终形成独具特色的塝上田、冲头田、平坝田等。

至于引水灌溉方面，平坝田因为地处谷底漫坡，紧邻河流山溪，所以一般顺其附近水流地势使山水与筑好的过水沟、水塘等自然对接，短暂储留后再通水进入水稻田。同时，水稻田入水口附近也大都留有由“清塘草”

图 4-6 贵州世居蒙古族垦殖的水稻田

资料来源：2013 年笔者摄于大方县凤山彝族蒙古族乡。

“灯芯草”“辣蓼草”等喜水浅杂草形成的“浅草带”。这样一是可以分流河谷溪涧过多的来水，既能在平时合理调节水稻田的水量，也有效降低暴雨骤至、山洪泛滥等特殊时期洪水对水稻田的冲击；二是能够使较冷的山溪泉水在过水沟、水塘等中转引水设施中得到适度的增温以满足水稻对水温的最低要求，避免其直接进入水稻田影响水稻的正常生长发育；三是利用水稻田入水口的“浅草带”进一步减缓水势，减小水流的冲击作用，以保肥固土，增温增产。对于地势较高不便用自流水灌溉的塝上田、冲头田，贵州世居蒙古族人主要采用两种方式解决其灌溉问题。一是顺应附近水源来向架设水枧、水车，利用人力引河水、山溪水进行人工浇灌。二是如果塝上田、冲头田离水源较远，不方便架设人工引水设备，则依田地地形地势将处在最高等高线附近的农田改建成蓄水的塘坝。塘坝数量多少视农田数量而定，田少时仅修筑一个塘坝，田多时多个塘坝上下相连，颇为壮观。平时塘坝收集雨水储备待用，农事起时开闸放水浇灌农田（见图 4-7）。

在农田水稻品种选育上，贵州世居蒙古族人落籍定居地既有河谷溪峒，也有高山峻岭，因此他们既种植黏稻，也种植糯稻。黏稻一般种植在水温较高、光照较好的水稻田。而种植糯稻的稻田多为阴浸田、烂泥田、冷水田和烂锈田。这几种农田水温大多偏低，淤泥质地密实，蓄氧少，透气性较差，因而一般南方常见的黏稻在此大都不能良好生长发育，极端的情况下甚至绝收。同时，与靠山近林、遮阴少阳等相关，普通的黏稻稻田受病虫害、鸟兽侵扰的概率也比较大，特别是纹枯病、穗颈稻瘟病（俗称“鬼

图 4-7 蒙古族修筑的蓄水塘坝

资料来源：2013 年笔者摄于大方县凤山彝族蒙古族乡。

掐颈”）等严重影响稻作收成的病害多发易发。因此，贵州世居蒙古族人顺应农田特点，在这几种类型的水田广植糯稻。这些糯稻品种大多株高、颈实、叶多而壮，根系尤为发达，在遮阳的林木区与背光方向的阴山湿地都能生长良好，加之抗逆性强、不恋青、不倒伏、抗病害，耐泥脚特深蓄氧少的烂、深、冷、锈田的能力极强，因此无论是在土层瘠薄的塝上田、冲头田，还是泥水淤积、土壤肥力不易吸收的平坝田中都能生长良好，较少发生病害，即使平时少管理、不施肥，产量也不低。另外，广种在山冲、阴山地、冷水地的糯稻品种绝大多数都有芒，且以特长芒居多，色深锐利，鸟雀、老鼠、野猪等啃食谷物时常因扎口而影响下咽，因此在一定程度上也有效降低了鸟兽害造成的损失。

四 从“喜糯”到“嗜酸”，顺应自然环境的饮食文化

与多种植糯稻相适应，贵州世居蒙古族在日常饮食方面也“喜糯”。日常普通的一日三餐一般少不了糯米饭、糯米粥，节庆日则会另外添加特色糯米制品。如春节有糍粑、扁米、阴米和炒糯米粉，五月初五端午节用粽叶包糯米粽子过节。同时凡村老寿诞、立房竖屋、添丁生子、男婚女嫁等

红事喜事，主家款待客人也离不开糯米，不仅烹调出的菜有专门包含糯米的种类，饮的甜酒也是以糯米为主料添加特制的甜酒曲经发酵做成的。

关于糯米的性质特点，明《本草纲目》载："糯米黏滞难化，小儿、病人最宜忌之。"清《本经逢原》也指出："糯米，若作糕饼，性难运化，病人莫食。"不过，作为主粮，贵州世居蒙古族一日三餐又离不开糯米，因此他们都"嗜酸"。其俗谚云："三天不吃酸，走路打乱蹿。"具体到每家每户，腌鱼坛、醋水坛、酸水坛、酸菜缸、腌菜坛等用具都必不可少（见图4-8），制作的腌酸食品也种类多样，素食类有酸白菜、酸藠头、酸豆角、酸豆豉、酸腐乳、酸洋姜、酸嫩姜、酸块姜、剁红椒、酸青椒、酸茄子、酸萝卜叶、酸萝卜条、酸大蒜头、酸大头菜等，荤菜类如鸡肉、鸭肉、鱼肉、鹅肉、猪肉、牛肉等也都经常腌酸食用。这些酸性食品不仅本身存放时间长、开坛即可食用，极大地方便了当地蒙古族人的生活，而且在食用后，其中的酸性成分能协助消化黏滞的糯米，因而又可以有效解决糯食"性难运化"的不足。由此可见，贵州世居蒙古族人的"嗜酸"现象并不是单纯的饮食偏好，而是千百年来积淀形成的与他们"喜糯"的习性相顺应的一种饮食智慧，内含了其独具特色的顺应自然的生态追求。

图 4-8　贵州世居蒙古族民居中的腌酸菜坛

资料来源：2013 年笔者摄于凤山彝族蒙古族乡。

第六节　贵州世居蒙古族和谐相依的生态追求

一　贫富相认，和谐共生的生态关怀

在“盟誓诗”中，贵州世居蒙古族要求自己的子辈“后来贫富须相认”。而关于贫富，老子根据对自然界运行规律的考察认为，“天之道损有余而补不足”，因此，只有顺应天道，“高者抑之，下者举之，有余者损之，不足者补之”（《道德经》），才能“富能夺，贫能予，乃可以为天下”（《管子·轻重》）。但在现实生活中，人们似乎早已忘记了“天道”，反而以独断的方式代之建立了自己的法则——“人道”。相对于“天道”，“人之道则不然，损不足以奉有余”（《道德经》），有利于富人而使贫者濒于“民不畏死”的绝境，这使一心想过宁静平和生活的老子十分焦虑不解：“孰能有余以奉天下？”（《道德经》）确实，如果一个社会中的财富畸形集中，始终有大量绝对贫困人口存在，其经济发展肯定会受到严重制约，最终必将导致这个社会起伏动荡，即至贫者白骨露野，富者丧失天下。对此应当如何治乱兴亡，孔子说，“均无贫，和无寡，安无倾”（《论语·季氏》），意即只有公平合理地分配财富，无贫无寡，才能安稳无倾、社会稳定。这表现在思想伦理态度上，而在现实中贫富因为生产力水平的制约还无法完全消灭，孔子的这种观点就是贫富无高下，贫不恨富，富不贱贫，亦即贵州世居蒙古族“盟誓诗”提到的“贫富须相认”，实现贫与富普遍的共荣共生。

在人类文明发展史上，人们在生产活动中提升自己改造自然的力量的同时，也向自然开战，索取财富的规模和程度也在不断地扩展与增加。并且，伴随着科学技术的迅速发展与广泛应用，人们改造自然的能力也得到了前所未有的加强。这就造成了人与自然关系的日益紧张，导致了严重的生态破坏，引发了划时代的生态危机。人们由此发现，自己并不是所谓宇宙的精华，并不是高高在上的主人，而是感性世界的一个普通的组成对象，与其他对象一起共生于这个世界。所以，要使人与自然之间的矛盾真正得到解决，走出划时代的环境困境，人们必须生态地生活，坚持与其他物种，与自然界和谐地共生。

因此，贵州世居蒙古族“盟誓诗”中的“贫富须相认”既是一种血缘与人伦方面的关怀，也是一种生态向度的和谐共生性追求。正是在这种追求的影响下，数百年来，贵州世居蒙古族人一直尊老爱幼、扶亲帮疏、爱家爱国，展现出了良好的精神风貌。

二 和谐统一的婚俗与岁时习俗

贵州世居蒙古族落籍定居“金黔”，长期与当地群众交往交流交融，这使他们在婚俗、岁时习俗等方面将地方风俗与先祖遗存和谐地统一起来，既有与地方主体民族基本一致的表现，又在一定程度上带有先祖遗存的内容。

其中在婚俗上，贵州世居蒙古族从主要方面看基本与当地汉族一致。1949 年以前，贵州世居蒙古族人以开老亲为主，姨表之间可以开亲。与外族开亲虽无限制，但多数以与当地汉族开亲为主。开亲时一般依“父母之命，媒妁之言”，注重“明媒正娶”。在男子长到十五六岁时，其父母辈如有中意的姑娘，就会请媒人去女方家提亲，如女方同意，双方就会给当事人对生辰八字，若相合，男方便会则择吉日把聘礼与用红鸾书帖所写的男方庚帖请媒人一起送到女方家，女方收礼后随即在庚帖上附写女方庚帖由媒人转送给男方作为订婚依据。等到男女双方长到 19 岁上下可举行正式婚礼时，男方要择定吉日，备好礼品请媒人一起送到女方家，同时女方应备好嫁妆等男方上门接亲。成亲之日，女方先向自己父母磕头感谢其养育之恩，再由女方兄长背着上轿离家，若女方无兄长，也可由同族一与女方八字相合的男子代替背新娘上轿。之后在男方数十人的接亲队伍的簇拥下前往男方家。到家后新娘用红盖头遮住头，下轿后忌踩地，一般做法是在两位妇女搀扶下踩着草垫或红毡前行，进堂屋先拜天地、父母，再夫妻对拜，后进入男方准备好的新房饮交杯酒成礼。婚礼期间，男方必须操办酒席宴请亲朋好友，酒宴上新郎须向新娘敬酒，酒一定要是双数。婚后，男方还必须专门备酒席请女方的父母来走动团聚。

贵州世居蒙古族尽管婚俗基本上与同其杂居的汉族一致，但是，在大方县等地的蒙古族也有自己的特点。据其族中老人口传，1949 年以前其家族的女子未嫁时都梳成大辫子，到了婚嫁的年龄如要定亲则分三次相议，其间男方要送镜子、衣服、酒等生活用品给女方。如果女方比较满意男方，就会收下男方送给自己的礼物并将自己精心绣制的绣花腰带回赠给男方，假如女方不同意则不会收礼。婚事成后，未举行婚礼时，逢年过节，男方必须到女方家里问候女方的长辈。结婚迎娶时新郎新娘或均穿长袍，扎一丈二尺长的腰带，头上缠头巾，颜色有蓝色、青色，有钱人家则比较讲究，一般缠缎帕，总之都包得很大，以稍垂于右耳后三寸许长为好；或新娘穿大襟半长袍，领口扣子大都分二或三款，肩肘扣固定有三个，侧面腋下也有三个扣子，袖口时有花边装饰。至于女方送嫁者，虽姑、姨、婶均可，但固定都是女性，男方参加婚礼者则伯、叔、表兄等均可且无性别限制。婚礼进行过程中新郎新娘要用盘子盛酒盅，给长辈、客人敬酒，一般是新娘端盘，新郎倒酒。

关于北方蒙古族的婚俗，《多桑蒙古史》载，"欲娶女者，以约定家畜之数若干，献之于女家两亲。……为子者应赡养其父之诸寡妇……兄弟亦应赡养寡居之嫂娣"。这说明按照蒙古族传统，娶妻婚嫁时男方必须送礼物给女方。《蒙古秘史》记载："帖木真九岁时，他父亲也速该将引他往母舅斡勒忽讷氏处索女儿与帖木真做妻。"当"两家相从了，也速该……就留下他（指帖木真——引者注）一个从马做定礼去了"（《蒙古秘史》）。后来，"桑昆与众人商议：帖木真曾索咱女子察兀儿别乞来，如今可约日期请他吃'许婚筵席'"（《蒙古秘史》）。当"孛端察儿又自取了个妻，生了个儿子名把林失亦剌秃合必赤。那合必赤的母从嫁来的妇人，孛端察儿做了妾，生了个儿子名沼兀列歹。孛端察儿在时，将他做儿，祭祀时同祭祀有来"（《蒙古秘史》）。而"德薛禅……将孛儿帖女儿与帖木真做了妻。德薛禅与他妻搠坛同送帖木真夫妻回去了。到客鲁涟河兀剌啜的边隅，德薛禅回家来了，搠坛直送他女儿到帖木真家里"（《蒙古秘史》）。当"搠坛的女孛儿帖兀真行上见公姑的礼物，将一个黑貂鼠袄子有来……于是帖木真兄弟三个将着那袄子送去见了王罕"（《蒙古秘史》）。由此可见，古时蒙古族求婚成功后，紧接着的订婚有"定礼"与"许婚筵"两种风俗，也就是男方以"从马"等作定礼，女方预备酒筵请男方家长同吃一顿，并在筵席间应许婚事。当蒙古族女人出嫁时，常有妇人"从嫁"，这个"从嫁"的人在地位上并不特殊卑下，所以她生的儿子可以"祭祀时同祭祀有来"。除了从嫁者，女子出嫁时要由她的父母亲或其中一位亲自送到女婿家，含有护送之意。新妇入门后，要拜见翁姑，并送翁姑礼。

《多桑蒙古史》《蒙古秘史》记载的蒙古族婚俗尽管年代久远，但它却一直影响着我国蒙古族群众的生活。据载，长期以来，“蒙古族的娶亲非常隆重，并保留着男到女家投宿娶亲的传统婚俗。娶亲一般是在结婚喜日的前一天。新郎在欢乐的气氛中，穿上艳丽的蒙古长袍，腰扎彩带，头戴圆顶红缨帽，脚蹬高筒皮靴，佩带弓箭。伴郎、祝颂人，也穿上节日盛装，一同骑上马，携带彩车和礼品，前往女家娶亲。娶亲者至女家，先绕蒙古包一周，并向女家敬献‘碰门羊’一只和其他礼物，然后，新郎、伴郎手捧哈达、美酒，向新娘的父母、长亲逐一敬酒，行跪拜礼，礼毕，娶亲者入席就餐。晚上，又摆设羊五叉宴席。并举行求名问庚的传统仪式。次日清晨，娶亲者起程时，新娘由叔父或姑夫抱上彩车，新郎要骑马绕新娘乘坐的彩车三遭。然后，娶亲者和送亲者一同起程离去”①。在娶亲途中，还要举行“刁帽子”也称抢帽子的活动，活动开始时，“娶亲者和送亲者纵马奔驰，互相追逐，都想争先到家，成为优胜者。……一路上，你追我赶，互相嬉戏，具有浓郁的草原生活气息”②。“当娶亲回到男家后，新郎新娘不下车马，先绕蒙古包三圈。然后，新郎新娘双双跨过两堆旺火，接受火神的洗尘，表示爱情的纯洁，新生活的兴旺。新郎新娘进入蒙古包后，首先拜佛祭灶，然后拜见父母和亲友。礼毕，由梳头额吉给新娘梳头。梳洗换装后，等待婚宴的开始，婚宴通常摆设羊背子或全羊席，各种奶食品、糖果应有尽有。婚宴上，新郎提银壶，新娘捧银盏，向长辈、亲友，逐一献哈达、敬喜酒。小伙子们高举银杯，开怀畅饮；姑娘们伴随着马头琴，放声歌唱。婚宴往往要延续两三天，亲友才陆续离去。而女方送亲者还要留人陪新娘住一至三日。有时，新娘的母亲也送亲，要住十多日，分别时，母女拥抱，痛哭，表示恋恋不舍。”③

将《多桑蒙古史》《蒙古秘史》和其他关于蒙古族婚俗的记载与贵州大方县等地的蒙古族婚俗一一对照，可以发现它们之间有许多相似之处。从内容上看，如果男方娶妻则都要送礼物到女方家，婚事若满意，女方会收下男方的礼物定亲，结婚时女方娘家需要送嫁。特别是举行婚礼时，贵州

① 布赫等主编《内蒙古大辞典》，内蒙古人民出版社，1991，第922页。
② 布赫等主编《内蒙古大辞典》，内蒙古人民出版社，1991，第922页。
③ 布赫等主编《内蒙古大辞典》，内蒙古人民出版社，1991，第922页。

大方县等地的蒙古族新郎新娘穿着打扮都带有蒙古族传统服装的特色。从形式上看，帖木真时期婚前就有索妻（求婚）、许婚（订婚）、送嫁、见翁姑等程式，以后随时间推移虽有所变化，但也大同小异。与之相对应，贵州大方县等地的蒙古族也有送礼求婚、订婚、送嫁、新娘端盘新郎倒酒向诸位长辈和众多客人敬酒等相似环节。

在岁时习俗上，贵州世居蒙古族的节庆日除中秋节外，其他从类别到内容与形式和相杂居的汉族基本相同。在众多节日中，贵州世居蒙古族最重视的是春节。春节期间家家户户贴春联，放迎新春的鞭炮，吃团圆饭，大家相互拜年祝好，并给登门拜年的小孩发糖果、饼干、炒花生、爆米花、炸薯片，整个村子洋溢着喜庆祥和的气氛。

比较特殊的主要有两方面。一是宰杀大牲畜时一般不割颈而是刺胸。贵州大方县等地蒙古族宰杀大牲畜时的主要方式是几个人一起用力按住待宰的猪或羊使之不能乱动，再用刀从它们的两只前腿之间直接刺入胸腔破坏心脏和血管使其死亡。至于牛，由于它力气比较大，一般是先捆绑好四肢将其拖倒在地然后按住再刺胸宰杀。二是贵州世居蒙古族的传统节日里没有中秋节。在我国民间，中秋节与反元农民等起义有关。相传元末红巾军起义时，在八月十五中秋节这一天以互赠月饼的办法把字条夹在月饼中传递消息。而贵州世居蒙古族的先祖遁入“西涯”最后落籍于贵州的一个重要原因恰好是红巾军起义，因此，虽然贵州省内其他各民族均过中秋节，但当地世居蒙古族不过。

与没有中秋节等相关，贵州世居蒙古族的风俗风情文化也产生了独特的功能。僻处西南的贵州是一个多民族居住的省份，除蒙古族外，世居的少数民族还有苗族、布依族、侗族、土家族、彝族、仡佬族、水族、回族、白族、瑶族、壮族、畲族、毛南族、仫佬族、满族、羌族等十六个民族。千百年来，大山大水隔断了他们对外的交流，但也保存了其千奇百趣的民俗风情。在这里，一年四季仅苗族就有正月的跳花节、芦笙会，三月十五至十七的姊妹饭节，四月初八、五月初五的龙舟节，五月二十七至二十的独木龙舟节，七月第二卯日的吃新节，十月首个寅日的苗年等节日。它们虽然都蕴含着丰富的意义，但更多的是承载了贵州各少数民族享受生活的娱乐功能。与此不同，贵州世居蒙古族不过中秋节等独特的风俗风情却主要不在娱乐方面发挥影响。第一，它凸显了极为强烈的教育功能。贵州世居蒙古族不过中秋节以及其他一系列与当地世居民族相区别而存在的风俗风情一方面以隐晦曲折的方式向外人表达了自己作为蒙古人的执着，另一方面实际上也是在教育后辈勿忘自己祖先的蒙古族身份。第二，这种独特的风俗风情生成了最为强劲的维系功能。蒙古族定居大方县数百年来在对西南环境的适应过程中，他们的经济生活早已改变为以山区农业为主，原来表现自己民族特征逐草而居的游牧文化也已经发生了天翻地覆的变化，但是在这些独特的民俗风情文化作用下，他们并没有忘记自己是蒙古族大家庭中的一员。近年来，除了有多人屡次前往内蒙古寻根问祖，祭祀成吉思汗陵外，贵州世居蒙古族人还联合云南、四川、内蒙古等地的其他蒙古族的代表人物成立了家族宗谱编修委员会，经过大量的调查论证，在其保存下来的明朝和清朝编撰的古本基础上，于 2008 年整理修订出了《蒙古族铁改余总谱》。第三，贵州世居蒙古族不过中秋节等独特的风俗风情文化也产生了极为深沉的规范功能。长期以来，它们就像一只看不见的手，一直都在无形之中支配着贵州世居蒙古族的各种行为，使他们时时事事都在不自觉地遵从着自己独特民俗的指令。

毋庸置疑，贵州世居蒙古族遗存的文化在凸显了其独特的教育功能、维系功能和规范功能的同时，也从贵州地方文化诸如“阳明文化”的“父子、兄弟之爱”而发端，“自此而仁民，而爱物”（《传习录·陆澄录》），“视人犹己，视国犹家，而以天地万物为一体”（《传习录·答聂文蔚》），这样，贵州世居蒙古族的族群认同就与传统优秀文化的家国情怀和谐地统一起来。在贵州世居蒙古族群众的内心，“家”与“国”是一体的，因而他们既爱家，也爱国，长期以来像石榴籽一样紧紧抱在一起。他们是中华民族这个大家庭不可分割的一员。

第五章　贵阳市生态人文城市建设现状与对策

第一节　问题缘起与生态人文城市的含义

（一）贵阳市生态人文城市建设的历史背景

1. *建设生态人文城市是世界城市发展的潮流*

城市化是国家现代化必然经历的过程，当代城市弊病产生于世界早期的城市化进程中。全球性的城市化进程始于18世纪英国的工业革命之后。随着西方城市化进程的推进，大量失去土地的农业人口涌入城市。城市人口的迅速膨胀造成居民居住环境日趋恶化，引发大量城市疾病和灾难。马克思描述道，“大土地所有制使农业人口减少到一个不断下降的最低限量，而同他们相对立，又造成一个不断增长的拥挤在大城市中的工业人口。由此产生了各种条件，这些条件在社会的以及由生活的自然规律所决定的物质变换的联系中造成一个无法弥补的裂缝”[①]，19世纪以后，科学技术的进步极大地改善了城市的生活条件。但与此同时，由于人们对自然资源的过度开采，城市面临新的自然生态危机——环境污染、资源枯竭。

在城市自然生态恶化的同时，城市的人文生态危机也逐步凸显。马克思以敏锐的眼光较早关注到了这个问题，深刻地揭示了资本主义城市化进程中人的异化。他指出：“技术的胜利，似乎是以道德的败坏为代价换来的。随着人类愈益控制自然，个人却似乎愈益成为别人的奴隶或自身的卑劣行为的奴隶。甚至科学的纯洁光辉仿佛也只能在愚昧无知的黑暗背景上闪耀。我们的一切发明和进步，似乎结果是使物质力量成为有智慧的生命，

---

① 《马克思恩格斯文集》第7卷，人民出版社，2009，第918~919页。

而人的生命则化为愚钝的物质力量。”[1] 在当代，西方国家在新自由主义经济政策的主导下，不仅没能消除人的异化，还由此形成了一个发展悖论。一方面，大量资本涌入城市，迅速改变城市原来的面貌，给人们的生活带来了便利。另一方面，对城市的大量投资，无规则地发展超大城市，加重了城市污染、增加了城市犯罪数量、降低了居民的幸福感，许多人深受其害。美国著名城市社会学家大卫·哈维尖锐地指出：“近期全世界城市超常地增长，无视于灾难、损失、无尊严及伤害。”“因着资本主义的形式，已成为过度活跃的‘创造性破坏’的地方。”[2] 路易斯·沃斯在《作为一种生活方式的都市生活》一文中表示，城市是社会上不同异质个体的定点空间。不同种族、民族、职业和文化背景的个体共同居住于城市，他们之间只有利害关系，彻底瓦解了传统家庭的亲和性，产生了人与人之间的隔阂。[3] 人们通过围墙、栅栏与门闸将自己与他人隔离开来，以自我为中心，制造了“枷锁城市”。人们越来越个体化与原子化，普遍感到空虚、寂寞，人与人之间变成冷酷无情的竞争关系，彼此缺乏信任，社会关系紧张。

西方城市化进程中的这些问题在全球化进程中蔓延到世界各地，形成全球性的城市弊病。城市千城一面，有“形”而无“神”，丧失了自己独特的精神和文化特质，没有灵魂和品位；过度追求物质享受，“人文意识”被“物质意识”所取代，市民的精神与道德沦落，文化价值观崩溃，精神家园迷失，心理疾病日益严重。20 世纪 70 年代，西方国家开始反思工业社会背景下城市发展模式的弊病。1977 年的《马丘比丘宪章》强调在城市的设计和建设中，要尊重传统，突出城市的个性，要从城市发展的文脉中来寻求设计依据。这标志着城市规划设计理念从功能主义转向生态人文主义，城市设计从以功能技术为中心转向以人为本。由此可见，西方的城市发展理念正在回归理性，开始注重不同城市的发展特色，建设生态人文城市。

2. 建设生态人文城市是中国城市化进程的必然趋势

我国经过几十年的改革开放，城市化进程被深深地卷入全球化进程中，并深刻影响着全球化进程。因而，诺贝尔经济学奖得主斯蒂格利茨指出：

---

① 《马克思恩格斯文集》第 2 卷，人民出版社，2009，第 580 页。

② Dvaid Harvey, *The City as Body Politic*, Oxford, Berg, p. 25.

③ 〔美〕路易斯·沃斯：《作为一种生活方式的都市生活》，赵宝海、魏霞译，《都市文化研究》2007 年第 1 期。

“中国的城市化与美国的高科技发展将是深刻影响21世纪人类发展的两大课题。”[①] 在全球化进程中，中国城市化飞速发展，城市建设国际化程度越来越高。国内一线核心城市在物质增长层面突飞猛进，具备成为世界一流城市的基础。一些省会城市也开始向国际化城市靠拢，城市发展水平大幅度提升，城市在形貌上的发展令人叹为观止。然而，不可否认的是，在城市基础设施大幅度改善的同时，我国各地的城市规划对生态人文建设的关注较少。“世界城市发展的经验教训和相对成熟的城市发展理论并没有被中国理性的借鉴。占据主导的经济发展思维和以GDP为中心的不科学的城市发展评价体系，注定了中国城市发展中人文精神的传承和发展远滞后于经济技术的发展。”[②] 生态人文价值在城市化进程中被排斥，城市的发展就必然出现不均衡，导致城市趋同化，失去自己的个性和内涵，丧失情感归属。

随着我国城市化进程的推进，国际化大都市对人们生活观念的影响大大超越了建筑技术层面的影响。市民对城市发展的要求不再仅仅局限于体现城市的器质水平和风貌，而是吁求更高层次的生态人文关怀。越来越多的城市开始探索“以人为本”的城市发展理念，重新设计城市的发展方向，建设生态人文城市的问题被提出，推动生态人文城市的建设成为新的时代课题。2014年中共中央、国务院发布的《国家新型城镇化规划（2014—2020年）》（以下简称“规划”）中首次明确提出了“注重人文城市建设”，标志着我国从经济型城市化向文化型城市化的重大战略转型。“规划”指出，要“把城市建设成为历史底蕴厚重、时代特色鲜明的人文魅力空间”[③]，表明国家已经找到制约我国城镇化发展的根本性和深层次问题。“规划”对我国的生态人文城市建设进行顶层设计，表明生态人文城市建设事关全局，已势在必行。

3. 建设生态人文城市是贵阳提升城市品位的重大举措

生态人文精神和城市品位是一座城市的灵魂和根基。一座城市的发展

① 吴良镛、吴唯佳、武廷海：《从世界城市化大趋势看中国城市化发展》，《科学新闻》2003年第17期。

② 余文华、葛怀东、许剑颖：《人文城市：城市发展的目标——基于南京城市的发展》，《理论与改革》2010年第6期。

③ 《国家新型城镇化规划（2014—2020年）》，人民网，http：//politics. people. com. cn/n/2014/0317/c1001-24649809. html，最后访问日期：2022年8月23日。

不仅是一个经济命题，更是一个生态人文命题。城市庞大的框架可以在一定的时期内建设起来，实现规模的迅速扩张，但城市的内涵和品位不可能在短时间内塑成，它是一座城市生态人文精神长期积淀的结果。我国许多城市虽然在基础设施等外观形貌上发展特别迅速，但其生态人文精神和城市品位却有所欠缺。城市的发展必须有历史文化的积淀和生态人文精神的支撑。少了生态文化的支撑和城市精神的滋养，城市的外观建设得再壮观，也是一座浮浅的、没有根基的城市，人们不会过多眷恋它。

城市的品位源于城市的历史和文化底蕴。贵阳地处我国西南地区，有着丰富的传统文化资源，生态人文资源丰富、价值独特，应该成为具有独特品位和魅力的著名生态人文城市。贵阳致力于加大城市基础设施建设，建设生态文明城市，城市外貌和生态环境发生了翻天覆地的变化，为贵阳市生态人文城市建设奠定了坚实的基础。以此为契机，2014 年 12 月 30 日中共贵阳市委九届四次全会通过了《中共贵阳市委关于全面实施“六大工程”打造贵阳发展升级版的决定》（以下简称“决定”）。“决定”提出的“六大工程”之一就是要“实施文化惠民工程，打造人文贵阳升级版”。“打造人文贵阳升级版，既可以丰富城市内涵、提升城市品位、塑造城市品牌，又可以形成独特品格、满足精神需求、构筑精神高地。”[①] 2015 年贵阳市《政府工作报告》（以下简称“报告”）明确提出政府工作的总体要求：“集中力量实施‘六大工程’，着力打造开放贵阳、创新贵阳、生态贵阳、法治贵阳、人文贵阳、和合贵阳升级版，在全省率先实现全面小康。”[②]“决定”和“报告”表明，贵阳市委、市政府高度重视贵阳市的生态人文精神建设，在决策高度设计贵阳市生态人文城市建设。这为贵阳市生态人文城市建设提供了有力的政治保证和政策支持，有助于从根本上推进贵阳市的生态人文城市建设进程。

（二）生态人文城市的含义

“人文”一词很早就出现于中国传统文化中。《周易》中说：“刚柔交错，天文也；文明以止，人文也。观乎天文，以察时变；观乎人文，以化

① 《集中力量打造六个升级版》，《贵阳晚报》2014 年 12 月 31 日，第 A3 版。

② 刘文新：《政府工作报告》，《贵阳日报》2015 年 2 月 25 日，第 1 版。

成天下。”（《周易·贲卦》）意思是说阳刚阴柔，刚柔交错，这是天文，也即天道；文明而有节制、有限度，这就是人文。观察天文来考察四时的变化，观察人文来感化天下人。在这里，人文与天文是相对的，人文被古人置于“天”与“人”相互关系的宏观视域中进行思考。将天道纳入人伦中，折射出中国传统思想的包容性特质。因此，在中国传统文化中“人文”是处理人类生活基本秩序和关系的隐性条理，它内化于心，是人类生活的自然之理。中国传统的这种人文理念被深深地熔铸于古代城市建设中，形成了中国古代独特的城市人文风貌。

在西方，“人文”一词源于古希腊文 paideia，意思是自由艺术的训练与教育。在古希腊人看来，只有热切渴望和追求自由艺术之人，才享有最高人性。他们把人文素质看成人的本质，认为它是与动物的本质区别，只有人才有资格追求人文素养。事实上，无论是古希腊还是古罗马，“人文”一词都有培养优雅的、自由的、真正的人的意思。由此可见，在古希腊的知识体系中，人文学科是将人的存在、人的创造、人的尊严和价值置于中心地位的。近代西方的人文追求虽然在具体内容上随着时代的变迁有所不同，但其基本精神依然承袭了古希腊人文追求的内涵。因而，有人说：“无论是古代与现代，‘人文主义’的一个阿基米德点就是人的自由与解放。”[①] 这种人文理念被渗透到城市建设实践中，对西方的城市发展起着明显的导向作用。西方城市建设实践呈现具体物象与精神追求的高度逻辑相关，塑造了当代西方城市深刻的生态人文特征。

生态人文观念在不同的时空中，虽然核心价值追求可能相通，但具体内容会有差异。中国古代的生态人文观念迥异于同时代的世界其他地区的生态人文观念。当代中国的生态人文观念继承了传统生态人文观念的合理内核，同时吸纳了来自世界其他地区的“他者”的鲜活因素，但由于时代背景和实践主题的迥异，中国必须培育出体现中国时代特征的生态人文意识，构建自己的生态人文思想宝库。在当代中国学术话语体系中，“人文”一词的指向性较为明确。《辞海》指出，人文是指人类社会的各种文化现象。它强调以人为本，尊重人的主体性和价值，关心人的利益诉求的思想

---

① 王淑琴、武占江：《当代中国人文主义思潮的混乱与两难》，《河北师范大学学报》（哲学社会科学版）2007年第3期。

意识。从本质和终极意义上讲，就是要把发展从物质层面升华到精神层面，促进人的全面发展，实现主体的类价值。以此为价值准则发展起来的城市才能彰显出自己独特的精神魅力和文化吸引力，形成生态人文城市。基于此，我们认为，生态人文城市是充分凸显以人为本的生态人文关怀原则，以城市历史、文化底蕴为基础，彰显其独特城市精神风貌和鲜明时代特色，形成独特生态文化魅力和生态人文风格的城市。

（三）生态人文城市的特征

1. 生态人文城市是以人为本的城市

以人为本是科学发展观的核心。“以人为本，就是要把人民的利益作为一切工作的出发点和落脚点，不断满足人们的多方面需求和促进人的全面发展。”① 因此，以人为本是一种价值取向，是对人主体地位的肯定，强调尊重人、依靠人、解放人、为了人和塑造人。以人为本还是一种思维方式，要求我们在实践中关注人的现实生活，对人的生存和发展进行终极关怀。城市是市民基本的活动场所，是居民生活的主要栖息地。生态人文城市一定是适合人居住的城市，是充分体现生态人文关怀的城市。生态人文城市建设必须贯彻以人为本的基本价值准则，尊重人、关心人，使人们过上有尊严、安全、幸福、健康和充满希望的生活。这样才符合人类城市建设实践活动的宗旨和愿景。中共中央、国务院发布的《国家新型城镇化规划（2014—2020年）》明确指出中国的新型城镇化道路要坚持以人文本，“不断提高人口素质，促进人的全面发展和社会公平正义，使全体居民共享现代化建设成果”②。

2. 生态人文城市是以文化为魂的城市

一座城市总要有一种精神，这种精神就是城市的灵魂。城市精神滋养着城市的人，塑造着不同城市的人的气质和品格。城市精神源于城市丰厚的历史文化底蕴。因此，人们常说文化塑造了城市的精神与灵魂，并最终决定了一座城市的历史地位。作为城市灵魂的文化，其核心是大家共同遵

---

① 《十六大以来重要文献选编》上，人民出版社，2005，第768页。

② 《国家新型城镇化规划（2014—2020年）》，人民网，http://politics.people.com.cn/n/2014/0317/c1001-24649809.html，最后访问日期：2022年8月23日。

守的价值观，它渗透于城市的各个层面。在物质层面体现于城市建筑的外观形貌和市民的风俗习惯；在制度层面体现于城市管理的制度规范和市民的行为规范；在观念层面体现于城市独特的人文品格；在心理层面体现于市民对城市的认同感和归属感。总之，城市独特的文化是城市居民安居乐业，个人最大限度地实现自由和促进人的全面发展与社会和谐进步的强大精神动力。因而，当今世界致力于培育具有生态人文精神、关注生态文化建设的城市，而这些城市几乎都是生态人文城市，散发出迷人的生态人文魅力。

3. 生态人文城市是以特色为支撑的城市

所谓“特色”就是自己的与众不同之处。特色不是毫无依据地搞形式和花样。生态人文城市的特色源自城市自身深厚的历史底蕴和当代独特的社会实践。生态人文城市的灵魂是文化，一座城市独特的文化主要是在城市发展的历史长河中积淀并传承下来的；也有以当代特色的城市实践活动为依托，在当代特色的城市实践活动中培育和形成的。因此，一座生态人文城市要么本身具有丰富、深厚的历史文化资源，并且这种文化资源在当代得到很好的传承和发扬，成功将城市塑造成历史文化名城，产生城市文化魅力；要么在当代的社会实践活动中处于特殊的地理位置，城市的实践活动极具特色，并在实践活动中培育出独特的城市精神和文化，成功将城市塑造成现代化宜居城市，形成鲜明的城市文化软实力。总之，无论是哪一种生态人文城市，它们都是以特色为支撑的。

第二节　贵阳生态人文城市建设的现状

（一）贵阳市生态人文城市建设发展历程

2014年贵阳市委决定全面实施“六大工程”，提出了实施文化惠民工程，打造人文贵阳升级版的规划。“人文贵阳”的提出极大地促进了贵阳市生态人文城市建设。但贵阳市生态人文城市建设并不是从这之后才开始的，它的实践经历了一个比较长的历史进程。

贵阳市生态人文城市建设历程可追溯到2002年。2002年5月，国家环境保护总局正式批准了贵阳市作为全国建设循环经济生态城市试点的请求。

由此，贵阳成为全国首个建设循环经济生态城市试点城市。随后，贵阳市委、市政府邀请专家编制了《推进循环经济，构建贵阳生态城市总体规划》大纲。为构建人与自然相协调、优美舒适的人居环境和高度文明的人文环境，贵阳市初步确定了循环经济生态城市建设的工作重点。为了推进新型工业化和保障生态城市建设的顺利进行，2004 年贵阳市制定了全国首部循环经济法规《贵阳市建设循环经济生态城市条例》，将生态城市界定为“社会、经济、文化与自然和谐的复合生态系统型城市”[①]。

2007 年 12 月，为贯彻落实党的十七大关于“建设生态文明”的新要求和省第十次党代会关于实施“环境立省”战略的重大部署，市委八届四次全会通过了《中共贵阳市委关于建设生态文明城市的决定》。其以生态文明城市建设为总纲，确立了贵阳生态文明城市建设的内涵，明确了今后的工作任务，即建设生态文明城市的指标体系。2008 年 5 月，贵阳市出台了《建设生态文明城市目标绩效考核办法（试行）》，并依据此文件制定了实施细则。2008 年 12 月 30 日，市委八届六次全会通过了《中共贵阳市委、贵阳市人民政府关于抢抓机遇进一步加快生态文明城市建设的若干意见》。随后，市政府将《中共贵阳市委、贵阳市人民政府关于抢抓机遇进一步加快生态文明城市建设的若干意见工作责任分解表》下发给了相关单位，要求相关责任单位和责任人按照责任分工，制订详细的工作方案和工作计划，并积极组织实施，认真抓好落实。为使生态文明城市建设形成长效机制，2009 年 10 月 16 日，贵阳市制定了国内首部促进生态文明建设的地方性法规《贵阳市促进生态文明城市建设条例》。为了积极争取建立生态文明示范区，纵深推进生态文明城市建设，2009 年 12 月 30 日召开的市委八届八次全会通过了《关于提高执行力　抢抓新机遇　纵深推进生态文明城市建设的若干意见》。为了把贵阳市建设成为全国生态文明城市，2012 年贵阳市发改委根据相关要求编制了《贵阳建设全国生态文明示范城市规划》，并获得国家发改委正式批复。“根据《规划》，贵阳市将到 2015 年全面建成小康社会，全国生态文明示范城市建设取得显著成效；到 2020 年，建成全国生态

---

① 白敏、郑世红：《〈贵阳市建设循环经济生态城市条例〉应增强适用性》，《法制生活报》2010 年 3 月 24 日，第 3 版。

文明示范城市。"①

2014年底，市委九届四次全会通过了《中共贵阳市委关于全面实施"六大工程"打造贵阳发展升级版的决定》。该文件提出要实施文化惠民工程，打造人文贵阳升级版，开启贵阳市生态人文城市建设的新征程。2015年2月召开的贵阳市第十三届人民代表大会第五次会议通过的《政府工作报告》对实施包括人文贵阳在内的"六大工程"升级版战略进行了全面部署，标志着人文贵阳升级版战略目标正式进入实施阶段。市委、市政府的决策和工作部署，为贵阳市生态人文城市建设提供了良好的政治和政策氛围。以此为契机，贵阳市生态人文城市建设快马加鞭，扬帆远航。

（二）贵阳市生态人文城市建设取得的成绩

1. 市民生活水平普遍提高，民生大为改善

生态人文城市建设需要强有力的物质条件基础。古人云："仓廪实而知礼节，衣食足而知荣辱。"② 马克思主义也认为，人们只有首先通过实践解决吃、喝、住、穿等物质生活资料问题，才可能从事政治、科学、艺术等其他活动。由此可见，没有物质基础的改善，生态人文城市建设就无从谈起。一座城市只有物质条件不断改善，人民的生活水平不断提高，人民的基本生活所需得到满足，才有资格探讨建设生态人文城市。此外，市民生活水平的提高和民生的改善也充分彰显了城市发展以人为本的价值理念，这本身就是生态人文城市建设取得的成就。

近年来，贵阳市经济稳步增长，经济增速居全国省会城市前列，市民生活水平显著提高。据2006年3月的统计，"'十五'期间贵阳市GDP年平均增长12.8%，2005年，城市居民人均可支配收入达到9928.02元，比'九五'期末的6453.25元高出3474.77元，增长了53.8%，年均增长7.8%，创历史新高"③。"十一五"时期，贵阳市经济继续在全省领跑，2010年贵阳城市居民家庭收入及消费同步增长，人均可支配收入达到16597.28元，比2009年同期的15040.66元增长10.35%。人均消费性支出

---

① 王新伟、吴秉泽：《贵阳将于2020年建成全国生态文明示范城市》，《经济日报》2013年1月5日，第2版。

② 胡怀琛等选注《史记》，商务印书馆，1947，第150页。

③ 王太师：《"十五"期间贵阳城市居民生活质量提高快》，《贵州日报》2006年3月6日，第5版。

也由2019年同期的11518.81元增长到12939.80元，增幅为12.34%。扣除价格因素，城市居民家庭收入与人均消费性支出实际增长分别为7.24%和9.17%。[①]“十二五”期间，贵阳市经济保持稳步增长的态势。2014年“实现地区生产总值2497.27亿元、增长13.9%，增速继续位居全国省会城市前列。经济总量占全省27%，提高1个百分点，在全省增比进位中位列第一”[②]。

在贵阳市民生活水平不断提高的同时，贵阳市于“十二五”期间着手实施了“十大民生工程”。贵阳市明确提出：“确保财政对民生的投入占财政支出比重每年增加1个百分点，以十大民生工程为抓手，着力解决人民群众最关心、最直接、最现实的利益问题。”[③] 截至2011年上半年，贵阳市“十大民生工程”完成投资累计达18.46亿元，到位资金为31.08亿元。在实施安居工程方面，按照贵阳市统一部署，“十二五”期间计划新建500万平方米约10万套以公租房为主的保障性住房，投资额高达125亿元。[④] 此外，在看病、上学、就业等民生问题上，贵阳市做了大量卓有成效的工作，使城市处处洋溢着生态人文关怀，顺应了市民的幸福期待。

2. 基础设施建设稳步推进，城市外形风貌焕然一新

城市的基础设施是城市物质文化的外壳，是城市文化最形象、最直观的呈现。生态人文城市必定是宜居城市，宜居城市必须具备良好的城市基础设施，以满足市民的城市生活需要。城市的发展实践表明，具备良好基础设施的城市未必能成为生态人文城市，但生态人文城市一定具备功能完善的城市基础设施。一座城市的基础设施发展水平既彰显了城市以人为本的价值理念，又凸显了城市的风格与文化特色。不论是伦敦、巴黎、法兰克福等享誉世界的生态人文城市，还是国内正在朝着人文城市发展的上海、南京等大都市，都具备一流的城市基础设施。正是这些先进的基础设施满足了城市不同群体的生活需要，同时支撑起了这些大都市的外形风貌，使城市充分展示出它们的器物文化和城市品格。

---

① 参见姜精新、杨源《2010年，贵阳城市居民家庭：人均可支配收入16597.28元》，《贵阳日报》2011年2月23日，第A6版。

② 刘文新：《政府工作报告》，《贵阳日报》2015年2月25日，第1版。

③ 《贵阳市实施十大民生工程》，《贵州日报》2011年3月13日，第6版。

④ 《贵阳市“十二五”保障性住房专项规划》，贵阳市督办督查局网站，http://dbdc.guiyang.gov.cn/zfxxgk/fdzdgknr/jhgh/zxgh/202002/t20200210_48220163.html，最后访问日期：2022年6月1日。

由于历史原因，加之地理条件限制，贵阳市的基础设施建设较为薄弱。近年来，贵阳市根据自身的特点扎实推进基础设施建设，使城市外形风貌焕然一新。在交通基础设施建设方面，2007 年底，贵阳市提出建设“三环十六射”，将原本“脆弱”的放射性的快速路通过环线连接，既实现了疏导车流，又进一步完善了城区的交通体系。2009 年 9 月 27 日，贵阳环城高速公路全面建成通车，贵阳从此结束了没有环城高速公路的历史。“长达 120 多公里的环城高速公路贯通以后，贵阳市的道路形态将第一次实现从‘射线’形向‘环形’的裂变，城市道路、国道、高速公路第一次有机地连在一起，并使贵阳市的半小时经济圈从之前的 106 平方公里向外推进到 507 平方公里，面积扩大了近 4 倍。这个面积，与新中国成立时贵阳市 6.8 平方公里的城市面积相比，整整扩大了 74.5 倍。”① 2009 年 9 月 29 日，贵阳市轻轨一号线市政配套工程会展中心车站开工建设，拉开贵阳城市轨道交通建设的序幕。2011 年 9 月，二环路建成通车，老城区的核心区由此被放大一倍，原来 70 平方公里的老城区核心区域拓展到 150 平方公里，贵阳由此迈入“大城时代”。2013 年 2 月，“三环十六射”剩余的四条路全线贯通，一张系统的贵阳城市交通画卷呈现于世人面前。2014 年贵广高铁建成通车，贵阳迈入“高铁时代”。

贵阳市积极推进城区改造工程，完善城市基础设施。贵阳市先后启动了渔安安井片区改造工程，彭家湾旧城改造项目，五里冲片区危旧房、棚户区、城中村改造项目等大型旧城改造项目工程，实施了“三年千院”行动计划，打造了贵州省首个“绿色亚洲人居环境示范项目”——中国铁建·国际城。无论是旧城改造项目还是新居打造都主打生态牌，规划将项目发展成集商务会展、旅游休闲和生态居住于一体的宜居宜业生态休闲城市新区。大型旧城区改造和城市生态新区打造使贵阳市的整体外形风貌发生了根本性的变化，为贵阳市生态人文城市建设奠定了坚实的基础。

3. 城市历史文化传承和城市精神的培育初显成效

城市历史文化是一座城市在自身发展的历史长河中所积淀的各种物质文化与非物质文化成果的总称。城市精神则是内化于城市居民日常生活中

---

① 王太师：《从 6.8 平方公里到 507 平方公里——新中国成立 60 年贵阳城市扩大 70 多倍》，《贵州日报》2009 年 10 月 4 日，第 1 版。

的价值准则，是城市的根本价值追求与内在气质，是人与自然、人与社会和人与人关系的抽象反映。“良好的城市精神作为城市人文环境的首要构件，是该城市自古至今不断地追求真善美的凝聚和结晶，是包含该城市的历史文化精神以及正在凝结和发展着的城市的内在气质、价值观念、市民心理、思想意识、道德观念和行为准则等的抽象和总结。”① 现代城市精神既源于当代城市实践活动，是当代城市实践的反映，又有其历史文化根基，是对城市历史文化资源的承袭。

贵阳历史悠久，文化资源丰富。为了传承城市优秀历史文化，贵阳市积极实施甲秀楼、文昌阁、阳明祠等 24 个城市历史文化街区建设工程，对中共贵州省工委旧址、毛光翔公馆、刘氏支祠、文昌阁、华家阁楼和刘统之先生祠等文物单位进行修缮保护。在传承优秀历史文化中积极培育贵阳城市精神，系统构建以孔学堂、阳明洞、阳明祠三足鼎“筑”的贵阳“精神大厦”。贵阳市委第八次党代会提出，要大力开展熔铸贵阳城市精神的活动，增强城市的向心力、凝聚力和市民的自信心、自豪感。贵阳市委八届四次会议首次提出：“积极倡导‘知行合一、协力争先’的贵阳精神，发挥其提升素质、凝聚人心、引导风气的重要作用。”② “知行合一、协力争先”的贵阳城市精神既彰显了贵阳对优秀历史文化的传承，又充分展示了当代贵阳社会主义建设的时代精神风貌和城市的生态人文气质。它继承了王阳明的知行观，又与当代贵阳社会现实紧密联系。

贵阳市以贵阳精神引领首善之区建设、国际城市建设和城市文化建设，贯彻务实与敬业，取得了优异的成绩，形成了具有良好的城市生态人文精神的社会氛围，彰显了城市个性。尤为可贵的是，广大贵阳市民已开始形成自觉弘扬贵阳城市精神的共识，市民生态人文素养有所提高。例如，在贵阳市举办的各类大型会议、活动（如生态文明会议、国际酒类博览会、全国少数民族运动会等）中，贵阳市民积极参与，争做文明人，争行文明事，当好主人翁，给人们留下了深刻的印象。

4. 社会主义先进文化蓬勃发展

社会主义先进文化符合人类社会发展方向，它顺应了人类社会发展的

---

① 高春菊：《历史文化资源的开发与城市文化品质的提升——以衡水市历史文化资源的开发为例》，《改革与战略》2012 年第 4 期。

② 《中共贵阳市委关于建设生态文明城市的决定》，《贵阳日报》2008 年 1 月 4 日，第 A1 版。

基本规律，体现了当代人类先进生产力的发展要求，是人类文明进步的结晶，代表了最广大人民的根本利益。社会主义核心价值观是社会主义先进文化的核心。发展社会主义先进文化必须培育和践行社会主义核心价值观，以社会主义核心价值观引领文化建设。

贵阳市通过创新社会主义先进文化传播机制，积极宣传教育的大众化、制度化和本土化。深入开展“五进五促”宣传教育活动，通过寓教于乐的方式将社会主义核心价值观的宣传教育落细、落小和落实。把传承弘扬中国优秀传统文化与培育和践行社会主义核心价值观结合起来，将孔学堂打造成社会主义先进文化建设的重要基地。把践行志愿服务精神与培育和建设社会主义核心价值观紧密结合，大力倡导社会主义诚信文化，广泛开展“五个一百”诚信创建活动。不断深化文化体制改革，激发社会主义文化生产力，激活文化市场潜能。构筑公共文化服务体系，加强文化服务场馆建设。在文化大发展大繁荣中，贵阳创造了一批高质量的文化产品，并走出大山，频频在国内高端平台得奖，开始走向国际。

5. 绿色城市建设卓有成效，绿色城市形象初步树立

生态人文城市是人与自然和谐相处、自然生态良好的绿色城市。绿色城市强调在实现经济和社会发展的同时维护生态平衡，保护自然环境。通过发展循环经济、建设天然林保护工程和节能减排等方式，贵阳市的绿色城市建设卓有成效，绿色城市形象初步树立。

早在2002年，国家环境保护总局就将贵阳市确定为全国首个循环经济生态城市试点地区。贵阳市根据自身的城市特点，确定了“政府引导，企业为主；科学规划，点上实践；制度规范，全民参与”的工作思路，在项目试点、生态保护、制度保障和宣传教育方面取得了积极进展。在建设循环经济的基础上，贵阳市将发展循环经济和建设生态经济市紧密结合起来，确立了“大贵阳是战略目标，生态经济市是城市定位，循环经济是发展途径，林城是特点”的发展战略。明确提出：“把发展作为第一要务，以科学发展观为统领，以经济建设为中心，以转变经济增长方式为主线，以发展生态产业为关键，以培育和弘扬生态文化为基础，以创造良好生态环境、提高人民群众生活质量为根本出发点，以科技和人才为支撑，以循环经济为驱动，走生产发展、生活富裕、生态良好的文明发展道路，全面推进生

态经济市建设。”[①] 贵阳市抓住国家实施“天保工程”的机遇，根据贵阳的实际，提出了建设“森林之城，休闲胜地”“生态文明城市”的战略目标，并积极投入资金开展森林管护工作。

在节能减排方面，贵阳市紧紧围绕建设生态文明城市的总方向，转变发展方式，把“调结构”放在首位，努力实现发展方式从高消耗、高排放、高污染向低消耗、低排放、低污染转变。贵阳的绿色城市建设成就有目共睹，贵阳市也由此获得了“全球避暑旅游名城”、首个“国家森林之城”、“中国避暑之都”和“国家园林城市”等殊荣。

（三）贵阳市生态人文城市建设存在的问题

目前，贵阳市生态人文城市建设主要存在以下一些问题。

1. 生态人文城市建设视域不够开阔

文化是城市的灵魂，要进行生态人文城市建设必须高度重视城市文化建设。但生态人文城市建设是一项系统的工程，生态人文城市是各项城市建设综合效应的呈现。城市文化源于城市实践，没有城市其他各项配套建设的有力支撑，城市的文化建设也不可能高度发展。因而，生态人文城市建设既要以培育独特的城市文化为核心，又不能将视域局限于文化建设，必须以更加宏观的视域审视生态人文城市建设，凸显以人为本的人文价值，高度关注人的全面发展。只有这样才能形成系统性的思路，从战略上推动生态人文城市建设。

贵阳市生态人文城市建设视域不够开阔，这是一个根本性的问题。目前，贵阳的城市建设虽然在全方位、立体式推进，涉及城市各个领域，从客观上推动了贵阳市生态人文城市建设，但政府和学界在生态人文城市的思想认识上存在不足，将生态人文城市等同于文化城市，将生态人文城市建设狭隘地等同于城市的文化建设。贵阳市生态人文城市建设的政策性文件《中共贵阳市委关于全面实施“六大工程”打造贵阳发展升级版的决定》在论及“打造人文贵阳升级版”时主要是从加强城市文化建设的视角阐述的。提出实施文化惠民工程，“充分发挥文化引领风尚、教育人民、服务社会、推动发展的作用，提升人民群众思想道德素质，满足人民群众精神文

① 赵英民：《发展循环经济　建设生态贵阳》，《中国环境报》2005年7月5日，第3版。

化需求”[①]。具体思路为弘扬社会主义核心价值观，推进三足鼎“筑”，构建贵阳“精神大厦”和完善公共文化服务体系。这被政府和学界视为贵阳市生态人文城市建设的基本依据。基于此，政府和学界探讨贵阳市生态人文城市建设基本是从加强贵阳城市文化建设的视域展开的。例如，《贵阳日报》刊文指出：“之所以提出要大力实施文化惠民工程，就是针对贵阳文化特色还不够突出、文化脉络还不够清晰的问题，希望通过着力弘扬优秀传统文化、服务市民群众文化生活，真正把贵阳建成一座人文关怀浓厚、文化生活丰富、文化底蕴深厚的城市。”[②] 局限于贵阳城市文化建设的视域，推进生态人文城市建设的目标是难以实现的。

贵阳市生态人文城市建设不能仅仅强调城市文化建设，更不能将城市文化建设视为贵阳市生态人文城市建设的唯一指标。贵阳市生态人文城市建设应当以贵阳市委通过的《中共贵阳市委关于全面实施“六大工程”打造贵阳发展升级版的决定》为基本依据，统一思想认识，着眼于“六大工程”的全面实施，从整体上推进贵阳市生态人文城市建设。

2. 生态人文城市制度建设有待加强

生态人文城市建设必须有制度保证，建立一套科学的监督、评价、考核和激励机制是生态人文城市建设的根本保障。必须加强对生态人文城市建设的监督管理，对生态人文城市的建设过程进行有效的监督、评价、激励和考核，并将考核、评价结果与相关责任人员的利益挂钩，奖优罚劣，唯有如此，才能持续稳步推进生态人文城市建设。贵阳市生态人文城市建设实践有十几年的历程，但直到 2014 年底，贵阳市委才明确提出了“打造人文贵阳升级版”的决定。因而，贵阳市生态人文城市的制度建设主要体现于其他相关社会管理制度中，诸如《贵阳市建设循环经济生态城市条例》《贵阳市城市规划管理条例》《贵阳市促进生态文明建设条例》等都间接包含了生态人文城市建设的制度规范，客观上促进了贵阳生态人文城市建设。但随着“打造人文贵阳升级版”决定的提出，之前主要用于规范其他方面社会建设的制度已难以满足贵阳市生态人文城市建设的需求，迫切需要制

---

① 《中共贵阳市委关于全面实施“六大工程”打造贵阳发展升级版的决定》，《贵阳日报》2015 年 1 月 1 日，第 1 版。

② 《新起点，文化惠民促人文》，《贵阳日报》2014 年 12 月 31 日，第 B11 版。

定一套新的系统的贵阳市生态人文城市建设制度。

截至目前，贵阳市还没有出台一部冠以“贵阳市生态人文城市建设”之名的条例或规范性制度文件。缺乏系统性的制度规范致使贵阳市生态人文城市发展战略模糊，对生态人文城市建设的一些基本问题也不甚明确。例如对什么样的城市才算生态人文城市，贵阳市生态人文城市建设目标、远景规划和发展战略等问题没有明晰性的导向。此外，由于缺乏明确的制度规范及权责不明，贵阳市生态人文城市建设的相关政策、措施难以真正落实到位。生态人文城市制度建设的滞后是贵阳市生态人文城市建设亟待解决的根本性问题。

3. 生态人文城市建设市民参与度有待提高

人是城市的主体，生态人文城市建设本质上是为了满足人的需要，促进人的全面发展。建设生态人文城市要在政府的引导下，充分发挥市民的主人翁精神，群策群力，共同建设自己的美好家园。广大市民是生态人文城市建设的主力军，他们的积极参与是生态人文城市建设顺利进行的关键。在生态人文城市建设中，必须充分调动广大市民的积极性，尊重他们的主体地位，激发他们的主动创造精神，发挥他们的聪明才智，引领他们主动参与到生态人文城市建设中。

调查显示，贵阳市生态人文城市建设市民参与度有待提高。2015 年 7 月 1~7 日，课题组成员在贵阳市街头、社区和大专院校进行了调研，共发放问卷 116 份，实际收回有效问卷 111 份。根据调研结果，仅有 63.06%的受访者表示了解“生态人文城市”“城市精神”等概念，其中 52.25%的人表示初步了解，10.81%的人表示比较了解；对于“您是否知道贵阳市打造人文贵阳升级版的决定”，54.96%的人表示“没听说过”，34.23%的人表示“听说过”，仅有 10.81%的人表示“知道”；对于“您是否赞成贵阳市建设生态人文城市”，90.09%的人表示“赞成”，9.91%的人表示“不关心”；对于“您是否愿意为贵阳市生态人文城市建设贡献力量”，94.60%的人表示“愿意”，5.40%的人表示“不愿意”，在回答原因时，83.33%的人的选项中含有“没时间”，33.33%的人的选项中含有“不关心”，16.67%的人的选项中含有“说不清”；对于“您认为贵阳市生态人文城市应该是什么样子的”（多选），66.67%的人的回答中含有“居住舒适”，回答中含有“生态良好”、“文化发达”、“品位高尚”、“社会和谐”和“其他”的比例分别为61.26%、57.66%、43.24%、59.46%和35.14%；对于“您是否知道贵阳精神是什么”，45.95%的人表示“知道”，54.05%的人表示“不清楚”。从调研数据分析来看，贵阳市生态人文城市建设的宣传工作亟待加强，广大市民参与生态人文城市建设的积极性和热情有待激发。

4. 市民生态人文素养有待进一步提升

市民生态人文素养是一座城市的名片，是塑造生态人文城市形象的关键。市民生态人文素养是生态人文城市建设的一个重要指标。生态人文素养是人的一种境界，是对人的尊严、价值的追求和关切。市民的生态人文素养体现为对自己所居住的城市的生态人文关切，即对城市的热爱、对城市文化和精神的认同，以及对他人和生物的关怀与尊重。生态人文素养与文化水平是有区别的，文化水平可以通过发展教育事业快速提高，但生态人文素养的培育却需要一个相对较长的过程，短时间内难以出现质的飞跃。近几十年，我国的教育事业突飞猛进，人们的科学文化水平大幅提高，但生态人文素养的培育没有得到应有的重视。

改革开放以来，贵阳市文化教育事业得到了较快发展，市民的科学文化水平和人文素养有了明显的提升。但从总体上看，贵阳市民的生态人文素养有待进一步提升。

第三节　贵阳市生态人文城市建设的独特优势

相对于国内其他城市而言，贵阳市生态人文城市建设有不足之处，但也具有自身独特的优势。贵阳市独特的地理风貌决定了这座城市拥有独特的自然地理风貌、区位优势、经济社会发展实践与文化积淀。这些优势是贵阳市生态人文城市建设的宝贵资源。

（一）独特的自然地理风貌

贵阳地处西南，平均海拔在1100米左右。常年雨量充沛，夏无酷暑，冬无严寒，年平均气温为15.3℃，适宜人类居住。“上有天堂，下有苏杭，气候宜人数贵阳”，这是对贵阳的形象写照。贵阳界于北纬26°11′~27°22′，在相同纬度城市中，贵阳的气候最为舒适。贵阳凉爽宜人的气候引起人们的广泛赞誉，2007年贵阳市荣获“中国避暑之都”的称号。

贵阳具有典型的喀斯特地貌特征，喀斯特地貌分布广泛，约占贵阳市面积的85%。贵阳地形、地貌走势大致呈东西向延展，地势起伏较大，南北高，中部低，既有高原山地和丘陵，又有盆地和河谷、台地，集峡谷、溶沟、溶洞和峰林于一体，景观绚丽。贵阳市喀斯特旅游资源丰富，从花溪、天河潭、南江大峡谷到息烽温泉，处处是景点，是名副其实的公园城市。

鸟瞰贵阳，映入眼帘的便是绿色，山中有城，城中有山，整个城被绿色簇拥着。贵阳市森林覆盖率达到45%左右，城区绿化率40%左右，已形成“森林围城、森林绿城、森林护城、林在城中、城在林中”的生态大格局。“森林的高覆盖率使贵阳市空气含氧量充沛，空气质量优良率在95%以上。总长达374公里、总面积达228.52万亩的一环林带和二环林带，就像环绕在贵阳周边的两条绿色项链；而城市周边的几个森林公园和正在建设中的林带主题公园，就像点缀在项链上的珍珠。环城林带提供了富足的负氧离子，平均每立方厘米达2700个以上，超过正常值的几倍，居全国各著名景区的前列，可谓‘天然氧吧’。”[①] 2004年，贵阳市被国家林业局授予“国家森林城市”荣誉称号。独特的自然地理风貌是贵阳市打造绿色城市的宝贵资源，是贵阳市生态人文城市建设的显著优势。

（二）独特的区位优势

独特的区位优势是贵阳市生态人文城市建设的另一个有利条件，它是将贵阳市打造成现代旅游、休闲城市的重要依据。贵阳市位于贵州省中部，东近长株潭，南靠北部湾经济区，西接环东盟经济区，北邻成渝，堪称中国西部的“十字路口”，区位优势明显。作为中国西南地区的重要的交通枢纽城市，贵阳是川、渝南下出海的必经之地，也是整个西南地区联结华南、华中的纽带。贵阳还是“南贵昆经济带”的中心，是越南、缅甸、泰国等东南亚国家向我国流通物资的重要通道。湘黔、黔桂、川黔、贵昆四条电气化铁路干线交汇于此，在此基础上，贵州省委、省政府决定2013年至2017年在全省开展铁路建设大会战。会战期间，贵州完成了2217亿元的铁

---

① 《贵阳市情》，贵阳市政府网站，http：//www.gygov.gov.cn/col/col13141/index.html，最后访问日期：2022年1月1日。

路建设投资额，新增3300公里的铁路营业里程，全省将突破5300公里的铁路营业里程，其中2100公里为高速铁路。2014年底，贵广高铁全线开通，使贵阳至广州的路程缩短为4小时。“十二五”至“十三五”期间，“成都至贵阳、重庆至贵阳、贵阳至南宁、贵阳至郑州、贵阳至兴义至河口等铁路的建设，将为打造以贵阳为中心、贯穿东西、沟通南北、便捷对接周边各主要城市群的‘米’字形快速客运网及大能力区际通道主骨架，形成贵阳至周边省会城市及全国主要经济区2至7小时交通圈提供坚强支撑”①。

贵阳市境内有210国道纵穿南北、321国道横贯东西，还有贵遵、贵新、贵黄、贵毕等高等级公路。贵遵线经遵义到达重庆，贵新线经梧州达南宁、柳州等地，并可转向防城港及广州，贵黄线经黄果树、兴义或富源直达昆明，贵毕线经毕节、泸州至成都。“随着株六复线工程的建成，国道主干线上海至瑞丽、重庆至湛江公路的全面完成，西南地区通向东部沿海和东南沿海地区的交通能力大大增强，进一步增强了贵阳的枢纽地位。如此有利的区位交通条件是成都、重庆、昆明都不具有的。”②

贵阳市还拥有一座4E级国际机场——贵阳龙洞堡国际机场。贵阳龙洞堡国际机场于2013年3月30日竣工，建筑面积达15万平方米，拥有停机位47个，具备保障年旅客吞吐量1550万人次、货邮22万吨、飞机起降14.6万架次的能力。截至目前，贵阳龙洞堡国际机场共有航线110条，通达城市67个，实现国内省会城市“无盲化”运行，国际及地区航线8条。贵阳龙洞堡国际机场的竣工和投入使用使贵阳市的区位优势进一步凸显。

（三）独特的经济社会发展实践

贵阳市所处的空间位置决定了它面临独特的经济社会发展实践。在国家实施西部大开发战略的大背景下，贵阳市享有经济社会发展的政策支持与倾斜。贵阳市总体经济社会发展实践目标为“成为大西南南下出海通道和陆路交通枢纽，长江、珠江上游的重要生态屏障，南方重要的能源、原材料基地，以航天航空、电子信息、生物技术为代表的高新技术产业基地，

① 骆明、姜晓琨：《立体交通　西南腹地与大江南北无缝对接》，《贵阳日报》2014年3月2日，第B13版。

② 毛圆：《生态城市建设发展之路探析——论贵阳城市发展的优势、机遇和战略对策》，《今日南国》（理论创新版）2009年第9期。

自然风光与民族文化相结合的旅游大省”[①]。贵阳市独特的经济社会发展实践为贵阳市生态人文城市建设提供了宝贵的历史契机。

国家实施西部大开发战略以来，贵阳市的基础设施建设、生态文明建设和科学教育文化的发展突飞猛进，得到显著改善和提高。乘着西部大开发战略的顺风车，贵阳市委、市政府解放思想、锐意进取，面向全球大力引进高层次人才，为他们在贵阳的创业、科研、工作活动提供良好的氛围，积极引导他们为贵阳的经济社会发展施展才华、贡献力量。西部大开发战略为贵阳市的城市规划和建设提供了广阔的空间，为贵阳市探索适合自身的城市发展模式奠定了坚实的基础。

在经济全球化和区域一体化的背景下，贵阳市主动强化与东部地区的区域合作，积极融入“泛珠江三角洲经济圈”“长江上游经济带”“南贵昆经济区”等区域经济合作联盟，谋求合作共赢。在区域合作中，贵阳市以市场运作的形式，实现了与东部发达地区的发展对接。在资金扩散、产业转移和交通网络方面进行衔接，既有利于贵阳市产业结构的升级和城市的现代化，又有利于东部地区转移过剩产能、优化产业结构，实现了双赢。在与东部发达地区的区域合作中，贵阳市既借鉴东部地区发展的成功经验，又反思其教训，结合自身的城市特点，提出发展循环经济的战略。2002 年，贵阳市被国家环境保护总局确定为全国首个循环经济生态城市试点地区。在循环经济建设发展的基础上，贵阳市将发展循环经济与生态经济市有机结合起来，全面推进生态经济市建设。“在新一轮城市总规修编中，贵阳市把生态文明的理念贯穿到城乡总体规划、分区规划、控制性详规中，落实到城市空间布局、基础设施、产业发展等各个专项规划里，渗透到城市道路、城市建筑、城市景观等城市设计的各个方面。”[②]

2012 年，贵阳市再次面临新的发展机遇。国务院正式批复《西部大开发“十二五”规划》，明确提出将加强西部地区重点城市新区建设。贵安新区和重庆两江新区、陕西西咸新区、四川天府新区、甘肃兰州新区五大城市新区脱颖而出，国家正式从顶层设计上对五大城市新区做出了明确定位。

---

① 杜鹃：《浅谈泛珠三角区域合作战略与贵州省“十一五”规划》，《贵州工业大学学报》（社会科学版）2005 年第 1 期。

② 李琦琨：《爽爽的贵阳要显山露水见林透气》，《经济信息时报》2009 年 9 月 6 日，第 6 版。

2012 年 3 月 31 日，贵安新区的重要主干道党湖路开工建设，标志着贵安新区建设正式启动。根据规划，贵安新区将被建成以航空航天为代表的特色装备制造业基地、重要的资源深加工基地、绿色食品生产加工基地和旅游休闲目的地，打造区域性商贸物流中心和科技创新中心，建成黔中经济区最富活力的增长极。

（四）独特的文化积淀

贵阳历史悠久，在原始社会就有人类在此繁衍生息。春秋时贵阳为牂牁国所在地，战国末为且兰国所在地。唐朝，在乌江以南设羁縻州，贵阳属矩州。北宋时，贵阳被称为贵州。元朝时，贵阳被称为顺元城。明朝推行"改土归流"，贵州成为省级行政单位，设贵阳府，贵阳自此成为行政区域名称。清朝沿袭明制，设贵州巡抚驻贵阳府，并移云贵总督驻贵阳。民国三十年（1941）设置贵阳市。1949 年 11 月 15 日，贵阳市解放后，在中国人民解放军贵阳市军事管制委员会的领导下，贵阳市成立了人民政府。

在漫长的社会实践中，贵阳市积淀了深厚的传统文化底蕴，积累了丰富的历史文化遗产。根据贵阳市人民政府公布的数据，截至 2011 年，贵阳市共有全国重点文物保护单位 4 处（见表 5-1）、省级文物保护单位 26 处（见表 5-2）、市级文物保护单位 66 处（见表 5-3）。在这些历史文化遗迹中，阳明洞具有独特的价值。阳明洞是中国明代哲学家和教育家王阳明遭谪贬时居住的处所，他在此洞悟出了"致良知""知行合一"等重要思想。阳明洞不仅是驰名中外的"王学圣地"，深刻地影响了中国乃至世界，还是贵阳城市精神的来源，塑造了贵阳的城市文化形象。

表 5-1 贵阳市全国重点文物保护单位

序号	名称	公布时间	类别	年代	地址
1	息烽集中营旧址	1988 年 1 月 13 日	近现代重要史迹及代表性建筑	1937	息烽县阳郎坝
2	文昌阁和甲秀楼	2006 年 5 月 25 日	古建筑	明	云岩区、南明区
3	阳明洞和阳明祠	2006 年 5 月 25 日	古建筑	明、清	修文县、云岩区
4	马头寨古建筑群	2006 年 5 月 25 日	古建筑	清	开阳县禾丰乡

表 5-2　贵阳市省级文物保护单位

序号	名称	公布时间	类别	年代	地址
1	贵阳黔灵山（包括弘福寺、麒麟洞）和碑碣、石刻	1982 年 2 月	古建筑	明	云岩区黔灵公园
2	《新华日报》贵阳分销处旧址	1982 年 2 月	近现代重要史迹及代表性建筑	近代	云岩区富水西巷
3	中共贵州省工委旧址	1982 年 2 月	近现代重要史迹及代表性建筑	近代	云岩区忠烈街
4	八路军贵阳办事处旧址	1982 年 2 月	近现代重要史迹及代表性建筑	近代	云岩区民生路
5	贵阳君子亭	1982 年 2 月	古建筑	清	云岩区市东旧城墙下
6	贵阳达德学校旧址	1982 年 2 月	近现代重要史迹及代表性建筑	清	南明区中华南路
7	修文蜈蚣桥	1982 年 2 月	古建筑	明	修文县洒坪乡
8	修文索桥	1982 年 2 月	古建筑	明	修文县谷堡乡
9	贵阳国际援华团医疗队旧址	1985 年 11 月	近现代重要史迹及代表性建筑	近代	南明区森林公园
10	贵阳黔明寺	1985 年 11 月	古建筑	清	南明区阳明路
11	贵阳来仙阁	1985 年 11 月	古建筑	明	乌当区东风镇麦穰村
12	开阳钟昌祚墓	1985 年 11 月	古墓葬	明	开阳县双流镇赖陵
13	贵阳“是春谷”摩崖	1985 年 11 月	石窟寺及石刻	清	花溪区小碧乡大地
14	贵阳周渔璜墓	1985 年 11 月	古墓葬	清	花溪区黔陶乡骑龙
15	贵阳“青岩教案”遗址	1985 年 11 月	近现代重要史迹及代表性建筑	清	花溪区青岩镇北街
16	开阳画马崖	1985 年 11 月	其他	待考	开阳县高寨乡顶趴
17	修文三人坟	1985 年 11 月	古墓葬	明	修文县谷堡乡
18	修文三潮水	1985 年 11 月	古建筑	明	修文县城关镇
19	花溪西舍	1995 年 7 月	近现代重要史迹及代表性建筑	民国	花溪公园内
20	镇山村	1995 年 7 月	近现代重要史迹及代表性建筑	明	花溪区石板镇镇山

续表

序号	名称	公布时间	类别	年代	地址
21	贵阳王伯群故居	1999 年 12 月	近现代重要史迹及代表性建筑	近代	南明区护国路
22	赵以炯故居	1999 年 12 月	古建筑	清	花溪区青岩镇赵状元街
23	乌当协天宫	1999 年 12 月	古建筑	清	乌当区东风镇
24	青岩古建筑群（慈云寺、文昌阁、万寿宫、龙泉寺、赵彩章百岁坊、赵理伦百岁坊、周王氏媳刘氏节孝坊）	1999 年 12 月（2006 年 6 月）	古建筑	清	花溪区青岩镇
25	宝王庙	2006 年 6 月	古建筑	清	开阳县双流镇凉水井村
26	大觉精舍	2006 年 6 月	近现代重要史迹及代表性建筑	1924	云岩区电台街

表 5-3　贵阳市市级文物保护单位

序号	名称	公布时间	类别	年代	地址
1	三元宫	1981 年 5 月	古建筑	清	南明区大西门
2	东山寺	1981 年 5 月	石窟寺及石刻	明	云岩区东山公园
3	仙人洞	1983 年 9 月	古建筑	明	南明区仙人洞路
4	见龙洞	1983 年 9 月	石窟寺及石刻	明	南明区龙洞堡
5	观风台	1983 年 9 月	古遗址	明	南明区观水路
6	观音洞	1983 年 9 月	古建筑	清	南明区青年路
7	图云关	1983 年 9 月	石窟寺及石刻	明	南明区森林公园
8	圣泉	1983 年 9 月	其他	明	云岩区黔灵镇三桥村
9	雅关	1983 年 9 月	古建筑	明	云岩区黔灵镇雅关村
10	相宝山	1983 年 9 月	石窟寺及石刻	明	云岩区宝山北路
11	清真寺	1983 年 9 月	古建筑	清	云岩区团结巷
12	林青墓	1983 年 9 月	近现代重要史迹	1935	云岩区江西村
13	高坡红军标语	1983 年 9 月	近现代重要史迹	1935	花溪区高坡乡
14	林青就义处	1987 年 5 月	近现代重要史迹及代表性建筑	1935	云岩区环城北路
15	刘氏支祠	1987 年 5 月	近现代重要史迹及代表性建筑	民国	云岩区忠烈街
16	简书墓	1987 年 5 月	近现代重要史迹	1937	云岩区黔灵公园

续表

序号	名称	公布时间	类别	年代	地址
17	卢焘蒙难处	1987 年 5 月	近现代重要史迹及代表性建筑	1949	云岩区二桥转弯塘
18	平刚墓	1987 年 5 月	近现代重要史迹	1952	云岩区大营坡
19	任可澄墓	1987 年 5 月	近现代重要史迹	1946	花溪区青岩镇尖山村
20	桐野书屋	1987 年 5 月	古建筑	清	花溪区黔陶乡骑龙村
21	宋氏别业遗址	1987 年 5 月	古遗址	明	乌当区东风镇云锦村
22	珍珠泉	1987 年 5 月	其他	明	乌当区野鸭乡龙泉村
23	李端芬墓	1987 年 5 月	古墓葬	清	乌当区永乐乡水塘村
24	卢焘墓	1987 年 5 月	近现代重要史迹	民国	乌当区野鸭乡新寨村
25	刘统之先生祠	1997 年 9 月	近现代重要史迹及代表性建筑	民国	南明区白沙巷
26	永安桥	1997 年 9 月	古建筑	清	白云区沙文乡金甲村
27	都拉营盘	1997 年 9 月	古遗址	明	白云区都拉乡都拉村
28	摆郎风水塔	1997 年 9 月	古建筑	不详	南明区云关乡摆郎村
29	虎峰别墅	1997 年 9 月	近现代重要史迹及代表性建筑	民国	云岩区中山东路
30	蒋介石和张学良会面处	1997 年 9 月	近现代重要史迹及代表性建筑	民国	云岩区黔灵公园
31	武胜门遗址	1997 年 9 月	古建筑	明	云岩区文昌街
32	棠荫亭	1997 年 9 月	近现代重要史迹及代表性建筑	民国	云岩区贵阳五中
33	尹道珍祠	1997 年 9 月	古建筑	清	云岩区东山路
34	谢六逸墓	1997 年 9 月	近现代重要史迹及代表性建筑	民国	云岩区黔灵公园
35	朱昌营盘坡城堡	1997 年 9 月	古遗址	清	乌当区朱昌镇茶饮村
36	寿佛寺	1997 年 9 月	古建筑	清	花溪区青岩镇
37	迎祥寺	1997 年 9 月	古建筑	明	花溪区青岩镇
38	甲定苗族洞葬	1997 年 9 月	古墓葬	明	花溪区高坡乡甲定村
39	宫詹桥	1997 年 9 月	古建筑	清	花溪区青岩镇思潜村
40	杜蓉烈士墓	1997 年 9 月	近现代重要史迹	民国	乌当区野鸭乡茶园村
41	金芳云烈士墓	1997 年 9 月	近现代重要史迹	民国	乌当区东风镇云锦村
42	后所祖师庙	1997 年 9 月	古建筑	明	乌当区东风镇后所村
43	乌当桥	1997 年 9 月	古建筑	明	乌当区新天寨新庄村

续表

序号	名称	公布时间	类别	年代	地址
44	川主庙	2003 年 10 月	古建筑	清	乌当区下坝乡大山村
45	普渡桥	2003 年 10 月	古建筑	清	乌当区下坝乡下坝村
46	龙洞桥	2003 年 10 月	古建筑	明	南明区龙洞堡
47	回龙寺戏楼	2003 年 10 月	古建筑	清	南明区云关乡摆郎村
48	长坡岭古驿道	2003 年 10 月	古建筑	明	云岩区长坡岭森林公园
49	燕楼营盘	2003 年 10 月	古建筑	清	花溪区燕楼乡燕楼村
50	戴安澜将军衣冠冢	2003 年 10 月	近现代重要史迹	民国	花溪区花溪公园
51	赵以炯墓	2003 年 10 月	古墓葬	清	花溪区青岩镇摆早村
52	吴中蕃墓	2003 年 10 月	古墓葬	清	花溪区石板镇芦荻村
53	赵公专祠	2003 年 10 月	古建筑	清	花溪区青岩镇
54	青岩书院	2003 年 10 月	古建筑	明	花溪区青岩镇
55	民国英式别墅	2003 年 10 月	近现代重要史迹及代表性建筑	民国	南明区南明东路
56	沈官桥	2003 年 10 月	古建筑	明	白云区麦架镇沈官村
57	风池寺	2003 年 10 月	古建筑	清	息烽县西山乡风池村
58	佘家营	2003 年 10 月	古遗址	清	开阳县南龙乡林干村
59	长庆寺	2003 年 10 月	古建筑	明	开阳县南龙乡翁夺村
60	张学良将军幽禁处旧址	2003 年 10 月	近现代重要史迹及代表性建筑	民国	开阳县双流镇刘育村
61	客籍会馆	2003 年 10 月	古建筑	清	开阳县龙岗镇
62	安家洞摩崖	2003 年 10 月	石窟寺及石刻	明	开阳县宅吉乡堰塘村
63	梯青塔	2003 年 10 月	古建筑	清	清镇市红枫湖镇河堤阁村
64	黑泥哨石牌坊、古驿道	2003 年 10 月	古建筑	清	清镇市红枫湖镇
65	灵永寺	2003 年 10 月	古建筑	明	清镇市百花湖镇中十村
66	贵阳北天主教堂	2004 年 7 月	近现代重要史迹及代表性建筑	清	云岩区和平路

贵阳是多民族聚居的城市，在长期的历史发展过程中形成了丰富的民族文化。明代之前主要是少数民族在贵阳定居、发展。明清两代以后，大量汉族人口迁徙贵阳，与少数民族杂居相处，贵阳逐步成为“五方之民”杂处之地。汉民族的迁入带来了中原地区先进的生产技术，推动了贵阳社

会生产力的发展。同时，汉族文化与少数民族文化相互影响和借鉴，在长期的文化交往中，贵阳逐步形成以汉族儒家文化为主、少数民族多元文化为特色的多彩民族文化。贵阳的民族文化资源主要有民族建筑、风俗、节庆活动文化等。

在建筑方面，少数民族建筑形式多样，体现了浓郁的民族特色和鲜明的地域特征。苗族的木板房与布依族的石板房等，均体现了鲜明的民族文化特色。而镇山、沙圩、甲定、新堡、杜寨、高坡、虎山彝塞等一批民族村寨又各具特色。至今，贵阳仍保留了许多独具魅力的少数民族古村寨。在 2014 年国家民委公布的首批 340 个中国少数民族特色村寨命名挂牌名录中，贵阳市有 6 个村寨入选。这 6 个少数民族特色村寨分别是：花溪区青岩镇龙井村、乌当区王岗村、乌当区偏坡乡偏坡村、乌当区偏坡乡下院村、清镇市红枫湖镇大冲村虎山彝寨、开阳县南江布依族苗族乡龙广村。

贵阳市少数民族的风俗、节庆文化主要有："六月六"民间文化节、花溪孟关苗族"猴鼓舞"、乌当皮纸制作技艺、新堡杜寨布依族丧葬砍牛习俗、清镇市中秋瓜灯节、文琴戏、苗族祭鼓节、开阳县苗族杀鱼节、开阳县苗族斗牛节、布依族盘古歌、"三月三"民间艺术节、高坡地区的苗族"跳硐"、苗族芦笙会——跳场、苗族盛大的节日——"四月八"、新场小尧苗族花鼓舞等。

第四节　贵阳市生态人文城市建设的根本价值准则与基本着力点

（一）贵阳市生态人文城市建设的根本价值准则

以人为本是贵阳市生态人文城市建设的出发点和落脚点，是贵阳市建设生态人文城市的根本价值准则。坚持以人为本的价值原则，就是要以全体贵阳市民的全面而自由的发展为目标，在贵阳的城市建设中不断创造条件以满足人的生存和发展需要，凸显人文关怀，营造一个和谐、美好的城市居住环境。

坚持以人为本的价值准则，就必须在贵阳市生态人文城市建设中创造条件推动全体市民的全面而自由的发展。人的全面而自由的发展是人类从事实践活动的根本目的。贵阳市生态人文城市建设最根本的目标就是推动全体市民的全面而自由的发展。实现贵阳全体市民的全面而自由的发展就必须在城市建设中以人为中心，坚持人的主体地位，充分调动全体市民的积极性、主动性和创造性，全面激发人的潜能，尽可能地为人的自我价值的实现创造条件和机会。实现全体市民全面而自由的发展，既要着眼于城市硬件——基础设施的完善，又必须高度重视城市软件——城市人文生态的改善。城市硬件是实现人的全面而自由的发展的物质载体。由于历史和地理条件等原因，贵阳市城市硬件的改善任重而道远。既要大力优化城市公共空间的基础设施，满足市民的休闲娱乐需要，又必须加大力度进行棚户区和交通设施的改造，以满足市民的居住和出行之需。在城市硬件不断改善的同时，还必须着眼于贵阳市人文生态的改善。人文生态的改善是贵阳市实现人的全面而自由的发展的精神载体。必须在整个城市营造一种公平、公正、自信、乐观、豁达的人文生态环境。坚决反对和抵制社会不正之风和城市腐朽文化，坚持以优秀传统文化精神和社会主义先进文化净化市民思想。

坚持以人为本的价值准则，还必须在贵阳市生态人文城市建设中凸显人文关怀。在生态人文城市建设中既要高度关切全体市民的整体利益诉求，又要根据实际情况关心和兼顾一些特殊群体的个体诉求。既要在战略高度发展城市的长远利益，又必须兼顾全体市民的当前现实利益。既要在全市维护法律制度的尊严，也要恰当体现人文关怀，真正关心人、爱护人。要在全市创造和谐、美好的城市居住环境，营造全社会各阶层对贵阳这座城市的心灵归属感。

（二）贵阳市生态人文城市建设的基本着力点

1. 打造历史文化名城

《中华人民共和国文物保护法》将历史文化名城界定为“保存文物特别丰富并且具有重大历史价值或者革命纪念意义的城镇、街道、村庄”。打造历史文化名城依赖于丰厚的历史文化资源。历史文化资源是不可复制的，因而显得弥足珍贵。贵阳是一座历史悠久的文化名城，在漫长的历史发展进程中逐步形成了具有鲜明地域和民族特色的历史文化资源，拥有其他城市所不具备的独特文化优势。

贵阳市在生态人文城市建设中必须充分利用和挖掘独特历史文化资源，打造特色文化品牌，彰显筑城文化个性。“历史文化名城需要标志性的文化符号或者标志性的历史文化遗存，这是历史文化名城独具魅力的重点之所在。”[①] 贵阳市在打造历史文化名城过程中也必须在众多的历史文化遗存中突出重点。贵阳市历史悠久，自古就是各民族的栖息之地，他们共同铸就了贵阳的历史文化遗迹。打造贵阳历史文化名城，我们应该对贵阳的历史文化遗迹进行充分调查研究，从整体上把握贵阳历史文化资源的面貌，有所侧重地选择最能彰显贵阳城市文化的资源进行重点开发，初步形成具有贵阳现代城市特色的文化品牌。在打造贵阳历史文化名城的过程中必须重视历史名人效应，加强对历史名人的研究，科学揭示历史名人与贵阳地域文化的关系，广泛宣传历史名人的事迹和作品，塑造现代城市精神品格。此外，还要重视对贵阳不同历史发展阶段具有代表性的文化资源的重点推介，让世人感受到贵阳丰富历史文化资源的多元魅力。

2. 打造休闲城市

在后工业社会，随着人们对城市生活质量要求的提高，人们对生活在休闲城市的向往日渐凸显。国内的许多城市都适时提出打造休闲城市的目标。一般认为，休闲城市“是指休闲功能突出，休闲产业在国民经济中比重较高，休闲环境和谐，休闲公共管理与服务机制先进的城市”[②]。打造休闲城市需要具备一定的天然条件，但并不是任何城市都具备这样的条件。因此，学界开始研究休闲城市的评价指标体系，试图通过制定一套切实可行的休闲城市评价指标体系和方法来“衡量城市自身的休闲水平和休闲发展能力，以此判断一个城市是否具有建设休闲城市的资质和条件，同时也为构建休闲城市提供理论依据”[③]。一般而言，在理想的环境下，休闲城市应当具备以下基本条件：休闲设施完善，休闲活动普遍；休闲产业发达，形成特色品牌；环境适宜居住，符合生态人文城市、特色城市、宜居和谐城市等多元要求；本地习俗、传统浓厚；具备开放兼容的人文雅量；社会

① 赵文铎、汤永春：《吉林市历史文化名城打造策略刍议》，《社会科学战线》2012 年第 6 期。
② 吕宁：《休闲城市评价模型及实证分析》，《旅游学刊》2013 年第 9 期。
③ 曹新向等：《休闲城市评价指标体系及其实证研究》，《地理研究》2010 年第 9 期。

和谐发展；等等。

贵阳市具备打造休闲城市的天然条件，打造休闲城市应成为贵阳市生态人文城市建设的基本着力点之一。贵阳市打造休闲城市，应当建立由3大系统8个领域31个指标组成的城市休闲指数评价体系。3大系统为城市综合实力、居民休闲需要和城市休闲环境。

城市综合实力包括政府服务支撑、城市基本功能、城市经济结构3个领域，涵盖财政收入占GDP比重，污染源治理投资占财政收入比重，每万人国际互联网用户数，每万人拥有高等学校专任教师数，每万人人均拥有出租车数量，第一、二、三产业占GDP比重等6项指标。

居民休闲需要包括贵阳市居民休闲潜力、居民休闲能力2个领域，涵盖贵阳城市居民人均GDP、城市居民可支配收入、人均社会消费品零售额、居民国内休闲人均花费、城镇就业率、居民国内休闲时间等6项指标。

城市休闲环境包括公共休闲空间、休闲环境质量、休闲资源与设施3个领域，涵盖人口密度、人均园林绿地面积、建成区绿化覆盖率、国家非物质文化遗产数量、城市日照时数、城市平均相对湿度、生活垃圾无害化处理率、城市生活污水集中处理率、空气质量达到二级以上天数占全年天数比重、每百万人拥有博物馆数、每百万人拥有文化馆数、群众艺术馆及表演场所数、每百万人拥有国家A级景区数、每10万人拥有星级饭店数、每10万人拥有体育场馆数、每万人拥有连锁餐饮企业数、每万人拥有剧场、影剧院数、每百人拥有公共图书馆藏书等19个指标。

3. 打造现代化城市

现代化是生态人文城市的一个显著特征。将贵阳打造成现代化城市是贵阳市生态人文城市建设的重要内容。打造现代化城市是贵阳城市历史变迁的必然，意味着使贵阳的城市建设具备现代城市的基本特征。目前世界上存在多种现代化城市评价指标体系，这些体系之间也存在不小的差异，但各种评价指标体系都有一个明显的特征——突出以人为本的理念。也就是说，现代化城市必须以人为主体，满足广大市民基本的物质和精神需要，尊重个体的基本权利。

参照“英格尔斯现代化指标体系”、张鸿雁的“世界最新现代化指标体系”和韩士元的“城市现代化指标体系”标准，我们认为，贵阳打造现代化城市应包含以下基本指标：人均GDP 8000美元、人均年收入40000元、第三产业就业人口70%~80%、恩格尔系数12%~20%、市民平均预期寿命75岁以上、人均受教育年限14年以上、中学入学率92%以上、人均住房面积30平方米以上、人均绿地面积20平方米以上、每千人拥有医生10名以上、每百人拥有电话90部以上、年人均用电量2000千瓦时以上、城市人口自然增长率1%以下、婴儿死亡率4/1000以下。

4. 打造绿色城市

绿色城市是当代城市发展的潮流，是城市绿色化、生态化发展的必然趋势。绿色城市的概念融合了经济、社会、历史、文化等因素，在强调经济、社会发展的同时倡导对自然环境的保护和城市生态平衡的维护。贵阳人文历史资源、山水景观丰富，在生态人文城市建设中，突出绿色主题，打造经济社会与人口、环境、资源协调发展的绿色城市势在必行。

贵阳打造绿色城市应当凸显可持续发展理念，不能仅仅局限于城市自然生态的外观视觉，必须深刻体现城市绿色生态、绿色经济和绿色文明理念。从地域范围来看，贵阳打造的绿色城市应当是一个开放的系统，主城区与城市周边环境紧密联系，呈现整体相连的绿色海洋。从涉及的领域来看，贵阳打造的绿色城市不仅涉及城市生态环境系统，还包括城市的经济、社会、历史、文化等领域，它是以环境系统为依托，以其他领域为经络的复合系统。从自然生态方面来看，贵阳打造的绿色城市应该是自然环境良好、资源利用合理、空气清新、水源洁净、绿化达标、自然景观优美的城市。从城市经济发展模式来看，贵阳打造的绿色城市应该是产业结构合理、发展循环经济的城市。从人文生态方面来看，贵阳打造的绿色城市应该是市民具有自觉的生态意识和环境价值观、生活质量和人口素质较高、社会秩序安定、社会保障体系健全、文化发展全面、生活环境和谐、城市公共空间生态化的城市。

第五节　贵阳市生态人文城市建设的举措

贵阳市生态人文城市建设应该从塑造城市文化品格、形成休闲城市品位、确立现代城市地位和保持绿色城市形象等4个方面推进。

（一）大力保护和传承历史、民族、红色文化，塑造贵阳城市文化品格

贵阳市历史、民族、红色文化资源丰富，具备塑造贵阳城市文化品格的坚实基础。当前，贵阳市正在实施三足鼎“筑”战略，即“构建以贵阳孔学堂、阳明洞、阳明祠三足鼎‘筑’的贵阳精神大厦，丰富‘知行合一、协力争先’贵阳精神的内涵。围绕贵阳孔学堂制定和实施贵阳孔学堂中期、长期建设和发展规划，围绕阳明洞打造中国阳明文化园，围绕阳明祠打造阳明文化公园，努力建设‘中华文化瑰宝、世界心学圣地’”①。三足鼎“筑”是塑造贵阳城市文化品格的重大部署，这个战略的实施将为贵阳城市文化品格的塑造奠定初步基础。但贵阳市城市文化品格的塑造仅仅依靠实施三足鼎“筑”战略是不够的。一座城市文化品格的塑造是一项复杂的系统过程，贵阳城市文化品格的塑造必须以三足鼎“筑”为基础，大力保护和传承历史、民族、红色文化，打造多元文化品牌。

1. 大力保护和传承阳明文化，打造历史文化品牌

阳明文化是现代贵阳城市精神的主要来源，是具有贵阳地方特色的主要历史文化，也是可与国际交流的一种学术文化。大力保护和传承阳明文化是塑造贵阳城市文化品格的基础。

当前，贵阳市对阳明文化的保护和传承取得了可喜的成果。但这些成果主要还是集中于“硬件”方面，即对阳明文化遗址的修缮、维护等。对阳明文化思想资源的研究、开发利用和传承方面还处于起步阶段。我们认为，加强阳明文化学术研究，建构阳明文化学术话语权是贵阳市保护和传承阳明文化，打造历史文化品牌的重中之重。依托资源优势，将贵阳打造成全国甚至世界阳明文化研究中心应该成为贵阳市文化品牌建设的战略之举，可成为今后努力的方向。

因此，贵阳市应当在依托和整合贵阳王阳明研究会、王阳明民间研究会等组织的专家学者的基础上，大力引进阳明文化研究知名学者，实现优势互补，打造一支高水平的研究队伍。进一步完善学术研究创新机制，积

---

① 《中共贵阳市委关于全面实施“六大工程”打造贵阳发展升级版的决定》，《贵阳日报》2015年1月1日，第1版。

极鼓励和支持专家学者们发表和出版较高水平的论文、学术专著，形成一批较高水平的研究成果。积极承办国际王阳明学术研讨会等学术会议，通过研讨会展示贵阳阳明文化研究成果，增强学界认可度，建构起阳明文化研究的学术话语权。

2. 大力保护和传承少数民族文化，打造民族文化品牌

贵阳少数民族文化资源丰富，不同少数民族文化风格迥异。贵阳少数民族数目较多，各民族文化传统存在差异，由此形成了各具特色的少数民族文化。各少数民族与汉族杂居相处，在长期的文化交流中，少数民族文化又融入了汉文化的某些元素，独具魅力。贵阳市保护和传承少数民族文化一定要因地制宜，突出少数民族文化的特色。

3. 大力保护和传承红色文化，打造红色文化品牌

贵阳的红色文化相对于全国而言不算特别丰富，但很有特色。例如，贵阳达德学校旧址、八路军贵阳办事处旧址、中共贵州省工委旧址、《新华日报》贵阳分销处旧址、林青就义处等贵阳市红色文化遗址深刻展示了贵阳市的城市精神和革命奋斗历程，独具精神内涵。贵阳市保护和传承红色文化就是要传承红色文化不屈不挠、孜孜以求的奋斗精神，传播社会正能量，打造贵阳特色的红色文化品牌。

（二）科学发展现代旅游业，形成贵阳休闲城市品位

2009 年，贵阳入选“中国十大特色休闲城市”。2012 年，《CCTV 经济生活大调查（2011—2012）》显示，贵阳位居“中国十大特色休闲城市”之首。由此可见，贵阳的休闲城市建设成果显著，已成为名副其实的休闲城市。但无论是“中国十大特色休闲城市”评选，还是中央电视台的调查，它们考察的主要指标都倾向于“硬件”因素，如城市风景、城市休闲基础设施、休闲时间等。目前的休闲城市评估对“软件”因素的考察不足，而这恰恰是休闲城市应该重点突出的。由此可见，目前贵阳市至多具备形成休闲城市的潜质，尚未形成贵阳休闲城市品位，还不是真正的休闲城市。

贵阳市要成为真正的休闲城市，必须努力形成贵阳休闲城市品位，科学发展现代旅游业。现代旅游业是相对于传统旅游业而言的，它融于第一、二、三产业之中又独立其外，成为促进产业融合与效益增长的重要动力。有学者归纳出传统旅游业与现代旅游业的区别，见表 5-4。

表 5-4　传统旅游业与现代旅游业的区别

	传统旅游业	现代旅游业
产品形态	观光旅游	观光旅游与休闲度假相结合，涵盖冰雪旅游、温泉旅游、邮轮旅游、滨海旅游、会展旅游、奖励旅游、健康旅游、探险旅游、极地旅游、太空旅游、海底旅游、虚拟景观等新兴业态
科技支撑	依托近代以蒸汽机发明使用为标志的第一次产业革命成果（火车、汽车、轮船等）、以电气发明使用为标志的第二次产业革命的成果（电话、传真等）	以数字电子为标志的第三次产业革命成果的基础上，广泛地吸收、利用现代科技的各方面成果，从而使旅游的生产、营销、服务和管理等各个领域发生革命性的变革。如网络营销、网上预定与结算等电子商务、现代装备制造、新能源新材料新工艺、节能减排、安全监控的应用
管理理念	服务意识落后	现代化管理理念、以人为本、标准化
发展方式	粗放式发展	内涵式发展
商业模式	电话销售、门市销售、直接销售	电子商务、网络营销、品牌经营、集聚开发、旅游业与金融、保险、信息、文化创意等现代服务业的广泛融合
信息化建设	报纸、杂志、宣传单	GDS（全球分销系统）、办公自动化系统、全球旅游预订系统、酒店预订系统、民航机票预售系统、旅游网络信息中心、专项旅游网站建设、旅游服务热线工程等

资料来源：刘民坤、何华：《现代旅游业的界定与提升》，《管理世界》2013 年第 8 期。

贵阳市科学发展现代旅游业，首先，要转换观念，树立“现代大旅游”的理念。必须全面推进从发展旅游事业向壮大旅游产业转变、从社会发展附属产业向战略支柱产业转变、从单一部门推动向多部门联动转变。其次，要创新统筹联动的管理体制。必须彻底打破部门分割、多龙戏水的局面，着眼于解决旅游产业链上相关管理部门联动不畅等问题，整合各部门资源，成立现代旅游管理机构，实现统筹联动。最后，要拓展对外合作长效机制，加强对外交流与合作，提升自身服务水平。总之，贵阳市只有在科学发展现代旅游业中形成贵阳休闲城市品位，才能真正成为现代休闲城市。

（三）利用区位优势和经济社会发展历史契机，确立贵阳现代城市地位

贵阳应该充分利用区位优势和经济社会发展历史契机，确立其现代城市地位。贵阳是“南贵昆经济带”的中心，也是越南、缅甸、泰国等东南

亚国家向我国流通物资的重要通道。近年来，不仅贵州周边地区和东部发达地区高度重视贵阳的区位优势，加强与贵阳的经济合作交流，越南、缅甸、泰国等东南亚国家也表达了与贵阳加强在物流等方面合作的意愿，不断派出代表团来贵阳考察交流，探讨进一步合作的可能性。

贵阳近年来还迎来了难得的经济社会发展历史契机。首先是国家实施西部大开发战略，为贵阳提供了改善城市基础设施的绝好机会。其次是国家发起"一带一路"倡议，为贵阳的发展注入了新的活力。最后是国务院批复同意成立贵安新区，为实现贵州后发赶超和跨越发展提供了重大机遇。贵阳市必须紧紧抓住这些难得的历史发展契机，加快经济社会发展，确立贵阳现代城市地位。

（四）加强自然生态意识传承，保持贵阳绿色城市形象

生态优势是贵阳最大的比较优势。贵阳自然生态建设的成功得益于贵阳市民的自然生态意识。贵阳市民素有尊重自然、爱护自然的优良传统，这种传统成功被传承下来，融入了贵阳的城市文化。加之政府对贵阳市自然生态文明建设的重视，举措得力，如今绿色已成为贵阳的城市形象。只有贵阳市市民自然生态意识成功传承下去，贵阳的绿色城市形象才不会改变。因此，贵阳市建设人文城市必须加强自然生态意识传承，保持贵阳绿色城市形象。

加强自然生态意识传承，最重要的是要在全市各级学校加强生态文明教育，培育他们的自然生态意识，使学生从小树立环境保护观念。在加强生态文明理论教育的同时，要组织学生积极参加社会实践活动，培养维护生态环境的志愿服务精神，牢固树立"生态环境保护人人有责"的生态责任伦理意识。

第六章　美丽宜居背景下毕节试验区城乡生态融合发展

第一节　问题缘起与国内外研究现状综述

一　研究缘起

2020 年 5 月 17 日，中共中央、国务院在《关于新时代推进西部大开发形成新格局的指导意见》中指出，大力促进城乡融合发展，要以建设美丽宜居村庄为目标，加强农村人居环境和综合服务设施建设，同时要加大美丽西部建设力度，筑牢国家生态安全屏障。可见，促进城乡融合发展，不仅是西部地区建设美丽宜居村庄的内在需要，也是建设美丽西部、筑牢国家生态屏障的主要渠道。

毕节试验区要着眼长远、提前谋划，做好同 2020 年后乡村振兴战略的衔接，着力推动绿色发展、人力资源开发、体制机制创新，努力把毕节试验区建设成为贯彻新发展理念的示范区。由此可见，着力推动绿色发展既是毕节试验区建设成为贯彻落实新发展理念示范区的客观要求，也是西部地区巩固和拓展脱贫攻坚成果与乡村振兴有效衔接的重要途径。

城乡融合发展是西部地区美丽宜居村庄建设的内在需要，绿色发展是西部地区巩固和拓展脱贫攻坚成果与乡村振兴有效衔接的重要途径。所以，推进城乡生态融合，实现城乡绿色发展成为西部地区美丽宜居乡村振兴及筑牢国家生态屏障的根本要求。然而，毕节试验区是一个生态脆弱、土地贫瘠、生产力相对落后的地区，较长一段时间以来城乡生态分布与发展极不平衡，生态治理能力相对滞后，生态规划统筹不够，特别是在推进城乡生态融合过程中，一度出现生态产品供给质量偏低、生态产业循环能力较弱、生态特色小镇同质化严重等现象。这在一定程度上加大了毕节试验区贯彻新发展理念示范区的建设难度，影响到了当地美丽宜居乡村振兴甚至国家生态屏障的筑牢。所以，在美丽宜居背景下，解决毕节试验区城乡生态融合中存在的问题已成为毕节试验区美丽宜居乡村振兴亟待解决的重要问题。因此，依托美丽宜居的背景，深入研究毕节试验区城乡生态融合发展，对毕节推进当地美丽宜居的建设，以及保证国家西部生态屏障的筑牢具有重要的理论意义和实际价值。

二 研究综述

（一）国内研究现状

1. 美丽宜居的相关研究

关于美丽宜居的研究，我国学者主要集中在美丽宜居乡村建设的取向、目标和任务等方面。如纪志耿提出美丽宜居乡村建设要坚持“六个取向”，即整体规划、分类推进、渐进实施、引领带动、人文关怀、改革创新。[①] 王夏晖等从乡村振兴生态战略的目标和任务等起手运思，指出美丽宜居乡村建设应该做好顶层设计、促进产业带动和落实组织实施。[②] 张永才认为，美丽宜居乡村建设要因地制宜、稳抓实干和开言纳谏。[③] 邓亚莉等以四川某地为案例，指出当地美丽宜居乡村建设存在乡村规划引领不强、环境整治基础不牢等问题，因此建议该地要完善规划，突出特色；内外兼修，和谐共生；突出重点，强力推进。[④] 此外，也有学者从美丽宜居的视角探讨乡村建设问题，比较典型的如张艳琼探讨了美丽宜居视角下传统村落的保护与利用。[⑤]

2. 城乡生态融合的相关研究

学术界对城乡生态融合的研究，主要体现在以下三个方面。第一，对城乡生态融合的内涵研究。对此学术界目前并没有给出一个明确的界定。

① 参见纪志耿《当前美丽宜居乡村建设应坚持的“六个取向”》，《农村经济》2017 年第 5 期。

② 参见王夏晖等《基于生态系统观的美丽宜居乡村建设》，《环境保护》2019 年第 2 期。

③ 参见张永才《建设美丽宜居乡村研究》，《攀枝花学院学报》2018 年第 6 期。

④ 参见邓亚莉、张学艺《打造美丽宜居示范村 建设乡村振兴示范区》，《中共乐山市委党校学报（新论）》2020 年第 1 期。

⑤ 参见张艳琼《美丽宜居视角下湖州荻港村传统村落保护利用策略研究》，硕士学位论文，浙江大学，2015。

其中宋言奇认为城乡生态融合是把城乡作为一个整体考虑以解决保护环境的问题，在一定程度上它是我国实现可持续城市化之路的前提条件。[①] 杨志恒认为城市和乡村在地域上的相依决定了城乡生态环境治理目标的一致，城乡生态融合的目的在于促使乡村兼具生产性、景观性与生态性的复合性功能，以缓解城镇生态建设压力，促进广大乡村与城市生态系统的良性循环。[②] 李金泉等从生态文明角度定义城乡融合，认为其是城乡生态环境的有机结合，它的目的在于保障自然生态过程畅通有序，促进城乡全面、协调、可持续发展。[③]

第二，对城乡融合发展机制的研究。陈明星认为建立健全城乡融合发展长效机制需要完善规划引领机制、政府引导机制、市场导向机制、创新驱动机制、文化先导机制。[④] 林芳兰认为，城乡融合一要抓好农村公共服务体系建设，尤其重视教育和生产生活基础设施方面；二要以特色小城镇构建空间融合，弥补农村自我发展机制不足；三要创新农村人才培育引进机制。[⑤] 陈炎兵则聚焦城乡融合发展的路径，强调在这方面特别要注意健全市场机制，发挥政府的引领和调控作用。[⑥]

第三，对城乡生态融合发展的路径研究。对此宋言奇提出要实施城乡生态一体化规划、健全城乡生态补偿机制和加强对农村的环保投入。[⑦] 武小龙等认为城乡生态融合发展应从“策略式治理”转变为“法治化治理”，以生态型政府为基础，通过法治化治理的构建路径，形成城乡生态善治关系。[⑧] 李金泉等认为城乡融合绿色发展在路径上一要转变生产发展方式，形成城镇生态文明产业体系；二要完善城镇管理制度，形成协调持续发展的

---

① 参见宋言奇《从城乡生态对立走向城乡生态融合——我国可持续城市化道路之管窥》，《苏州大学学报》（哲学社会科学版）2007 年第 2 期。

② 参见杨志恒《城乡融合发展的理论溯源、内涵与机制分析》，《地理与地理信息科学》2019 年第 4 期。

③ 参见李金泉、常颖《生态文明视野下城乡深度融合的绿色发展路径探究》，《中共济南市委党校学报》，2019 年第 6 期。

④ 参见陈明星《积极探索城乡融合发展长效机制》，《区域经济评论》2018 年第 3 期。

⑤ 参见林芳兰《建立健全城乡融合发展体制机制刍议》，《海南日报》2019 年 1 月 2 日，第 7 版。

⑥ 参见陈炎兵《健全体制机制　推动城乡融合发展》，《中国经贸导刊》2019 年第 3 期。

⑦ 参见宋言奇《从城乡生态对立走向城乡生态融合——我国可持续城市化道路之管窥》，《苏州大学学报》（哲学社会科学版）2007 年第 2 期。

⑧ 参见武小龙、谭清美《城乡生态融合发展：从“策略式治理”到“法治化治理”》，《经济体制改革》2018 年第 5 期。

体制机制；三要创新城乡融合发展路径，形成健全完善的设施保障体系；四要坚持生态宜居，形成特色产业。[①] 杨志恒认为城乡生态融合要加强城乡居民生态文明意识，构建城乡生态补偿机制，统一规划城乡人居环境。[②] 钟裕民提出城乡生态融合发展可以通过空间、组织、资源和制度融合，激活城乡生态治理系统的自组织性之路径。[③] 刘玉邦等从绿色发展视角出发，认为城乡生态融合发展应以生态作为城乡融合的共生点，推动城乡自然空间的多维度融合，构建和完善城乡一体的生态经济产业链，进一步优化城乡融合共生环境，构建城乡融合共生体制机制，发展城乡科技生产力，提升城乡融合共生力。[④]

3. 城乡生态产品互补的相关研究

对城乡生态产品互补的研究，主要体现在以下三方面。一是关于城乡生态产品供给的研究，如冯康会提出了在城乡一体化背景下实现我国农村生态型公共产品有效供给的对策建议。[⑤] 二是关于马克思生态公共产品的研究，如张静对马克思主义生态公共产品思想生成的客观基础与主要理论方向进行了论述，但未清晰解释何谓生态公共产品及其本质特征。[⑥] 三是公共经济学视角下的公共产品分析，如樊继达从生态型公共产品消费特殊性的角度阐述了政府在提供公共生态产品方面的职能，提出了改进考核评估机制、建立生态型政府等建议。[⑦]

4. 毕节试验区城乡生态融合的相关研究

学术界对毕节试验区的研究主要集中在乡村振兴、新型城镇化发展、生态文明建设等方面。如石玉宝等提出毕节试验区新型城镇化发展要坚持

---

① 参见李金泉、常颖《生态文明视野下城乡深度融合的绿色发展路径探究》，《中共济南市委党校学报》2019 年第 6 期。

② 参见杨志恒《城乡融合发展的理论溯源、内涵与机制分析》，《地理与地理信息科学》2019 年第 4 期。

③ 参见钟裕民《城乡生态融合发展：理论框架与实现路径》，《中国行政管理》2020 年第 9 期。

④ 参见刘玉邦、眭海霞《绿色发展视域下我国城乡生态融合共生研究》，《农村经济》2020 年第 8 期。

⑤ 参见冯康会《城乡一体化背景下农村生态型公共产品有效供给研究》，硕士学位论文，广西师范学院，2015。

⑥ 参见张静《马克思生态公共产品思想初探》，《社科纵横》2016 年第 12 期。

⑦ 参见樊继达《提供生态型公共产品：政府转型的新旨向》，《国家行政学院学报》2012 年第 6 期。

合理布局、统筹城乡、产城融合、文化引领、山地特色和跨越发展的思路。[①] 金伊始认为毕节试验区乡村振兴须破解 3 大困境，规避 4 大风险，实施乡村振兴 5 大发展取向。[②] 吴桂兰从乡村振兴视角提出了毕节试验区美丽乡村建设路径，即坚持规划引领、发挥群众主体作用、完善基础设施等。[③] 徐锡广以毕节试验区为例，认为要实现西南喀斯特岩溶地区生态建设可持续发展，应加强生态修复建设、发展壮大林业经济、完善生态建设体制机制、解决融资难问题。[④] 此外，学术界还对毕节试验区多党合作推进试验区建设进行了相应研究，这里不做具体阐述。

由此可见，当下国内学界多从毕节试验区的乡村振兴、美丽乡村建设、生态建设、新型城镇化等方面进行研究，较少见到依托美丽宜居的背景探析毕节城乡生态融合发展以解决生态与发展之间的问题的研究。

（二）国外研究现状

1. 美丽宜居的相关研究

国外对美丽宜居的研究，主要体现在两个方面。其一，对城市宜居的相关研究。比如萨尔扎诺（E. Salzano）从可持续的角度阐述了自己的观点，即宜居城市连接了过去与未来，它要求在不损害后代发展能力的前提下，充分满足当代居民的物质需求和精神需求。[⑤] 其二，对生态宜居的相关研究。在这方面他们主要从西方资本主义发展弊端所造成的资源环境危机和人类生存危机等客观现实中进行反思并提出人类如何生存和发展的问题，其代表是生态学马克思主义者。例如约翰 · 贝拉米 · 福斯特通过重构马克思的社会历史观、自然观等来探讨人与自然之间的关系，分析自然和社会

① 参见石玉宝、李垚林《毕节试验区山区新型城镇化研究》，载陈建成、于法稳主编《生态经济与美丽中国——中国生态经济学学会成立 30 周年暨 2014 年学术年会论文集》，2014，第 24~26 页。

② 参见金伊始《毕节试验区乡村振兴困境、风险规避及发展取向研究》，《贵州社会主义学院学报》2018 年第 2 期。

③ 参见吴桂兰《乡村振兴视野下的毕节试验区美丽乡村建设》，《贵州社会主义学院学报》2018 年第 4 期。

④ 参见徐锡广《西南喀斯特岩溶地区生态建设可持续发展的对策研究——以毕节试验区为例》，《辽宁行政学院学报》2019 年第 4 期。

⑤ 参见 E. Salzano, *Seven Aims for the Livable City* (California, USA: Gondolier Press, 1997), p. 13。

之间的相互作用，进而从制度和技术角度揭示资本主义生态环境发展的弊端，从中追问人、社会、自然之间的可持续发展道路。[①] 詹姆斯·奥康纳主要从生产力与生产关系之间的矛盾揭示资本主义生态危机的根源，进而用自然和文化改造传统的生产力与生产关系的理论，得出“社会劳动”的发展是人对自然影响的决定性方面的结论。[②]

2. 城乡关系的研究

国外对城乡关系的研究较早，集中在从经济学和地理学等方面探讨城乡发展模式，主要体现在以下方面。一是以城带乡模式。如芒福德（Lewis Mumford）为解决“城市病”而提出的“区域城市”思想，以及从经济视角提出的城乡“二元经济”，旨在让人们区分传统部门和现代部门之间的关系。他把城市和乡村看作同等重要的对象，认为二者尽管存在不同的功能和价值，但二者是紧密结合的有机体，因此他强调农村的自然环境是人工环境无法代替的，这也就更加肯定农村的重要性。同时芒福德在现有城市发展的基础上，提出要构建更大的城市区域统一体，然后把各种要素平衡进去，以实现城乡一体化发展，这也可以克服大城市存在的一系列问题，从而实现埃比尼泽·霍华德（Ebenezer Howard）等人提出的关于“社会城市”的思想。二是以乡促城模式。如埃比尼泽·霍华德在《明日的田园城市》中认为要侧重于乡村的发展，提高农民的地位，冲破城乡对立的思想禁锢。为此他指出城市和乡村愉快地结合将迸发出新的希望、新的生活、新的文明，他将城乡一体化视为一个“田园城市”的模式。霍华德的这种思想曾一度引起田园运动的热潮，城乡二元结构理论也由此开始不断拓展。三是城乡融合模式。如加拿大学者麦基（T. G. Mcgee）提出的 Desakota 模型，他认为只有城乡之间的差别不断消减，最终才能出现城乡协调发展、相互融合的趋势。[③]

总之，国外主要针对西方工业发展给生态环境造成的破坏而提出要解决生态环境保护或生态治理方面的问题，这与我国具体国情有所不同，其关涉的生态环境保护手段、生态治理理念与我国也有很大差异。

---

① 参见〔美〕约翰·贝拉米·福斯特《马克思的生态学——唯物主义与自然》，刘仁胜、肖峰译，高等教育出版社，2006，第 287 页。

② 参见〔美〕詹姆斯·奥康纳《自然的理由——生态学马克思主义研究》，唐正东、臧佩洪译，南京大学出版社，2003，前言第 2~3 页。

③ 参见 Ebenezer Howard, *Garden Cities of Tomorrow* (Nabu Press, 2010), pp. 2-4。

第二节　毕节试验区城乡生态融合的理论基础

思想是行动的先导，理论是实践的指南。没有正确的思想，行动就会偏离航向。没有正确的理论，实践就会如盲人摸象。为了正确把握和揭示毕节试验区城乡生态融合发展存在的问题，必须运用科学的理论来进行分析。

一　马克思、恩格斯关于城乡关系的论述

马克思、恩格斯对城乡融合有系统的分析和深刻的研究，其思想主要体现在《德意志意识形态》《共产党宣言》《哥达纲领批判》《家庭、私有制和国家的起源》等经典著作中。马克思、恩格斯从唯物史观的立场出发，深刻剖析资本主义城乡对立的现象、产生的根源及对立加剧的缘由，深入阐述了消灭城乡对立关系的紧迫性和必然性，揭示了城乡发展的历史进程即由"同一"到分裂再到融合等三个阶段的运行规律。

（一）关于城乡由"同一"走向分裂的相关论述

在人类社会最早期，城乡之间没有明确的界限，呈现浑然一体的状态。随着乡村逐渐没落，社会分工和城市相继产生，乡村与城市之间利益的争夺导致城乡矛盾加剧，城乡关系由此开始从"同一"阶段走向分裂阶段。这对人类社会由野蛮时代走向文明时代的发展具有重要历史意义。

1. 城乡的"同一"

在最开始的时候，由于生产力极其低下，社会分工尚未形成，城市和乡村之间没有区别，哪里都可以叫作城市，哪里都可以看作乡村，人们聚集在一起把年龄、性别等作为简单的自然分工。城市和乡村几乎混为一谈。城乡这种浑然一体的状态在人类发展历程中被称为"蒙昧时代"。蒙昧时代经历低级阶段向高级阶段的发展，最后开始出现原始"村落"的萌芽。经历蒙昧时代的发展，人类社会进入了野蛮时代，而在野蛮时代的高级阶段，早期的"城市"的雏形出现了。

2. 城乡的分裂与对立

（1）城乡分裂的过程和意义

城乡分裂的过程首先要从城市的产生说起。最初，城市和乡村是一种

和谐共处的关系。但随着生产力的不断发展，资本主义生产方式也在不断改变，特别是商业贸易的繁荣扩大，由此城市开始逐渐从乡村中孕育诞生。马克思、恩格斯在《德意志意识形态》中说道，“一个民族的生产力发展的水平，最明显地表现于该民族分工的发展程度”①。这句话意指城市的产生是资本不断发展的结果。随着生产力水平的不断提高，资本主义社会分工大量出现，而社会分工反过来又促进生产力发展水平的提高。因此，城市的规模和水平在这样的发展过程中不断扩大深化。然而，城乡的分裂并非城市的出现造成的，而是随着时代的变迁，城市逐步扩大发展和野蛮时代向文明时代的过渡造成的。正如马克思在《哲学的贫困》中指出：“德国为了实现城乡分离这第一次大分工，整整用了三个世纪。”②

从马克思、恩格斯关于城乡分裂的相关著作中，可以看出其根源在于社会分工和资本主义私有制的发展。首先，对于社会分工，马克思在《德意志意识形态》中说道：“一个民族内部的分工，首先引起工商业劳动同农业劳动的分离，从而也引起城乡的分离和城乡利益的对立。”③ 这里表明随着社会分工的不断深入，商业和农业开始分离，加上城市生活让人们感到非常便捷，从而促使乡村的生产生活要素都一拥而至流入城市，城市和乡村开始在利益方面产生对立。其次，“城乡之间的对立只有在私有制的范围内才能存在”④。这里的“私有制”毫无疑问指资本主义私有制，它对城乡关系的影响日益加剧并不断尖锐化，使得城市逐渐走向繁华，乡村不断被剥削和掠夺最终走向衰败。城市发展使工业化进程不断加快，导致社会群体开始异化为两种形态，即城市人和农村人。在这样的背景下，随着第二次工业革命的到来，雇佣劳动的数量和机械化大生产加剧了工人阶级和资产阶级之间的矛盾，这种阶级之间的对立最终也在城市和乡村之间展现得淋漓尽致。因此，城乡之间的对立不仅仅是利益的对立，而且已经上升为阶级的对抗，城乡之间的分裂由此产生。马克思在其著作中提出：“物质劳动和精神劳动的最大的一次分工，就是城市和乡村的分离。”⑤ 这表明了城

---

① 《马克思恩格斯选集》第1卷，人民出版社，2012，第147页。
② 《马克思恩格斯选集》第1卷，人民出版社，2012，第237页。
③ 《马克思恩格斯选集》第1卷，人民出版社，2012，第147~148页。
④ 《马克思恩格斯选集》第1卷，人民出版社，2012，第184页。
⑤ 《马克思恩格斯选集》第1卷，人民出版社，2012，第184页。

乡的分裂绝非偶然性的结果。人类社会发展的历史变迁表明，原始社会末期已经出现了精神劳动和物质劳动的分工，这也就意味着城乡开始走向分裂。

城乡分裂是城乡浑然一体向城乡对立发展的转折点，对人类社会发展具有重要意义。城乡分裂是物质劳动和精神劳动的分工的开始，为其彻底决裂创造了有利条件；城乡分裂使资本不依赖于地产的存在而存在，从而促使私有制形成；城乡分裂是商品经济产生和发展的基础，强力推动了商品交换进一步向广度拓展和向深度掘进。对此马克思、恩格斯指出："一切发达的、以商品交换为中介的分工的基础，都是城乡的分离。可以说，社会的全部经济史，都概括为这种对立的运动。"①

（2）城乡对立产生的影响

一方面，城乡对立在某种程度上促进了生产力的发展和人类社会的进步，可以说具有历史进步性的作用；另一方面，城乡对立的片面性和局限性对人类社会发展具有很大影响，主要表现在以下四点。

第一，城乡对立扩大了城乡之间的差距。城乡之间的对立使得城市和农村被划分为两个不同的地域，其产业也被划分为城市工业和农村农业，人口被划分为城市人口和农村人口。马克思对此阐述道，"由于农业和工业的分离，由于一方面大的生产中心的形成，以及由于另一方面农村的相对孤立化"②，城市和农村、工业和农业都处于各自分离独自发展的局面，这种由城乡对立造成的城乡差距扩大的现象在资本主义社会最为突出。在资本主义制度下，城市工业在整个社会发展中占据主导作用，使得城市在社会分工以及资源配置方面占据优势，从而使得乡村的人力、资源等要素不断涌向城市，城市成为政治、经济、文化等的中心区，享有信息技术、工业生产等的集中供应。而乡村和农业则完全居于从属地位，被压迫、剥削和隔绝，城乡差距由此不断拉大。

第二，城乡对立给农业生产发展带来巨大的冲击。马克思、恩格斯表示，"资本主义生产使它汇集在各大中心的城市人口越来越占优势，这样一来，它一方面聚集着社会的历史动力，另一方面又破坏着人和土地之间的

---

① 《马克思恩格斯选集》第2卷，人民出版社，2012，第215页。

② 《马克思恩格斯选集》第2卷，人民出版社，2012，第623页。

物质变换，也就是使人以衣食形式消费掉的土地的组成部分不能回归土地"[①]，在城乡对立的背景下，资本主义工商业的发展不断使乡村物资、劳动力等要素转移到城市，而城市的发展则在掠夺土地过程中使农业的发展遭到严重冲击，长此以往给乡村发展造成灾难性的影响。

第三，城乡对立导致"城市病"问题的出现。马克思曾说："由于城市大大膨胀，城市居民从那时起已经增加了一半以上，那些原来宽敞清洁的街区，现在也同从前最声名狼藉的街区一样，房屋密集、污秽、挤满了人。"[②] 显而易见，在城乡对立的背景下，"城市病"问题也随之产生，表现在人口、环境、住房、垃圾处理等方面。"城市病"问题的产生是城乡对立以及资本主义剥削造成的，从而使城市的发展远远超出城市环境和空间所能承载的限度，这不仅对城乡居民发展造成严重影响，也对城市今后的健康绿色可持续发展造成严重影响。

第四，城乡对立给人的发展造成严重影响。城乡对立给人的身心健康造成了严重影响，其中对城市工人的身心发展造成的影响最严重。一方面，工人在高强度的工作和恶劣生存环境下，身体受到严重的摧残而导致畸形发展。对此马克思是这样描述的："即使年轻人有比较结实的身体，比较好的营养和其他条件，受得住这种野蛮剥削，但是他们也免不了要闹背痛、腰痛、腿痛、关节肿胀、静脉扩张，或大腿和小腿上生大块的顽固的溃疡。所有这些疾病在工人中几乎是普遍的现象。"[③] 在这样恶劣的环境下，连同工人家人的发展也是畸形的。工人的妻子不能生育，就算生出了孩子也是畸形的甚至很难存活。另一方面，这样恶劣的环境难以为工人们提供精神层面的生活。工人们经常住在潮湿的环境里，有时甚至连遮风避雨的房子都没有，穿的吃的都是坏的烂的。在这种生活条件下，工人们的内心常常感到不安，除了酗酒和纵欲的生活，他们再也没有更多的追求。除此之外他们在精神层面的发展也难以得到保证。

（二）关于城乡由分裂走向融合的相关论述

城乡由分裂走向融合具有一定的历史必然性，社会生产力发展到一定阶

---

① 《马克思恩格斯选集》第2卷，人民出版社，2012，第233页。
② 《马克思恩格斯选集》第3卷，人民出版社，2012，第244页。
③ 《马克思恩格斯全集》第2卷，人民出版社，1957，第440~441页。

段之后，城乡之间的分离与对立逐渐消失而走向融合。城乡融合发展的前提条件就是要大力发展生产力和废除资本主义私有制，实现人的自由全面发展和人与人、人与社会的和谐发展，从而实现共产主义社会的理想目标。

1. 城乡融合的条件

消灭城乡对立，实现城乡融合发展，其必须具备以下两个条件。

一是生产力高度发展。在工业革命时代，人类使用各种新生产的机器，大大提高了劳动生产率，物质资料和生活资料得到极大的丰富，人们的生活得到极大改善。生产力的进步还带动了农业的进步，促进第一产业和第二产业的融合。乡村在未使用机器之前是一种自耕农生产状态，城市化过程中新开发的一些高科技改变了乡村生产面貌，大规模生产经营的现象纷纷出现，生产者的思想观念也开始发生变化。正如列宁所阐述的，“城市是人民的经济、政治和精神生活的中心，是进步的主要动力”[①]。但城市在推动社会发展过程中，也在悄然地改变城乡关系，城市越来越繁荣而乡村却日渐衰弱，城乡差距由此日益拉大。所以，只有社会生产力高度发展，实现手工业生产和农业生产高度联合，城市和乡村才能逐渐融合，劳动异化的现象才能消除，人的全面自由发展才能最终实现。

二是实现资本主义私有制的废除。“城市和乡村的分离还可以看做是资本和地产的分离，看做是资本不依赖于地产而存在和发展的开始。”[②] 在资本主义大工业时期，逃亡的农奴和没有土地的农民逐渐向城市发展，再加上机器工业化的迅速发展使得工业和农业完全分离，城乡之间也开始逐步走向对立。但在生产力高度发展的物质前提下，资本主义私有制所产生的弊端已阻碍生产的进步，私有制的废除指日可待。正如恩格斯所指出的，“断定人们只有在消除城乡对立后才能从他们以往历史所铸造的枷锁中完全解放出来，这完全不是空想”[③]。在资本主义生产方式下，工业革命带来城市化的不断发展，工人不断聚集在城市中生存发展。资本家为了追求更高的利润，不断压榨和剥削工人，在这样的背景下，产生了一种新的阶级，即无产阶级。无产阶级的力量不断壮大，对资产阶级提出抗议并要求废除

① 《列宁全集》第23卷，人民出版社，1990，第358页。
② 《马克思恩格斯选集》第1卷，人民出版社，2012，第185页。
③ 《马克思恩格斯选集》第3卷，人民出版社，2012，第265页。

私有制，最终经过不断的反抗实现自身和全人类的解放。物质资料的生产要建立在公有制的基础上，城乡的融合也要在公有制的基础上进行，由此城乡之间的对立开始根除。

2. 城乡融合的理想状态

马克思、恩格斯通过对资本主义制度的分析，看到资本主义发展的方式加剧了城乡之间的分裂，从而造成人的畸形发展和自然环境恶化。因此，马克思、恩格斯预测在未来共产主义社会里，城乡融合的理想状态就是要实现人的自由全面发展和人与自然和谐共生。

（1）人的自由全面发展

在《共产主义原理》中，恩格斯阐述道，“通过城乡的融合，使社会全体成员的才能得到全面发展”[①]。这里就表明城乡融合有利于人的全面发展。在资本主义大工业发展背景下，社会分工使人与劳动分割，人不仅被迫从事固定的职业，被自己的劳动奴役着，每天还重复着固定的动作，“这种屈从把一部分人变为受局限的城市动物，把另一部分人变为受局限的乡村动物”[②]。另外，社会分工限制了城乡居民的活动范围。在社会分工的过程中，人的体力劳动和脑力劳动开始产生分离，人与人之间的关系也变得非常冷漠。资本家为了追求更高的利润和利益，对工人不断进行剥削和掠夺，工人为了生存需要，不能自由选择职业，人的个性得不到充分发挥，体力和脑力也得不到有效施展，人的发展是片面畸形的。因此，只有大力发展生产力，消除社会分工和废除资本主义私有制，城乡由分裂转向融合，人的体力劳动和脑力劳动有机统一，才能实现人的自由全面发展。

（2）人与自然和谐共生

在《自然辩证法》中，恩格斯说道：“每一次胜利，起初确实取得了我们预期的结果，但是往后和再往后却发生完全不同的、出乎预料的影响，常常把最初的结果又消除了。”[③] 人类最开始对自然界一无所知，只是不断征服自然、改造自然，在得到物质财富和精神财富的同时，也面临着生态环境污染等问题。随着生产力的发展，城市化进程不断加快，城乡

---

① 《马克思恩格斯选集》第1卷，人民出版社，2012，第308~309页。

② 《马克思恩格斯选集》第1卷，人民出版社，2012，第185页。

③ 《马克思恩格斯选集》第3卷，人民出版社，2012，第998页。

出现对立局面，尤其在大机器化生产时期，人们开始支配自然界，不断地从自然界中获取发展所需的生产生活资料，从而造成了人与自然的关系不协调。因此，马克思、恩格斯认为，“只有通过城市和乡村的融合，现在的空气、水和土地的污染才能排除”①。当城市与乡村融为一体，便不再有地域的限制，人类与自然的物质交换趋于平衡状态，人与自然不再是控制与被控制、支配与被支配的关系，而更多的是融合、和谐关系。

二　中国共产党关于城乡关系的论述

新中国成立初始，国家整体经济发展的基础比较脆弱，这时国家还面临西方国家经济的封锁。在这样的背景下，我们党在继承马克思、恩格斯城乡融合思想的基础上，结合我国具体国情，对我国工农关系和城乡关系做了深入思考，提出以城市为中心、以农业为基础的统筹兼顾的城乡关系理论。

第一，系统阐述城市和农业在我国城乡发展中的重要地位。在新中国成立初始，党的七届二中全会提出今后的工作重心要从农村转向城市，以城市为中心，坚持城市领导乡村，大力推动城市化发展。农业在城乡发展中也同样占据重要地位。首先，农业在我国国民经济中起基础性作用。农业不仅关系我国人口的温饱问题，还为工业提供原材料和市场以及资金的积累。其次，通过农业的合作化，保障了广大农民的根本利益。最后，农业机械化的不断发展，提高了我国农业的生产力。第二，城乡统筹兼顾主要涉及三个方面。一是要兼顾城市和农村发展。以城市为重心发展的同时，要从我国是一个农业大国的实际出发，深刻认识到农业及农村的发展，都关乎我国农民的生计，对于二者的关系要兼顾，协调推进城乡发展，构建以城带乡、以乡促城的发展模式。二是要兼顾工业和农业发展。我国在借鉴苏联发展重工业的过程中，看到其片面发展重工业的弊端，于是我们党提出要妥善处理好农业、重工业和轻工业之间的关系。我国在社会主义建设时期，提出坚持优先发展重工业，但同时也要发展农业及手工业，注重农业及手工业的发展比例，让人民生活有保障，使工业得到更好发展。三是要兼顾国家和个人发展。这主要体现在《论十大关系》的相关论述中。兼顾国家和个人发展就是要把国家和工厂、合作社以及生产者的关系处理

① 《马克思恩格斯选集》第3卷，人民出版社，2012，第684页。

好，尤其在国家和农民之间的关系上要十分重视。

党的十一届三中全会以后，我们党在遵循解放思想、实事求是的理论前提下，立足于我国正处于社会主义初级阶段的国情，做出了改革开放的重要举措。改革开放初期，我们党对农业在经济发展中的地位十分重视，改革首先考虑从农村发展着手。农业是关乎我国人民衣食住行等的重要物质生活资料的来源，农业生产发展始终是我国经济发展的基础。我国的改革开放让农村精神面貌发生极大变化，农村的改革促进了社会主义新型城乡关系发展。与此相联系，我们党提出要以科学技术推动农业现代化，要充分利用科技为我国农业带来便利。这使我国在农村改革历程中取得具有历史性意义的“两次飞跃”。一是实施家庭联产承包责任制的农村改革。这不仅大大增强了广大农村推动农业发展的活力，而且对调整我国农村产业结构以及提高农民的生活水平具有重要作用，使我国的新型城乡关系逐步建立。二是采用适度规模经营和集体经济。大量的实践证明，适度规模经营和集体经济的方式能够适应我国农业发展的情况，提高了农业生产力，有力地巩固了我国社会主义制度。在农村改革发展取得成功实践的基础上，我们党提出了城市改革的必要性和紧迫性。1979 年，党中央选出珠海、深圳、汕头、厦门率先引领改革发展的实践，这对我国城市经济改革发展具有重要意义。此外，我们党还将农村改革的有益经验运用于城市改革发展的实践中，以农村改革促进城市改革，实现城乡互助发展。与此同时，“工业支援农业，促进农业现代化，是工业的重大任务。工业区、工业城市要带动附近农村”①。这样，在改革开放持续推进的过程中，我国城乡、工农业之间相互扶持与相互促进的现象日渐明显。

随着改革开放的不断深化，我们党首先强调“三农”问题是我国发展全局的重中之重。“三农”问题指的是农村、农业和农民的问题，它始终是关系我国全局性发展的根本问题，如果农业在经济发展中处于不利的地位，那么就会导致“工业和农业发展速度的差距、城乡居民收入的差距、发达地区与欠发达地区经济发展的差距将会日益拉大”②。因此，党的十六大报告提出统筹城乡经济社会的发展，优先发展农村经济，为建设小康社会而努力奋斗。其次，根据农村当时的发展状况，我们党提出要继续深化农村改

① 《邓小平文选》第 2 卷，人民出版社，1994，第 28 页。

② 《十四大以来重要文献选编》上，人民出版社，1996，第 422 页。

革，充分发挥集体经济的优势和调动农民家庭经营的积极性，完善和健全我国农村统分结合的双层经营体制；要坚持“科教兴农”的思想战略，以此来提高我国农民的文化素养和推进我国农业生产力的发展；要优化农村劳动力资源的有效配置，充分解决农民就业问题，以壮大农村经济实力、优化农村产业结构，促使城乡之间差距缩小。最后，我们党提出了优化小城镇发展的战略，使农村剩余劳动力得到充分使用，推动农业现代化和城市化进程。“发展小城镇是一个大战略。城乡差距大，农业人口多，是长期制约我国经济良性循环和社会协调发展的重要因素。加快小城镇建设，不仅有利于转移农业富余劳动力，解决农村经济发展的一系列深层次矛盾，而且有利于启动民间投资，带动最终消费，为下世纪国民经济发展提供广阔的市场空间和持续的增长动力。”① 对此城镇建设要结合当地的特色，从长远考虑制定一系列发展政策措施。具体方向是小城镇建设要与农业现代化相结合，与发展乡镇企业相结合，这不仅可以加快小城镇的发展速度，推进农村农业现代化发展，还可以有效解决农村闲置劳动力的问题，实现城乡协调发展。

进入 21 世纪，我们党在总结以往城乡发展的历史经验基础上，坚持马克思主义城乡融合发展理论与中国具体实际相结合，具体到城乡统筹发展主要体现在以下几方面。第一，坚持“以人民为中心”，推进城乡统筹发展。党的十八届五中全会提出“以人民为中心”的发展理念，这是一切工作的出发点和落脚点。因此，城乡发展一体化就是在统筹城市和乡村、工业和农业发展的同时，强调发展的核心是关乎人民的问题。这就要着重解决城镇化过程中农业、农村、农民的问题，充分考虑城乡居民的切身利益，始终把城乡居民的利益作为工作的重心。第二，实施“五化”同步的战略目标。党的十八届中央政治局第二十二次集体学习活动提到城乡一体化就是要实现居民基本权益均等化、城乡公共服务均等化、城乡居民收入均衡化、城乡要素配置合理化、城乡产业发展融合化“五化”同步。第三，实施全面深化改革的战略，以此进一步推进城乡统筹发展。当今时代，中国的城乡关系发展到一个新的阶段，将会面临许多新的矛盾、新的变化，比如城乡发展不平衡、城乡产业结构不合理等，解决这些突出问题的关键在于深化改革，因而全面深化改革是“城乡发展一体化”战略的重要推动力。

---

① 江泽民：《论社会主义市场经济》，中央文献出版社，2006，第 503 页。

第三节　毕节试验区城乡生态融合的基本现状

毕节试验区成立以来，其经济社会发展发生翻天覆地的变化，人民生活水平蒸蒸日上，生态环境得到不断改善，不适宜人类居住的“生态怪圈”毕节的论断已彻底被打破。然而，毕节试验区的生态系统底子薄、基础差，非常脆弱，自然环境还比较恶劣，城乡生态资源分布也极不平衡。为了促进毕节试验区实现健康绿色可持续发展，必然要求城乡生态资源优势互补，城乡生态融合。只有推进城乡生态融合，实现城乡生态的平衡与发展，才能满足毕节试验区人民日益增长的生态需求。由此，城乡生态融合不仅是毕节试验区解决城乡生态矛盾日益凸显的重要途径，也是毕节试验区经济社会实现持续健康绿色发展的客观要求。

一　毕节试验区城乡生态融合的含义、特点及意义

城乡融合是马克思主义城乡关系理论与毕节试验区城乡发展实际相结合的必然产物。推进城乡生态融合是毕节试验区经济社会实现持续健康绿色发展的客观要求。因此，在探讨毕节试验区城乡生态融合的现状之前，需要厘清城乡生态融合这一概念的内涵与外延。

（一）毕节试验区城乡生态融合的含义

1. 毕节试验区的基本情况

毕节试验区在成立以前被称为不适宜人类居住的“生态怪圈”，这是由于毕节本身就是我国最贫困的地区之一，其生态环境比较脆弱，水土流失、土地荒漠化的现象严重。人们为维持生产生活而需要大量的劳动力，这就造成越穷越生的现象；由于人口膨胀，更多人需要粮食来维持生活，这就需要大量开垦荒地，造成越生越垦的现象；毕节地区以高原山地为主，人们的过度开垦使生态环境更加脆弱，再加上毕节人口不断增加的压力，造成越垦越穷的现象。由此，形成了“越穷越生、越生越垦、越垦越穷”的恶性循环。为改变这一现象，时任贵州省委书记的胡锦涛同志在1988年倡导建立以“开发扶贫、生态建设”为主题的毕节试验区。毕节试验区坐落于贵州西北部，与川、滇两省相互贯通，位于东经103°36′-106°43′，北接重庆和四川，西邻云南，东与省会贵阳接壤，

南接六盘水和安顺。辖七星关区、金海湖新区、百里杜鹃管理区、大方县、黔西县、金沙县、威宁彝族回族苗族自治县、纳雍县、赫章县、织金县三区七县，占地面积约 26848.5 平方公里，具有较大的区位优势。这里呈典型的喀斯特岩溶山区地貌，地势呈西高东低依次下降。西部平坦缓和，多为高原、高山地区，海拔在 2000~2400 米；中部切割较强烈，为中山区，海拔在 1400~1800 米；东部起伏较小，大部分是较低的丘陵区。试验区的河流、河谷、山脉相互交错，背斜成山，向斜成谷，岩石较硬的地方成为山脊，岩石较软的地方成为山谷。因此，这里的生态体系比较脆弱，人们大量开垦和乱砍滥伐，破坏了本就脆弱的生态环境，而一旦破坏难以再恢复。再加上试验区气候类型因地区地势起伏大，差异十分明显。气温也是随地势变化而变化，西低东高，且海拔越高气温越低，夏无酷暑，冬较寒冷。试验区河流分属长江流域和珠江流域，共有 193 条。毕节试验区居民生态环境保护意识和绿色发展理念比较薄弱。因此，试验区生态系统修复难度较大，尽管国家已提出封山育林、生态治理、生态搬迁等一系列生态修复工程，但还是出现水土流失、土地荒漠化较严重的现象。

2. 毕节试验区城乡生态融合的含义及内容

城乡，一般而言是城市与乡村的意思。城市由“城”和“市”构成，在古代，两者概念有所区别。“城”在《辞海》中解释为：“在都邑四周用作防御的墙垣。”即“城”主要指军事防御建筑。“市”主要解释为商业。《辞海》中释义为：“集中做买卖的场所。”在《现代汉语词典》（第 7 版）中，“城市”是指“人口集中、工商业发达、居民以非农业人口为主的地区，通常是周围地区的政治、经济、文化中心”。“乡”在《辞海》中释义为：“泛指城市以外的地区。”“村”在《辞海》中指“村庄”。“乡村”在《现代汉语词典》（第 7 版）中被解释为“主要从事农业、人口分布较城镇分散的地方”。

至于城乡融合的含义，在《共产主义原理》中，恩格斯认为城乡融合即“把城市和农村生活方式的优点结合起来，避免二者的片面性和缺点”①。郭彩琴在此基础上做出进一步阐述，城乡融合更多的是建立在城乡之间取长补短的基础上的整个社会发展的结果，是社会整体各子系统之间协调统一的理想状态。②

① 《马克思恩格斯选集》第 1 卷，人民出版社，2012，第 305 页。

② 参见郭彩琴《马克思主义城乡融合思想与我国城乡教育一体化发展》，《马克思主义研究》2010 年第 3 期。

许彩玲等认为城乡融合是指在一个具有公平正义特征和整体发展的城乡环境里，使城乡资源要素、产业和功能得到相应合理发展，最终达到人的全面发展和人与自然和谐相处的目标。[①] 总之，城乡融合是充分发挥城市与乡村各自优势，通过互补形式来促进城市与乡村的和谐发展，并实现城乡共生共荣、互惠互利的发展状态。

关于城乡生态融合含义，当前诸多学者从不同角度对此进行了相应的阐述。例如宋言奇把城乡生态视为一个需要整体考虑的问题，认为城乡生态融合是我国实现可持续城市化之路的前提条件。[②] 赵国强强调城乡生态融合是新型城镇化与生态文明建设的有机统一，它增强了城乡生态建设的系统性和协调性，形成了生态共享共荣的城乡互惠共生格局。[③] 杨志恒则认为，城市和乡村在地域上的相依决定了城乡生态环境治理目标的一致，因而可以说城乡生态融合的目的在于以乡村兼具生产性、景观性与生态性的功能为基础，缓解城镇生态建设压力，促使乡村广大区域与城市生态系统良性循环。[④] 李金泉等从生态文明角度出发，认为城乡生态融合是对城乡生态环境的有机结合，以保障自然生态进程畅通有序，城乡之间全面、协调、可持续发展。[⑤] 综观上述看法，我们可以认为城乡生态融合是指充分发挥城市与乡村各自生态资源优势，通过互补形式来促进城市和乡村生态和谐发展，并实现城乡生态共生共荣、互惠互利的发展状态。

具体到毕节试验区城乡生态融合，生态环境部 2019 年颁布的《国家生态文明建设示范市县建设指标》表明，市县生态文明建设的主要内容涵盖生态制度、生态安全、生态空间、生态经济、生态生活、生态文化等六个领域。这样结合城乡生态融合的含义可知，城乡生态融合主要涉及城市与乡村之间的生态制度、生态安全、生态空间、生态经济、生态生活、生态

---

① 参见许彩玲、李建建《城乡融合发展的科学内涵与实现路径——基于马克思主义城乡关系理论的思考》，《经济学家》2019 年第 1 期。

② 参见宋言奇《从城乡生态对立走向城乡生态融合——我国可持续城市化道路之管窥》，《苏州大学学报》（哲学社会科学版）2007 年第 2 期。

③ 参见赵国强《共生理论视域下城乡生态融合的路径研究——以诸暨市为例》，《黑龙江科学》2018 年第 14 期。

④ 参见杨志恒《城乡融合发展的理论溯源、内涵与机制分析》，《地理与地理信息科学》2019 年第 4 期。

⑤ 参见李金泉、常颖《生态文明视野下城乡深度融合的绿色发展路径探究》，《中共济南市委党校学报》2019 年第 6 期。

文化的共生共荣和互惠互利。因为毕节试验区是以毕节市为中心的“开发扶贫、生态建设”试验区，其城乡之间的目标责任体系、生态制度建设和生态文化建设等在要求上并无本质性的差异，所以，毕节试验区城乡生态融合就可以规定为在毕节试验区的城市与乡村各自生态资源优势基础上，通过互补形式来促进城乡生态安全，以实现相互之间在生态空间、生态经济和生态生活上的共生共荣和互惠互利。

（二）毕节试验区城乡生态融合的特点

城乡生态融合是运用生态学、经济学的基本原理，考虑到不同地方城乡生态的差异性和经济发展的不同，坚持以人为核心，以环境为依据，以资源优化配置为手段，实现社会、经济、生态和谐统一的人类居住区形式。因此，城乡生态融合具有地域性、动态性和同一性三个特点。

第一，地域性。在《现代汉语词典》（第7版）中，“地域”指面积相当大的一块地方，或者指本乡本土。从法律层面讲，地域性是指依照一个国家法律获得的商标权，除签订国际公约或双边条约外，只能在该国领域范围内有效，其他国家对这种权利没有保护的义务，也就是不发生域外效力。从传统意义上看，地域性主要指地区的空间差异性，表示地理范围或区间的不同。具体到毕节试验区城乡生态融合，它是毕节试验区城乡之间生态安全、生态空间、生态经济和生态生活的融合。虽然毕节试验区城乡之间的生活、文化等存在一定的差异，但这些有差异的融合都发生在毕节市政府的直辖范围内。因此，毕节试验区城乡生态融合具有地域性。

第二，动态性。在《现代汉语词典》（第7版）中，“动态”指的是“（事情）变化发展的状况”。毕节试验区从建立之初至今，其经济社会发生了翻天覆地的变化。由于不同时期毕节经济发展的不同，毕节试验区城乡生态融合发展也有所不同，尤其是随着生产力的高度发展，城乡生态融合的程度也会发生变化。因此，毕节试验区城乡生态融合具有动态性。

第三，同一性。在《现代汉语词典》（第7版）中，“同一”指一致，统一，共同的一个或一种。随着我国生产力的高度发展，信息化、智能化的现象越来越普遍，城乡生态融合逐步向同一方向发展，最终形成人与自然、人与人和谐共生的局面。因此，毕节试验区城乡生态融合具有同一性。

（三）毕节试验区城乡生态融合的意义

1. 毕节试验区城乡生态融合的重要性

毕节试验区地处西南喀斯特地貌地区，其高原山地占绝大部分，水土流失、土地荒漠化的现象尤为明显，生态环境脆弱不堪。因此，毕节试验区要实现城乡生态发展，必然要充分发挥城市和乡村生态资源的优势，这就要充分利用城市完善的生态基础设施和实践绿色发展的理念，与乡村拥有的丰厚的生态资源进行优势互补，乡村具有的生态优势解决了城市发展过程中产生的“城市病”问题，缓解了城市发展的压力，也使落后的乡村经济由此发展起来。毕节试验区推进城乡生态融合发展，是毕节城乡生态发展的重要途径。

2. 毕节试验区城乡生态融合的紧迫性

在以人为核心的新型城镇化建设过程中，毕节试验区城乡生态融合一度出现乱融与错融现象，致使城乡生态互补功能未能得到充分发挥，城乡生态环境没有得到充分改善，生态系统修复比较滞缓，生态空间布局相对凌乱，生态资源供求趋紧，生态生活“双高”屡禁不止，生态意识仍然比较薄弱。因此，当下毕节试验区城乡生态融合显得比较紧迫，具体表现在以下两方面。

其一，毕节试验区资源环境承载力趋紧。一方面，毕节城市发展规模和速度与生态环境的承载力不相协调。毕节中心城市加速崛起，城镇规模不断扩大，但经济结构、产业结构设计较不合理，比如有些城市发展消耗大且污染严重的矿产资源产业，产生了大量固体废弃物污染、大气污染、水环境污染，导致城市周边地区土地荒漠化及水土流失严重，给城市经济与生态环境带来巨大影响。再加上城市发展给乡村带来经济效益的同时，也破坏了乡村天然的生态环境资源，尤其是城市把大量高耗能、高污染的企业转移到农村，导致毕节农村生态环境承载力越来越弱，环境污染也越来越严重。另一方面，乡村的发展与资源环境承载力的矛盾日益凸显。从“十二五”时期到“十三五”时期，毕节试验区不断加快新型城镇化建设。毕节试验区加大投入，促进乡镇企业发展，使试验区生产总值比重不断增加，不仅解决了乡镇人员就业难的问题，而且人们的收入也不断提高。不过，毕节试验区乡镇企业的发展也给当地农村带来了环境污染、破坏等一系列问题。例如，试验区为发展乡镇企业而盲目征用耕地修建大量建筑物，不同程度地毁坏了周边农田。此外，乡镇企业在发展过程中会产生大量的垃圾和重金属废料等土壤污染源，其中特别是重金属废料，它们残留在土壤中，短时间内难以降解，在条件适宜时会随着物质循环进入人体而对人的身体造成严重危害。综上所述，随着新型城镇化建设加快，毕节农村生态环境承载力越来越弱，乡村发展与环境承载力的矛盾越来越显著。

其二，乡村建设刻不容缓。进入新时代，人民日益增长的美好生活需要和不平衡不充分的发展之间的矛盾成为我国社会主要矛盾，而城乡发展不平衡不充分最为典型。改革开放以来，我国各个地区的生产力发展并不平衡，因此不可能实现同步发展。要允许“一部分地区、一部分人可以先富起来，带动和帮助其他地区、其他的人，逐步达到共同富裕”[①]，所以有发展条件的城市特别是沿海城市就优先发展起来。然而，我国沿海城市发展的产业主要是第二产业。改革开放 40 多年来，我国第二产业均以两位数的速度在快速增长，而我国第一产业发展相对滞后，较为严重地影响和制约了第二产业的发展。进入新时代，国际、国内的实际情况发生了很大变化，发展第一产业被我国提上议事日程。党的十九大提出要格外重视“三农”问题，实施乡村振兴战略。而随着我国新型城镇化进程的推进，城市不断向乡村输入高污染型工业企业，虽然在一定程度上带动了乡村经济的发展，但也使乡村生态资源遭到破坏，导致乡村发展日益衰弱。因此，2020 年 10 月 29 日，党的十九届五中全会再次强调“三农”问题，着重要求优先发展农业农村，以全面推进乡村振兴战略的实施。由此可见，美丽宜居乡村建设显得格外迫切。

3. 毕节试验区城乡生态融合的意义

毕节试验区以“开发扶贫、生态建设”为主题，在城市与乡村充分发挥自身生态资源优势基础上，实现了生态安全、生态空间、生态生活等方面的共生共荣和互惠互利。当下，毕节试验区城乡生态融合对毕节试验区生态建设等具有重要作用，是解决毕节试验区资源环境问题和乡村建设问题的重要途径。因此，毕节试验区推进城乡生态融合对毕节试验区的经济发展、生态建设、城乡生态平衡充分发展及社会矛盾的解决等具有重要的意义。

第一，有利于毕节试验区经济发展。毕节试验区通过推进城乡生态融合发展，促进生产力发展，增加就业机会，从而促进经济的发展，增强人们生活的幸福感。这种发展模式下，毕节地区较为发达的城市第二产业和

---

① 《邓小平文选》第 3 卷，人民出版社，1993，第 149 页。

当地乡村的种植业、林业、畜牧业、水产养殖业等第一产业得以和谐地统一起来，城市第二产业以乡村第一产业为基础，乡村第一产业以城市第二产业为推动力，二者相互促进、相互影响，协力同心，一起提高。

第二，有利于毕节试验区生态建设。由于毕节试验区自然生态环境较为脆弱，生态建设一直是该试验区的主题。城乡生态融合发展的目的就是在充分保护生态环境的基础上实现发展，它始终坚持的是发展和生态两条主线，一条主线是发展经济，另一条主线是促进生态和谐，二者相得益彰，相辅相成。这将促使试验区的生态发展水平不断跃迁到新的高地。

第三，有利于毕节试验区城乡生态平衡充分发展。毕节试验区城乡生产力的不平衡导致城乡生态发展不平衡，在这个前提条件下，我们只有充分认识毕节试验区城市和乡村生态资源各自的优势和弊端，才能避免城乡生态错融、乱融的现象。因此，毕节试验区推进城乡生态融合，有利于城乡生态平衡充分发展。此外，城乡生态发展不平衡不充分除了涉及社会生产力等根本因素外，还包括城乡生态互补融合的精准性、客观性等因素。毕节试验区城乡生态系统是一个具有整体性、链条性、系统性和空间性等特征的独特体系，因而我们推进这一区域城乡生态融合发展，以此发挥城乡各自的生态资源优势，可以从生态安全、生态空间、生态生活和生态经济四个方面入手，实现城乡精准性融合。

第四，有利于毕节试验区社会矛盾的解决。当下毕节试验区存在的社会矛盾的一个重要表现是经济发展和生态发展之间的矛盾。毕节试验区自建立以来一直坚持“生态和发展”两条主线，然而“生态和发展”之间总是会产生对立性的现象。毕节地区拥有生态资源比较丰富的喀斯特地貌，在充分利用生态资源优势的过程中我们可能会遇到其他地区工业化道路上曾经出现的各种困难，而面对这些困难，毕节地区落后的生产力技术很有可能影响到对当地生态环境的保护。因此，毕节试验区推进城乡生态融合，力图实现城乡生态资源经济化与经济生态化，一方面经济发展速度大幅提高，另一方面生产力技术水平也不断提高，由此地方生态环境的保护力度得到加强，进而解决当地生态与发展之间的矛盾问题。

二　毕节试验区城乡生态融合的数据分析

近年来，毕节试验区城乡生态融合发展已取得了比较突出的成绩，其城乡生态环境大为改善，城乡生态环境治理效果显著，城乡生态基础设施趋于完善，生态特色小镇不断增加。但还存在生态产品供给质量偏低、生态产业循环能力较弱等问题。因此，必须对毕节试验区城乡生态整个发展历程的数据进行深入分析，从量和质两个方面把握城乡生态发展。

（一）毕节试验区城乡生态融合的指标设计

城乡生态融合既是毕节试验区实现经济社会持续健康发展的重要途径，也是毕节试验区实现城乡平衡发展、充分发展的重要手段。但是，生态是一个比较宽泛的概念，城乡生态融合设计内容较多，涵盖面较广。为了更好把握和分析毕节试验区城乡生态融合的成效和不足，我们必须充分了解城乡生态融合的具体内容。因此，在分析毕节试验区城乡生态融合数据之前，我们很有必要了解和借鉴《国家生态文明建设示范市县建设指标》的具体内容。

1.《国家生态文明建设示范市县建设指标》

2007年6月，国家环境保护总局发布《国家生态文明建设试点示范区指标》，从生态经济、生态环境、生态人居、生态制度、生态文化等几方面设定相应指标，且从区和县两方面进行具体分类，该指标在当时是我国对生态建设所提出的要求最高且最严格的指标。2019年9月，我国在原有的生态文明建设指标的基础上颁布《国家生态文明建设示范市县建设指标》，对我国生态文明建设指标进一步深入地从生态制度、生态安全、生态空间、生态经济、生态生活、生态文化等六个方面进行相应的指标阐述，其具体内容见表6-1。

表6-1　《国家生态文明建设示范市县建设指标》

领域	任务	序号	指标名称	单位	指标值	指标属性	适用范围
生态制度	（一）目标责任体系与制度建设	1	生态文明建设规划	—	制定实施	约束性	市县
		2	党委政府对生态文明建设重大目标任务部署情况	—	有效开展	约束性	市县
		3	生态文明建设工作占党政实绩考核的比例	%	≥20	约束性	市县
		4	河长制		全面实施	约束性	市县
		5	生态环境信息公开率	%	100	约束性	市县
		6	依法开展规划环境影响评价	%	市：100 县：开展	市：约束性 县：参考性	市县

续表

领域	任务	序号	指标名称	单位	指标值	指标属性	适用范围
生态安全	（二）生态环境质量改善	7	环境空气质量 优良天数比例 PM2.5浓度下降幅度	%	完成上级规定的考核任务；保持稳定或持续改善	约束性	市县
		8	水环境质量 水质达到或优于Ⅲ类比例提高幅度 劣Ⅴ类水体比例下降幅度 黑臭水体消除比例	%	完成上级规定的考核任务；保持稳定或持续改善	约束性	市县
		9	近岸海域水质优良（一、二类）比例	%	完成上级规定的考核任务；保持稳定或持续改善	约束性	市
	（三）生态系统保护	10	生态环境状况指数 干旱半干旱地区 半湿润地区 其他地区	%	≥35 ≥55 ≥60	约束性	市县
		11	林草覆盖率 山区 丘陵地区 平原地区 干旱半干旱地区 青藏高原地区	%	≥60 ≥40 ≥18 ≥35 ≥70	参考性	市县
		12	生物多样性保护 国家重点保护野生动植物保护率 外来物种入侵 特有性或指示性水生物种保持率	% %	≥95 不明显 不降低	参考性	市县
		13	海岸生态修复 自然岸线修复长度 滨海湿地修复面积	公里 公顷	完成上级管控目标	参考性	市县
	（四）生态环境风险防范	14	危险废物利用处置率	%	100	约束性	市县
		15	建设用地土壤污染风险管控和修复名录制度	—	建立	参考性	市县
		16	突发生态环境事件应急管理机制	—	建立	约束性	市县

续表

领域	任务	序号	指标名称	单位	指标值	指标属性	适用范围
生态空间	（五）空间格局优化	17	自然生态空间 生态保护红线 自然保护地	—	面积不减少，性质不改变，功能不降低	约束性	市县
		18	自然岸线保有率	%	完成上级管控目标	约束性	市县
		19	河湖岸线保护率	%	完成上级管控目标	参考性	市县
生态经济	（六）资源节约与利用	20	单位地区生产总值能耗	吨标准煤/万元	完成上级规定的目标任务；保持稳定或持续改善	约束性	市县
		21	单位地区生产总值用水量	米^3/万元	完成上级规定的目标任务；保持稳定或持续改善	约束性	市县
		22	单位国内生产总值建设用地使用面积下降率	%	≥4.5	参考性	市县
		23	碳排放强度	吨/万元	完成上级管控目标；保持稳定或持续改善	约束性	市
		24	应当实施强制性清洁生产企业通过审核的比例	%	完成年度审核计划	参考性	市
	（七）产业循环发展	25	农业废弃物综合利用率 秸秆综合利用率 畜禽粪污综合利用率 农膜回收利用率	%	≥90 ≥75 ≥80	参考性	县
		26	一般工业固体废物综合利用率 综合利用率≤60%的地区 综合利用率>60%的地区	%	≥80 ≥2 保持稳定或持续改善	参考性	市县

续表

领域	任务	序号	指标名称	单位	指标值	指标属性	适用范围
生态生活	（八）人居环境改善	27	集中式饮用水水源地水质优良比例	%	100	约束性	市县
		28	村镇饮用水卫生合格率	%	100	约束性	县
		29	城镇污水处理率	%	市≥95 县≥85	约束性	市县
		30	城镇生活垃圾无害化处理率	%	市≥95 县≥80	约束性	市县
		31	城镇人均公园绿地面积	平方米	≥15	参考性	市
		32	农村无害化卫生厕所普及率	%	完成上级规定的目标任务	约束性	县
	（九）生活方式绿色化	33	城镇新建绿色建筑比例	%	≥50	参考性	市县
		34	公共交通出行分担率	%	超、特大城市≥70 大城市≥60 中小城市≥50	参考性	市
		35	生活废弃物综合利用 城镇生活垃圾分类减量化行动 农村生活垃圾集中收集储运	—	实施	参考性	市县
		36	绿色产品市场占有率 节能家电市场占有率 在售用水器具中节水型器具占比 一次性消费品人均使用量	 % % 千克	 ≥50 100 逐步下降	参考性	市
		37	政府绿色采购比例	%	≥80	约束性	市县
生态文化	（十）观念意识普及	38	党政领导干部参加生态文明培训的人数比例	%	100	参考性	市县
		39	公众对生态文明建设的满意度	%	≥80	参考性	市县
		40	公众对生态文明建设的参与度	%	≥80	参考性	市县

资料来源：《国家生态文明建设示范区建设指标》，内蒙古自治区生态环境厅网站，https://sthjt.nmg.gov.cn/stbh2021/stsfcj_8114/202111/t20211118_1954779.html，最后访问日期：2022年5月25日。

从示范县市生态文明建设指标生态制度、生态安全、生态空间、生态经济、生态生活、生态文化六个方面来看，其中生态制度包括生态文明建设规划、党委政府对生态文明建设重大目标任务部署情况、生态文明建设工作占党政实绩考核的比例、河长制、生态环境信息公开率、依法开展规划环境影响评价等指标；生态安全包括环境空气质量、水环境质量、近岸海域水质优良（一、二类）比例、生态环境状况指数、林草覆盖率、生物多样性保护、海岸生态修复、危险废物利用处置率、建设用地土壤污染风险管控和修复名录制度、突发生态环境事件应急管理机制等指标；生态空间包括自然生态空间、自然岸线保有率、河湖岸线保护率等指标；生态经济主要由单位地区生产总值能耗、单位地区生产总值用水量、单位国内生产总值建设用地使用面积下降率、碳排放强度、应当实施强制性清洁生产企业通过审核的比例、农业废弃物综合利用率、一般工业固体废物综合利用率等指标；生态生活包括集中式饮用水水源地水质优良比例、村镇饮用水卫生合格率、城镇污水处理率、城镇生活垃圾无害化处理率、城镇人均公园绿地面积、农村无害化卫生厕所普及率、城镇新建绿色建筑比例、公共交通出行分担率、生活废弃物综合利用、绿色产品市场占有率、政府绿色采购比例等指标；生态文化包括党政领导干部参加生态文明培训的人数比例、公众对生态文明建设的满意度、公众对生态文明建设的参与度等指标。

2. 毕节试验区城乡生态融合指标的选取及其具体内容

由《国家生态文明建设示范市县建设指标》可知，我国示范县市生态文明建设指标主要涵盖生态制度、生态安全、生态空间、生态经济、生态生活、生态文化等六个方面。因为毕节试验区以毕节市为中心，其版图覆盖了毕节整个地区，包括毕节的城乡，而从城乡生态优势互补的层面来看，毕节试验区城乡之间的生态制度、生态文化基本一致，无所谓构成优势互补，所以毕节试验区城乡生态融合的内容暂不包括生态制度、生态文化这两方面。与此同时，由于生态安全、生态空间、生态经济、生态生活在毕节试验区城乡之间存在生态资源优势互补的条件，所以毕节试验区城乡生态融合的领域主要为生态安全、生态空间、生态经济、生态生活等四个领域。

在《国家生态文明建设示范市县建设指标》中，生态安全的指标为环境空气质量、水环境质量、近岸海域水质优良（一、二类）比例、生态环境状况指数、林草覆盖率、生物多样性保护、海岸生态修复、危险废物利用处置率、建设用地土壤污染风险管控和修复名录制度、突发生态环境事件应急管理机制等。鉴于毕节试验区是一个具有喀斯特地貌特征的内陆地区，近岸海域水质优良（一、二类）比例等指标未列入毕节试验区城乡生态融合的指标范围。此外，又因为危险废物利用处置率、建设用地土壤污染风险管控和修复名录制度、突发生态环境事件应急管理机制等指标覆盖整个毕节试验区，城乡之间一般少有差异，所以毕节试验区城乡生态安全的指标仅保留环境空气质量、水环境质量、生态环境状况指数、林草覆盖率（山区）等四个。

在《国家生态文明建设示范市县建设指标》中，生态空间指标为自然生态空间、自然岸线保有率、河湖岸线保护率等。而毕节试验区自然岸线主要集中在百里杜鹃、威宁草海，城乡之间并不具有普遍性，因而除了自然生态空间以外，自然岸线保有率、河湖岸线保护率暂未列入毕节试验区城乡生态融合的指标范围。

在《国家生态文明建设示范市县建设指标》中，生态经济的指标为单位地区生产总值能耗、单位地区生产总值用水量、单位国内生产总值建设用地使用面积下降率、碳排放强度、应当实施强制性清洁生产企业通过审核的比例、农业废弃物综合利用率、一般工业固体废物综合利用率等。由于单位国内生产总值建设用地使用面积下降率在毕节试验区农村并不具有普遍性，同时应当实施强制性清洁生产企业通过审核的比例的指标在毕节试验区城乡之间也少有涉及，这两个指标暂未列入毕节试验区城乡生态融合的考察范围之内。如此毕节试验区城乡生态融合的生态经济指标为单位地区生产总值能耗、单位地区生产总值用水量、碳排放强度、农业废弃物综合利用率、一般工业固体废物综合利用率等。

在《国家生态文明建设示范市县建设指标》中，生态生活的指标为集中式饮用水水源地水质优良比例、村镇饮用水卫生合格率、城镇污水处理率、城镇生活垃圾无害化处理率、城镇人均公园绿地面积、农村无害化卫生厕所普及率、城镇新建绿色建筑比例、公共交通出行分担率、生活废弃物综合利用、绿色产品市场占有率、政府绿色采购比例等。由于毕节试验区的生态生活基本关涉了《国家生态文明建设示范市县建设指标》的各个指标，所以毕节试验区城乡生态融合的指标包括以上所有指标。

通过以上整理和分析，毕节试验区城乡生态融合的一级指标如表 6-2 所示。

表 6-2　毕节试验区城乡生态融合的一级指标

领域	任务	序号	指标名称	单位	指标属性	适用范围
生态安全	（一）生态环境质量改善	1	环境空气质量	—	约束性	毕节试验区
		2	水环境质量	—	约束性	毕节试验区
	（二）生态系统保护	3	生态环境状况指数	—	约束性	毕节试验区
		4	林草覆盖率（山区）	%	参考性	毕节试验区
生态空间	（三）空间格局优化	5	自然生态空间	—	约束性	毕节试验区
生态经济	（四）资源节约与利用	6	单位地区生产总值能耗	吨标准煤/万元	约束性	毕节试验区
		7	单位地区生产总值用水量	米^3/万元	约束性	毕节试验区
		8	碳排放强度	吨/万元	约束性	毕节试验区
	（五）产业循环发展	9	农业废弃物综合利用率	%	参考性	毕节试验区
		10	一般工业固体废物综合利用率	%	参考性	毕节试验区
生态生活	（六）人居环境改善	11	集中式饮用水水源地水质优良比例	%	约束性	毕节试验区
		12	村镇饮用水卫生合格率	%	约束性	毕节试验区
		13	城镇污水处理率	%	约束性	毕节试验区
		14	城镇生活垃圾无害化处理率	%	约束性	毕节试验区
		15	城镇人均公园绿地面积	平方米	参考性	毕节试验区
		16	农村无害化卫生厕所普及率	%	约束性	毕节试验区
	（七）生活方式绿色化	17	城镇新建绿色建筑比例	%	参考性	毕节试验区
		18	公共交通出行分担率	%	参考性	毕节试验区
		19	生活废弃物综合利用	—	参考性	毕节试验区
		20	绿色产品市场占有率	%	参考性	毕节试验区
		21	政府绿色采购比例	%	约束性	毕节试验区

当下，毕节试验区的生态建设还在持续推进，因而当地指标体系的建立也“正在途中”。以《国家生态文明建设示范市县建设指标》为依据对照分析毕节试验区的相应数据，有些一级指标有所体现，有些一级指标没有体现，反而在二级指标中才有所体现。为了尽可能全面地了解毕节试验区城乡生态融合的客观情况，本文在《国家生态文明建设示范市县建设指标》中的一级指标的基础上增加了二级指标，具体如下。

第一，毕节试验区城乡生态融合的生态安全领域，在一级指标环境空气质量下设二级指标二氧化硫排放总量、工业二氧化硫排放总量；在一级指标水环境质量下设二级指标废水排放总量、废水中化学需氧量排放总量；在一级指标生态环境状况指数下设二级指标累计治理水土流失面积；在一级指标林草覆盖率（山区）下设二级指标森林覆盖率（山区）、完成封山育林面积和完成人工造林面积。

第二，毕节试验区城乡生态融合的生态空间领域，在一级指标自然生态空间下设二级指标建成区园林绿地面积。

第三，毕节试验区城乡生态融合的生态经济领域，在一级指标单位地区生产总值能耗下设二级指标工业固体废物产生量；在一级指标单位地区生产总值用水量下设二级指标年末供水综合生产能力；在一级指标碳排放强度下设二级指标沼气池年末累计个数、省柴煤灶年末累计数；在一级指标农业废弃物综合利用率下设二级指标农用化肥施用量；在一级指标一般工业固体废物综合利用率下设工业固体废物产生量、工业固体废物综合利用率、老工业污染源治理资金投入和工业污染治理设施运行费用。

第四，毕节试验区城乡生态融合的生态生活领域，仅在一级指标公共交通出行分担率下设二级指标年末公共交通运营车辆数。

根据以上的分析、归纳和整理，毕节试验区城乡生态融合的一级、二级指标具体内容见表6-3。

表 6-3　毕节试验区城乡生态融合的一级、二级指标具体内容

领域	任务	序号	一级、二级指标名称	单位	指标属性	适用范围
生态安全	（一）生态环境质量改善	1	环境空气质量 二氧化硫排放总量 工业二氧化硫排放总量	吨 吨	约束性	毕节试验区
		2	水环境质量 废水排放总量 废水中化学需氧量排放总量	吨 吨	约束性	毕节试验区
	（二）生态系统保护	3	生态环境状况指数 累计治理水土流失面积	平方公里	约束性	毕节试验区
		4	林草覆盖率（山区） 森林覆盖率（山区） 完成封山育林面积 完成人工造林面积	万亩 万亩 万亩	参考性	毕节试验区
生态空间	（三）空间格局优化	5	自然生态空间 建成区园林 绿地面积	公顷	约束性	毕节试验区
生态经济	（四）资源节约与利用	6	单位地区生产总值能耗 工业固体废物产生量	吨标准煤/万元	约束性	毕节试验区
		7	单位地区生产总值用水量 年末供水综合生产能力	米^3/万元	约束性	毕节试验区
		8	碳排放强度 沼气池年末累计个数 省柴煤灶年末累计数	个 个	约束性	毕节试验区
	（五）产业循环发展	9	农业废弃物综合利用率 农用化肥施用量	% 吨	参考性	毕节试验区
		10	一般工业固体废物综合利用率 工业固体废物产生量 工业固体废物综合利用率 老工业污染源治理资金投入 工业污染治理设施运行费用	% 吨 % 亿元 亿元	参考性	毕节试验区

续表

领域	任务	序号	一级、二级指标名称	单位	指标属性	适用范围
生态生活	（六）人居环境改善	11	集中式饮用水水源地水质优良比例	%	约束性	毕节试验区
		12	村镇饮用水卫生合格率	%	约束性	毕节试验区
		13	城镇污水处理率	%	约束性	毕节试验区
		14	城镇生活垃圾无害化处理率	%	约束性	毕节试验区
		15	城镇人均公园绿地面积	平方米	参考性	毕节试验区
		16	农村无害化卫生厕所普及率	%	约束性	毕节试验区
	（七）生活方式绿色化	17	城镇新建绿色建筑比例	%	参考性	毕节试验区
		18	公共交通出行分担率 年末公共交通运营车辆数	% 辆	参考性	毕节试验区
		19	生活废弃物综合利用	—	参考性	毕节试验区
		20	绿色产品市场占有率	%	参考性	毕节试验区
		21	政府绿色采购比例	%	约束性	毕节试验区

（二）毕节试验区城乡生态融合的数据整理

数据是客观分析问题的重要依据，本文选取 2010~2019 年毕节试验区城乡生态融合的相关指标数据，整理得到表 6-4。

表 6-4　2010~2019 年毕节试验区城乡生态融合数据

	指标	2010	2011	2012	2013	2014	2015	2016	2017	2018	2019
生态安全	二氧化硫排放总量（吨）			200721.670	197593.010	154297.640	142348.510	125134.900	136478.403	125131.985	
	累计治理水土流失面积（平方公里）			7121.9	7604.8	8405.4	8952.7	9384.6	9892.6	10381.1	10863.5

续表

	指标	2010	2011	2012	2013	2014	2015	2016	2017	2018	2019
生态安全	当年治理水土流失面积（平方公里）	281.5	482.9	800.6	547.3	431.9	508.0	488.5	482.5		
	完成封山育林面积（万亩）	28.40	20.18	11.62	14.26	16.12	17.18	52.92	22.77	21.10	28.22
	完成人工造林面积（万亩）	13.86	28.11	30.59	41.36	52.48	54.62	124.03	192.62	47.77	69.64
生态空间	建成区园林绿地面积（公顷）	453.00	1493.00	1587.00	1618.85	1767.58	2290.46	2678.08	3485.85	4115.98	4988.46
生态经济	供水总量（亿立方米）	12.77	9.27	8.37	11.63	12.28	10.69	11.25	11.55		
	工业固体废物综合利用率（%）		68.27	63.59	62.04	61.12	64.85	58.65	50.14	71.11	
	老工业污染源治理资金投入（亿元）		0.72	0.61	5.36	6.20	0.07	0.49	0.23	0.60	
	工业污染治理设施运行费用（亿元）		10.35	10.43	11.50	0.64	11.15	13.77	5.74	4.79	
生态生活	生活垃圾无害化处理量（万吨）		23.94	36.87	41.78	77.80	54.93	62.10			
	村卫生室数（个）	3735	3831	3820	4104	3981	4111	4079	4079	4051	4383
	人均公园绿地面积（平方米）	1.81	5.03	6.94	7.97	7.98	8.94	10.93	10.48	10.89	11.22

续表

指标		2010	2011	2012	2013	2014	2015	2016	2017	2018	2019
生态生活	公园个数（个）	8	11	12	14	12	19	26	30	32	51
	公园面积（公顷）	57.00	346.00	361.00	361.00	437.00	733.84	1126.50	1279.35	1387.60	2190.58
	城市类公共厕所座数（座）	153	138	160	174	203	239	303	336	405	459

资料来源：贵州省统计局关于毕节市 2010~2019 年的统计年鉴。由于统计年鉴中的具体项目设置与本书设计的毕节试验区城乡生态融合的一级、二级指标存在差异，考虑资料收集的准确性，本表所列指标名称与数据以统计年鉴为准。

（三）毕节试验区城乡生态融合的面板数据分析

2010~2019 年毕节试验区城乡生态融合数据显示，毕节试验区城乡生态融合的生态安全领域中，从“二氧化硫排放总量”的数据以及数据总体趋势来看，二氧化硫排放总量整体呈减少趋势。“累计治理水土流失面积”不断增加，意味着水土流失治理效果明显。而“当年治理水土流失面积”在 2012 年相对较大，之后的年份基本持平，意味着毕节试验区治理水土流失已经常态化。“完成封山育林面积”“完成人工造林面积”的数据显示，2016 年完成封山育林面积较大、2017 年完成人工造林面积较大，意味着毕节试验区封山育林、人工造林已经常态化并且效果明显。可见，从毕节试验区的生态安全领域来看，毕节试验区城乡生态融合的成绩显著。

在毕节试验区城乡生态融合的生态空间领域，“建成区园林绿地面积”的数据显示，毕节试验区建成区园林绿地面积逐年增加，意味着毕节试验区城乡生态融合的生态空间越来越集约化和优质化。

在毕节试验区城乡生态融合的生态经济领域，根据“供水总量”的数据，可以看出自 2010 年以来，毕节试验区供水总量基本保持不变。根据“工业固体废物综合利用率”的数据，可以看出毕节试验区的工业固体废物综合利用率变化不大。根据“老工业污染源治理资金投入”的数据，可以看出 2012 年到 2013 年、2014 年到 2015 年的老工业污染源治理资金投入变化很大，其他年份变化不大。根据“工业污染治理设施运行费用”的数据，可以看出除 2014 年之外，2017 年、2018 年的工业污染治理设施运行费用相对较少，意味着工业污染治理设施运行进度趋于饱和状态。

在毕节试验区城乡生态融合的生态生活领域，根据“生活垃圾无害化处理量”的数据，可以看出2011年到2016年的生活垃圾无害化处理量整体呈增加趋势，意味着随着毕节试验区城镇化步伐的不断加快，生活垃圾无害化处理将面临新的挑战。根据“城市类公共厕所座数”的数据，可以看出自2011年以来，毕节试验区城市类公共厕所座数逐年增多，意味着城镇的生态生活水平不断提高。根据“人均公园绿地面积”“公园个数”“公园面积”的数据，可以看出毕节试验区人均公园绿地面积、公园个数、公园面积整体均呈增加趋势。

由此可见，毕节试验区在推进城乡生态融合过程中，生态环境质量得到进一步改善，生态系统得到一定的保护，生态空间格局得到进一步优化，资源节约与利用的程度也在不断提高，产业循环发展能力得到进一步提升，人居环境得到进一步改善，生活方式绿色化也得到进一步加强。但是，参考《国家生态文明建设示范市县建设指标》的要求来看，毕节试验区城乡生态融合过程中，在生态安全、生态空间、生态经济、生态生活领域上依然存在许多不足。比如在生态安全方面，生态环境状况指数、林草覆盖率等虽然有所提高，但相对于《国家生态文明建设示范市县建设指标》规定的生态环境状况指数≥60%、林草覆盖率≥60%而言，还比较低。在生态经济方面，毕节试验区一般工业固体废物综合利用率在2018年达到最高值71.11%，相对于《国家生态文明建设示范市县建设指标》规定的一般工业固体废物综合利用率≥80%而言，还有一定的差距，这表明毕节市试验区的产业循环发展能力还需要进一步提升。在生态生活方面，相对于《国家生态文明建设示范市县建设指标》规定的城镇人均公园绿地面积≥15平方米而言，毕节试验区城镇人均公园绿地面积还比较低，还需要进一步优化。此外，毕节试验区生态特色小镇数量逐年增多，但与《国家生态文明建设示范市县建设指标》规定的城镇新建绿色建筑比例≥50%相比，依然存在较大差距，这表明生态特色小镇的建设还要进一步强化。

三　毕节试验区城乡生态融合的成效

由毕节试验区城乡生态融合数据的整理与分析可知，毕节试验区在推进城乡生态融合过程中，凭借地理环境的优势，依托《中共毕节市委　毕节市人民政府关于全面推进乡村振兴战略的实施意见》（毕党发〔2018〕1号）和“十百千”乡村振兴示范工程项目的支持，取得了极大成就。

（一）城乡生态环境逐步改善

毕节试验区在推进城乡生态融合过程中，坚持“生命共同体”的生态理念，大力打造生态屏障“共同体”，着力推动生态建设发展，保障毕节试验区生态安全。

首先，城乡的生态恢复效果明显。到2018年底，毕节试验区在河水污染治理方面，对从中心城区饮用水水源到天河水库的污染治理投入资金33.5亿元，有18个县级以上的饮用水水源地的污染治理已完成。在森林面积与森林覆盖率层面上，总共投资17.21亿元，森林面积与森林覆盖率分别达到2261万亩与56.13%，新增耕地面积27376公顷，土地整治项目建设增加到75058公顷。毕节试验区森林面积、新增耕地面积大幅度增加，森林覆盖率显著提升。[①] 在山水林田湖草上，乌蒙山区山水林田湖草生态保护修复重大工程项目投资数额达到49.77亿元，已被列入国家第三批试点，为筑牢生态屏障打下了稳定的根基。毕节市的黔西县、金沙县、威宁彝族回族苗族自治县获得了“国家卫生县城”荣誉称号，毕节市本身业已通过“国家环境保护模范城市”的省级预评估，获得中央文明办“2018—2020年创建周期全国文明城市提名城市”的荣誉。

其次，污染防治成果显著。一方面，毕节市及时出台《关于坚决打好污染防治攻坚战夯实贯彻新发展理念示范区建设基础的实施意见》，与环境污染进行坚决斗争：一是将长江珠江上游生态屏障保护、扬尘污染治理、工业企业大气污染防治、绿色矿山建设及矿山地质环境修复治理等13项攻坚行动贯彻到底；二是坚决承担中央环境保护督察问题整改的政治责任，大力推进问题整改，巩固和改善生态环境质量，始终强调在产业发展的同时注重环境保护。另一方面，毕节试验区坚持绿色优先，生态发展，将产业生态化与生态产业化大力举进，“大旅游”“大健康”“大数据”等新兴产业蓬勃发展。例如截止到2018年，全市的装备制造、大数据电子信息、

---

① 参见《从试验区到示范区　毕节脱贫攻坚连战连捷》，《贵阳晚报》2019年8月23日，第A2版。

新型建筑材料、大医药健康等新兴产业产值达到240亿元。[①] 这为毕节试验区污染防治提供了坚实的物质基础。

最后，建立健全了城乡生态建设体制机制。毕节市出台《毕节市各级党委、政府及相关职能部门生态环境保护责任划分规定（试行）》《毕节市生态环境损害党政领导干部问责暂行办法》等系列文件，健全责任落实"机制链"，使政府部门保护生态环境的责任得到加强。同时建立生态环境部门与检察院、法院、公安机关等的联动执法联席会议、重大案件会商督办制度，对破坏生态环境的违法行为进行严厉打击，切实保障绿色发展，建立坚实的行动机制基础，推动建设新发展理念示范区。

（二）城乡环境综合治理效果显著

毕节试验区推进城乡生态融合发展以来，在城乡环境综合治理方面取得的成效显著，体现在以下两个方面。

第一，城乡生活垃圾无害化处理率不断提高。2017年，毕节试验区城乡生活垃圾无害化处理率为80.66%，城市生活垃圾无害化处理率大于90%；2018年全市城乡生活垃圾无害化处理率为69.9%；2019年1~9月全市城乡垃圾无害化处理率为56.1%，城乡生活垃圾产生量为150.16万吨，无害化处理量为84.24万吨，[②] 与其他市区差距明显缩小。

第二，城乡垃圾处理设施不断完善。毕节试验区一方面加强监督指导力度，督促中心城区、织金、金沙等地大力发展垃圾焚烧发电项目，提高每日处理垃圾的吨数；另一方面加快城乡垃圾收运系统工程建设，推进垃圾无害化处理设施建设。截至2018年，毕节试验区完成68个城乡垃圾处理转运站的建设，建成运营的无害化的就地处理垃圾设施有8个，还增加了3个小型的无

---

① 参见毕节市发展和改革委员会《毕节市2018年国民经济和社会发展计划执行情况与2019年国民经济和社会发展计划草案报告》，https://www.bijie.gov.cn/bm/bjsfzggw/gk_5126123/ghjh_5126147/gzls_5126149/201910/t20191028_67336159.html，最后访问日期：2022年5月25日。

② 参见《毕节市人民政府关于毕节市城乡生活垃圾治理工作的实施意见》，https://www.bijie.gov.cn/gk/gzhgfxwjsjk/gfxwjsjk/srmzf/202106/t20210609_68464664.html，最后访问日期：2022年5月25日。

害化焚烧处理设施，极大提高了该地就地处理垃圾的能力。[①]

（三）城乡生态基础设施不断完善

毕节试验区城乡生态基础设施不断完善，人民群众幸福感、获得感不断提升。截至2019年，为完成建设特色小镇的目标，全市实施了“8+X”项目和“10+N”的行动计划。[②] 乡镇基础设施也不断完善，如建成了一批小城镇道路、供水与污水处理站、集贸市场、敬老院、保障性安居工程、有机农产品生产基地、政务服务中心、文化广场公园、客运站、寄宿制中小学、幼儿园等“8+X”项目，使乡镇基础设施、公共服务设施和生态产业项目得到较大提升。同时致力于打造特色小城镇升级版，同步实施其他小城镇环境卫生整治和改善农村人居环境“10+N”行动计划，完善了一批农村道路、饮水、通信、垃圾、污水等基础设施建设。同时，城乡垃圾无害化处理率达74.3%，在全省排名第五。全市乡镇等地的垃圾转运站共有242个，[③] 城乡垃圾收运设施实现全覆盖、一体化。随着基础设施建设快速推进，整个毕节市的公共服务设施不断得到完善，城镇功能持续优化，美丽乡村建设步伐不断加快，村庄整治工程成效显著，农村面貌大有改观。

（四）生态特色小城镇数量逐渐增多

在生态生活方面，城镇新建绿色建筑比例不断提高，生态特色小镇数量不断增多。毕节试验区依托交通、用地、产业等有利条件，根据黔西、金沙、织金、纳雍、威宁、赫章、百里杜鹃等县（区）的地方特色和城镇建设基础现状因地制宜，按照规模适度、布局合理、功能健全、突出特色的要求，引导城市建设快速发展，形成辐射周边农村的特色中小城镇或集

---

① 参见毕节市发展和改革委员会《毕节市2018年国民经济和社会发展计划执行情况与2019年国民经济和社会发展计划草案报告》，https://www.bijie.gov.cn/bm/bjsfzggw/gk_5126123/ghjh_5126147/gzls_5126149/201910/t20191028_67336159.html，最后访问日期：2022年5月25日。

② 《毕节市加快推动特色小镇和小城镇高质量发展三年行动计划（2020—2022年）》，https://www.bijie.gov.cn/gk/xxgkml/jcxxgk/ghjh/fzgh/202011/t20201124_67314433.html，最后访问日期：2022年5月25日。

③ 《毕节市住房和城乡建设“十三五”规划进展情况》，https://www.bijie.gov.cn/bm/bjszfcxjsj/gk_5126677/ghjh_5126715/zzqgh_5126716/201911/t20191104_67576404.html，最后访问日期：2022年5月25日。

镇，尤其是构建了以“县域副中心镇为龙头、示范小城镇为重点、其他特色小城镇为节点”的小城镇建设体系，较好地发挥了它们在统筹城乡发展中的带动作用。2018 年，试验区一些生态特色小镇成功入选全省小城镇建设试点的名单，还有的小镇组织申报了全国绿色村庄、美丽宜居小镇和美丽宜居村庄。2019 年，试验区特色小城镇的基础设施建设不断完善，贯彻落实了关于省列示范小城镇建设的“十条意见”，出台了《毕节市特色小城镇风貌建设指导意见》，以打造升级特色小城镇。同时，整治小城镇卫生环境，构建新型城镇化试点镇，抓好抓实城镇农业产业建设，构建田园综合体以推动镇村联动建设，使得省列示范小城镇镇村联动覆盖率不断提高。

四　毕节试验区城乡生态融合存在的不足

毕节试验区在推进城乡生态融合进程中取得的成绩是显著的，但也存在一些不足。如在生态安全领域，生态产品供给数量相对较少，质量偏低，与毕节人民日益增长的优美生态环境的需要相比还有一定的差距；在生态空间领域，总体规划统筹尚待进一步完善，绿水青山暂未由点到面全覆盖；在生态经济领域，生态产业循环能力较弱，生态产业化、产业生态化的水平还有待进一步提高；在生态生活领域，生态特色小镇建设同质化比较严重，各地收支差距较大，小镇房屋半闲置、闲置状态也比较普遍。

（一）生态产品供给质量偏低

2011 年发布的《国务院关于印发全国主体功能区规划的通知》中提到，“生态产品指维系生态安全、保障生态调节功能、提供良好人居环境的自然要素，包括清新的空气、清洁的水源和宜人的气候等。生态产品同农产品、工业品和服务产品一样，都是人类生存发展所必需的”[①]。因为生态产品具有非营利性、公共物品性，以追求利润为目的的市场主体多不愿生产或供给生态产品，所以生态产品供给的主体是政府。这意味着凡是涉及生态产品生产或其有效供给的领域，一般都是由政府部门主导推动其运行。换言之，毕节试验区生态产品的供给主体一般是毕节试验区的相关政府部门。

---

① 《国务院关于印发全国主体功能区规划的通知》，中国政府网，http：//www.gov.cn/zhengce/content/2011-06/08/content_ 1441.htm，最后访问日期：2022 年 5 月 25 日。

由表 6-4 提供的数据可知，毕节试验区二氧化硫排放总量呈减少趋势，完成封山育林面积呈扩大趋势，但相对《国家生态文明建设示范市县建设指标》的相关要求还有较大差距，意味着当下毕节试验区生态环境质量改善水平还不高，生态系统保护还不够扎实，供给的生态产品数量相对较少。此外，毕节试验区的土地面积为 26848.5 平方公里，2010~2019 年，毕节试验区完成封山育林和人工造林总面积为 5919.0 平方公里，占毕节试验区土地面积的 22%，与《国家生态文明建设示范市县建设指标》的林草覆盖率（山区）不小于 60%的要求也有较大差距。同时，毕节试验区生态产品供给数量与质量，相对毕节人民日益增长的优美生态需要也有一定的差距。一方面，自毕节试验区推进城乡生态融合以来，政府大力推进生态文明建设，不断供给生态产品，生态产品基础设施和服务的投入也不断增加。另一方面，虽然生产力不断发展，但毕节试验区生态产品的供给质量暂未出现极大提升，与更好地满足毕节人民日益增长的优美生态需要尚有一定距离。截止到 2019 年 9 月，毕节试验区累计完成城镇道路交通建设、生态园林建设、污水和垃圾处理设施建设等基础设施建设投资 813.79 亿元；全市的小城镇建设完成投资 453.61 亿元，16 个省列示范小城镇镇村联动建设点共计 164 个。[①] 不过，与把毕节试验区建设成为贯彻新发展理念示范区的高标准相对照，当下相关工作尚需要进一步向前推进。究其原因主要有以下几点。

第一，城乡二元结构的根本性转换仍任重道远。毕节试验区推进城乡生态融合以来，城乡之间发展不平衡不充分的问题依然存在，尤其在城乡生态产品资源分配上最为明显。一段时间以来，毕节试验区经济建设的重心偏向于以海绵城市为特征的城市建设，使得大部分工业生产选择留在城市，而城市带来的数量不少的污染物和消耗物转移到乡村，致使脆弱的乡村生态环境受到不同程度的影响。同时，城市建设的资金投入逐年增加，比如公园建设、医院修建、学校建设等投资。虽然毕节试验区也在建设生态小镇、养老院、休闲旅游山庄和农家乐等，但资金投入较少，其设施配备和公共服务仍然亟待完善。所以，在城乡生态融合推进中，毕节市城乡二元结构体现出的差距还比较突出，生态产品供给数量与质量在城乡之间

① 参见《毕节市 2019 年生态环境状况公报》，https://www.bijie.gov.cn/bm/bjssthjj/hjzl/hjzkgb/202006/t20200604_67585612.html，最后访问日期：2022 年 5 月 25 日。

也未达到充分的平衡，以致乡村生态产品供给的质量和数量与群众期望尚有一定的差距。

第二，政府在发挥其社会职能方面尚待进一步加强。政府的社会职能是为社会提供基本公共服务，并充分发挥其作为社会和国家利益代表的权利及执行公职。恩格斯曾说："政治统治到处都是以执行某种社会职能为基础，而且政治统治只有在它执行了它的这种社会职能时才能持续下去。"[①] 生态产品具有社会公共产品的特征，它为公众的生产和生活提供了广泛的生存空间和丰富的资源。因此，提供有效充足的生态公共产品是政府社会职能所在。不过，毕节试验区政府须加强其在城乡生态融合进程中的主导作用，避免当地城乡生态产品供给不足以及供给质量偏低的问题。

第三，政府生态建设观念仍需进一步强化。首先，毕节试验区自 1988 年成立以来，就一直提倡以"开发扶贫、生态建设"为主题，坚持开发与保护两者并进。然而，试验区为了实现经济快速发展，在一定程度上忽视了对生态环境的保护。试验区对"发展才是硬道理"的理解尚须进一步深化，防止在招商引资过程中让一些污染型企业浑水摸鱼"混"进来，给毕节试验区生态环境带来额外的压力，进而导致生态环境与人居环境质量的提升受到较大影响。其次，生态产品供给的资金保障尚须进一步加强。毕节试验区城乡生态产品供给的资金大部分源于政府。由于筹措机制尚待健全，资金来源渠道亟须进一步拓宽。最后，一些生态产品在竞争性和排他性上表现比较明显，需要的成本也随之增加。比较典型的如水资源、空气环境等，地方政府需要花钱长期维护。这就进一步加大了生态产品供给的资金的压力。

（二）绿水青山的期待仍任重道远

在生态空间领域方面，毕节试验区建成区面积逐年增加，但相对于《国家生态文明建设示范市县建设指标》城镇人均公园绿地面积≥15 平方米、林草覆盖率（山区）≥60%而言，毕节试验区城镇人均公园绿地面积、林草覆盖率（山区）还比较低，意味着生态空间还需要进一步优化，满足群众对绿水青山的期待还有比较长的一段路要走。

---

① 《马克思恩格斯文集》第 9 卷，人民出版社，2009，第 187 页。

习近平同志在考察浙江安吉县余村时首次提出“两山”理念。党的十八大后，“两山”理念被赋予丰富的时代内涵。习近平同志着重强调“绿水青山”就是“金山银山”，既要“绿水青山”也要“金山银山”，宁要“绿水青山”，不要“金山银山”。“两山”理念揭示了一个地区的经济发展与生态环境保护之间具有内在一致性、相互协调的辩证关系。在这方面，毕节试验区30多年以来一直坚守“开发扶贫、生态建设”的主题，截止到2019年，毕节贫困发生率下降至1.54%，贫困人口减少了32万，[①] 大方县、七星关区、织金县等已达到脱贫指标。同时，生态建设方面取得极大成效，累计治理石漠化、减少水土流失面积分别为1203平方公里、5417平方公里，森林覆盖率达到52.81%。[②] 毕节市林业局也因此获得了“全国生态建设突出贡献先进集体”的荣誉。但与毕节属于后方赶超的状态有关，毕节试验区绿水青山发展难度较大的问题仍比较明显。从其表现来看，主要是当下毕节试验区封山育林、治理水土流失等工作进入一个“啃硬骨头”的关键阶段，致使如今植树造林与水土流失治理面积增速锐减。作为结果，毕节试验区绿水青山的改造工作亟须进一步推进。

综观毕节试验区的历史发展，当下我们要有效开创毕节试验区绿水青山改造工作的新局面，一个重要任务是必须让人们牢固树立绿色可持续发展的观念。

30多年以前，毕节试验区是一个贫困人口比较多，生态环境受到严重的破坏的地区，人们的生活状态是“越穷越垦，越垦越穷”。在当时，试验区的森林覆盖率只有14.9%，水土流失的现象比比皆是，光裸石山地就有230多万亩，[③] 而人们为了生存发展，多次引湖造田，不断砍伐树木，盲目追求工业发展所带来的经济效益，生态环境以及人居生活环境所承受的压力越来越大。

例如赫章县的海雀村，长期以来农业发展现状是“种一大坡，收一小箩”，土地越贫瘠，人们越开垦。随着试验区的建设，人们的生态意识也逐渐得以觉醒，在“绿水青山就是金山银山”理念的导引下，村里党员干部

---

① 参见《【毕节“两会”】市政协：脱贫路上不等闲 乌蒙攻坚渐入春》，多彩贵州网，http：//bj. gog. cn/system/2020/01/10/017483191. shtml，最后访问日期：2022年5月25日。

② 参见万秀斌等《毕节试验区，一个生动典型》，《人民日报》2018年8月4日，第1版。

③ 参见万秀斌等《毕节试验区，一个生动典型》，《人民日报》2018年8月4日，第1版。

为解决村民温饱问题和生态问题，带领村民种植果树等绿色发展农作物，让光秃秃的山坡变成绿海，经过多年的努力，海雀村如今一片绿意盎然，森林覆盖率超过70%。[①] 生态环境的改善带动了农业发展现代化，人们开始种植苹果、核桃，建立绿色有机农业基地，种植蔬菜和食用菌等绿色产品。试验区其他地方和海雀村一样，也在不断探索绿色发展产业，让毕节成为以“绿色”为发展主题的试验区。

不过，与现有的生产力发展不平衡不充分相联系，毕节试验区生态建设在海雀村等地取得极大成效的同时，有些人的观念意识水平与建设生态试验区的要求尚有一定的差距。比较典型的例如近几年，试验区为助力脱贫攻坚，大力推进乡村养殖扶贫，但一些养殖户大多仅注意到了自己养殖的家禽家畜的健康成长，而较少关注养殖带来的污染，污水随意流进河流，使人居环境中的绿水变成了臭水。

由此可知，毕节试验区在推进城乡生态融合过程中，生态空间得到了较为明显的拓展，但绿水青山发展难度较大的状况仍然存在，以致城乡之间的生态环境依然脆弱。所以，毕节试验区在推进城乡生态融合中必须做到统筹规划，努力实现“绿水青山”与“金山银山”和谐统一的良性循环。

（三）生态产业循环能力有待进一步提高

生态产业是生态工程在各产业中的具体应用，包含生态农业、生态工业、生态服务业等生态产业体系。毕节试验区为促进经济的快速发展，结合试验区的具体实际情况，大力发展一系列生态产业体系，有力地推动了产业的循环发展。但是，在生态经济领域，相对于《国家生态文明建设示范市县建设指标》的一般工业固体废物综合利用率不小于80%而言，毕节试验区在推进城乡生态融合过程中，工业固体废物综合利用率在2018年达到最高值71.11%，与《国家生态文明建设示范市县建设指标》还有很大差距，其主要原因有以下两点。

一是毕节试验区在生态产业的技术升级上投入较少。从绝对数据来看，除去投入最高的2016年（投入了13.77亿元），2011年到2018年，毕节试

① 参见王星《林海“愚公”文朝荣：战天斗地带来“林茂粮丰”》，《贵州日报》2021年6月26日，第1版。

验区的工业污染治理设施运行费用总体呈下降趋势（从 10.35 亿元降低到 4.79 亿元）。与此相对，2012 年到 2018 年，毕节试验区的二氧化碳排放总量尽管从 200721.67 吨逐渐减少到 125131.99 吨，但是其减少的幅度相对较少，每年仅仅减少几百吨。工业固体废物综合利用率也一样，尽管从 2011 年的 68.27%上升到 2018 年的 71.11%，但这几年的利用率仅上升了几个百分点，而且有时利用率还在下降。所以，相比较而言，毕节试验区生态产业在技术及其升级上投入较少，这在一定程度上影响了生态产业的循环能力。

二是政府对生态产业科学研发的资金投入不足。生态产业的发展离不开生态产业的技术，而生态产业的技术离不开生态产业的科学研发。在城乡生态融合发展过程中，科学技术扮演着重要角色。我国城乡之间贫富差距较大、城乡生态产品短缺以及生态产业循环能力较弱的重要原因之一是缺乏产业化的高科技。毕节试验区为了实现城乡生态融合平衡发展，首先就要改变传统的个体经济的产业结构发展模式，转而采用现代高新技术的生态农业产业化、农业产业生态化的发展路径，并且运用科学的产业设备，再加上科学的规模化管理，使得生态资源实现高效利用。在这方面毕节试验区当下科学研发的资金投入与其生态产业循环发展的要求还有一定的差距，因而对后者水平的提高产生了一定的影响。

（四）生态特色小镇建设有同质化倾向

在生态生活领域，毕节试验区生态特色小镇数量逐年增多，但与《国家生态文明建设示范市县建设指标》规定的城镇新建绿色建筑比例≥50%相比较，还存在一定差距。并且，其中诸多生态特色小镇具有同质化的倾向，使得它们在自身产业发展上多不尽如人意，不少这类小镇处于半闲置、闲置状态，甚至还有些已经废弃。具体到它们同质化的缘由有以下几个方面。

其一，生态特色小镇没有结合文化特点而修建。无论是在城市还是在农村，不同的风貌和民俗都彰显着每一个地方所具有的特色，蕴含着不同时代浓厚的文化底蕴。这意味着生态特色城镇的建设要遵循“生态、绿色、可持续”的原则，要让人们“望得见山、看得见水、记得住乡愁”①。然而，

① 《习近平关于社会主义生态文明建设论述摘编》，中央文献出版社，2017，第 49 页。

目前毕节试验区在推进城乡生态融合过程中，各个地方之间相互效仿，特别是对收益大、人气旺的小镇进行效仿和翻修，使得诸多生态特色城镇的兴建并未体现地域文化、时代文化和民族文化的核心要素，更没有运用城镇独特的元素符号、视觉色彩等提高城镇的可观赏性和可识别性，没有严格遵循“规划一张图、审批一支笔、建设一盘棋”的管理机制，忽视了不同城镇具有的生态系统的个性特色，没有真正去打造有记忆、有个性、有内涵的生态特色城镇。另外，还有一些地方为了追求成绩而一味看重城镇雷同化、同质化的美化、亮化的条件，破坏原本就比较脆弱的自然生态系统，营造出越来越多的同一化的人工环境或人工模拟环境，最终造成“千篇一律”“百镇同质”的现象，使城市看起来僵硬且缺乏生态活力和美感以及文化个性特色。

其二，生态特色小镇没有结合生态功能而兴建。毕节市的“十三五”规划颁布以来，一直强调要遵循城镇风貌，建设一批具有特色的示范小镇和特色小城镇，同时大力提倡推进“四在农家・美丽乡村”建设。然而，诸如金沙县后山镇、黔西县林泉镇海子村等村庄和小镇的建设，与周围城镇建设难以融为一体，没有充分体现其应有的生态功能。再如七星关区天河古城、大方县慕俄格古城等文化小城镇也并未真正彰显毕节独特的历史文化。此外，毕节为发展特色小城镇和村庄而建立了一些文化产业园、工业园区，发展生态休闲旅游业和特色观光农业等产业，以此带动地区经济的发展，但许多小城镇和农家乐被重复建设，并未达到所提倡“一村一貌”的要求，让原本具有悠久历史文化的乡村失去“地域归属感”，当然也未充分彰显它们应有的独特生态功能。

其三，生态特色小镇以项目形式仓促兴建。毕节试验区特色小镇在开发过程中，基于时间短、效率快的要求而模仿其他地方建设成功的小镇，并未充分考虑毕节小镇的具体情况。这样，毕节试验区小镇的设计规划只是由考察团选取几个建设成功的小镇作为参考，并未将毕节的地主特色融入其中。虽然建设成功的小镇具有一定的参考价值，但是不结合自身情况建设小镇，只是一味地照搬与复制，其小镇建设的效果无疑是东施效颦，建成的生态特色小镇在景区布局、文化亮点、商业配置、食宿特色等元素上与其他地方小镇几乎一模一样。特别在古镇的开发方面，其文化深度的挖掘是远远不够的。例如，大方奢香古镇建设虽然呈现出以前彝族的建设风格，但古镇里的服饰等文化特色与其他地方相比并无过人之处，建设风格大同小异，在文化特色和文化品牌方面没有体现出其应有的价值和效益。文化是古镇发展的灵魂，没有文化特色的古镇不能长远地立于不朽之地。古镇的开发必须在挖掘深厚的文化内涵和寻找独特的文化象征意义上去创新发展。因此，毕节试验区生态特色小镇以项目形式仓促兴建，未能充分凸显自己的独特文化，导致重复性建设现象比比皆是。

可见，为了提高生态特色小镇品牌影响力，特别是一些地域特色极强的古镇，地方政府应该统筹规划，因地制宜，朝着凸显地方特色，彰显地方文化内涵的方向发展，并遵循人与自然和谐共生的理念，做到物与自然相得益彰，达到和谐的统一。

第四节 美丽宜居背景下毕节试验区城乡生态融合发展的机遇与挑战

毕节试验区推进城乡生态融合过程中，在生态安全、生态空间、生态经济和生态生活领域取得显著成绩，但参考《国家生态文明建设示范市县建设指标》来看，还存在许多不足。因此，突破城乡生态融合发展瓶颈、推进城乡生态平衡发展，成为毕节试验区城乡生态融合高质量发展迫切需要解决的问题。另外，随着毕节试验区社会生产力不断发展，毕节人民生活水平迈上一个新台阶，对优美生态的需要也日益强烈。由此建设美丽宜居的城乡成为毕节人民日益增长的优美生态需要的客观要求。立足于毕节的上述现实状况，在我国建设美丽宜居小镇、美丽宜居村庄发展战略的推动下，毕节试验区的城乡生态融合发展既迎来了前所未有的机遇，也面临一定的挑战。

一 美丽宜居提出的背景、内涵、特征及带来的机遇

进入新时代，我国社会主要矛盾已经转化为人民日益增长的美好生活需要和不平衡不充分的发展之间的矛盾。所以，美丽宜居、安居乐业的美好生活已成为我国人民在生产力不断发展的基础上日益增长的迫切需求，也是我国为了实现城乡之间平衡发展、充分发展而推进城乡融合的内在要求。因此，正确认识和理解美丽宜居提出的背景、内涵、特征及带来的机

遇，才能更为深入地把握毕节试验区城乡融合发展所面临的机遇与挑战。

（一）美丽宜居提出的背景

党的十八大以来，我国经济社会发展突飞猛进，生态文明建设也取得巨大成就，人民对日益增长的绿色生活、低碳生活需要日益强烈，寻求美丽宜居、安居乐业的幸福生活成为人们的迫切愿望。但是，“三农”问题仍然是影响我国进入中国特色社会主义现代化强国建设阶段的重要因素。解决“三农”问题成为当前我国经济社会实现持续健康发展的关键。在这样的背景下，2013 年，住房和城乡建设部颁布了《美丽宜居村庄示范指导性要求》，要求各地落实美丽宜居村庄的遴选工作，选出蕴含田园美、村庄美和生活美的村庄。为了贯彻文件精神，我国各地在实践上开始探索建设田园美、乡村美和生活美的村庄，即保护村庄自然生态环境和人文生态环境，实现人民安居乐业。

受此影响，2018 年“中央一号文件”明确提出要使“农村生态环境根本好转，美丽宜居乡村基本实现”。由此，改善农村生态环境、推进美丽宜居乡村建设在全国各个地区掀起一股热潮。随后，为了全面落实和贯彻党的十九大精神，加快农村农业发展的进程，更好实现乡村振兴战略目标，住房和城乡建设部发布了《关于开展美丽宜居小镇、美丽宜居村庄示范工作的通知》，要求各地依据景观风貌美丽宜人、村镇格局特色鲜明、公共设施配套完善、乡风民俗保护良好、经济发展水平较高及当地居民安居乐业等标准进行美丽宜居村庄的遴选工作。

改革发展 40 多年以来，东部沿海地区的经济发展已取得极大成就，西部地区也在东部地区的带动下逐渐发展起来，但是东西部之间仍然存在发展不平衡不充分的问题。党的十九大提出乡村振兴战略以来，西部地区较为滞后的乡村发展得到了进一步的重视。为了顺应时代发展，满足区域协调发展进入新阶段的要求，2020 年 5 月 17 日，中共中央、国务院颁布了《关于新时代推进西部大开发形成新格局的指导意见》，提出强化举措加快推进西部大开发形成新格局，要求深入实施乡村振兴战略，以建设美丽宜居村庄为目标，加强农村人居环境和综合服务设施建设。由此可见，美丽宜居的提出，不仅顺应我国人民日益增长的美好生活需要的内在规律，也是中国特色社会主义现代化建设的应有之义。

（二）美丽宜居的内涵

1. 美丽宜居的含义

在《现代汉语词典》（第7版）中，“美丽”是“使人看了产生快感的；好看”的意思。杨玫等学者在相关著作中阐述“美”具有主观论、客观论和主客观统一论三种。在主客观统一论中，朱光潜认为美是主观的意识对客观事物起作用后所形成的“物的形象”。而在客观论中李泽厚认为美是一种社会价值或社会属性，是在现实生活中对那些社会发展的本质、规律和理想等用感官进行直接的感知而形成的具体的社会和自然的形象。总之，美是人的创造并与人的感觉器官紧密相连。①

至于“宜居”，不同学者有不同看法。李天丽认为，宜居是适宜人类居住，并且这种居住环境要不断优化，达到人类理想居住地的程度。② 陈蓉则把宜居定义为适宜人们居住、工作与生活的环境。③ 孔祥智等认为，宜居是人类最基本的生存需求和精神层面的追求的有机结合。④

具体到美丽宜居，徐元莉在分析贵阳生态文明实施路径指标体系时，提出了空间开发格局优化、生态产业体系构建、生态建设和环境保护、生态宜居城市建设、生态文化建设、生态文明社会建设和生态文明制度建设等七个方面的指标体系，⑤ 但对生态宜居城市建设的内容没有做深入具体的论述。马跃根据河北省自身生态条件提出河北省生态宜居乡村评价指标体系，将污染治理、资源环境、经济活力、生活质量、基础设施和文明程度等作为生态宜居的六大指标。⑥ 吴中楠在分析长沙县美丽乡村建设评价指标体系时，认为美丽乡村的主要内容包括布局美、产业美、环境美、生活美

---

① 参见杨玫、郭卫东《生态文明与美丽中国建设研究》，中国水利水电出版社，2017，第13页。

② 参见李天丽《延边州乡村生态宜居建设问题研究》，硕士学位论文，延边大学，2019。

③ 参见陈蓉《玉溪生态宜居幸福城市评估指标体系的研究》，硕士学位论文，云南大学，2017。

④ 孔祥智、卢洋啸：《建设生态宜居美丽乡村的五大模式及对策建议——来自5省20村调研的启示》，《经济纵横》2019年第1期。

⑤ 参见徐元莉《贵阳市生态文明评价与实施路径研究》，硕士学位论文，浙江大学，2015。

⑥ 参见马跃《基于“乡村振兴”战略下的河北省生态宜居水平测度》，硕士学位论文，河北经贸大学，2019。

和风尚美等五个层面。[①] 结合以上论者的相关阐述，可见美丽宜居是美丽乡村和生态宜居的有机统一。

根据住房和城乡建设部发布的《关于开展美丽宜居小镇、美丽宜居村庄示范工作的通知》的要求，各地要按照美丽宜居村镇示范指导性要求，选择自然景观和田园风光美丽宜人、村镇风貌和基本格局特色鲜明、居住环境和公共设施配套完善、传统文化和乡村要素保护良好、经济发展水平较高且当地居民（村民）安居乐业的村庄和小镇作为示范候选对象，并积极探索符合本地实际的美丽宜居村镇建设目标、模式和管理制度，科学有序推进美丽宜居村镇建设。由此从《关于开展美丽宜居小镇、美丽宜居村庄示范工作的通知》中的美丽宜居村镇示范指导性要求可知，美丽宜居小镇、美丽宜居村庄的指向对象为自然风光美丽宜人、风貌格局特色鲜明、人居环境设施完善、传统文化要素良好、生活富足安居乐业的村庄和小镇。这也突出地说明了美丽宜居主要是指在生态环境上自然风光美丽宜人，在生态空间上风貌格局特色鲜明，在生态生活上人居环境设施完善，在生态文化上传统文化要素良好，在生态经济上生活富足安居乐业。

（三）美丽宜居的特征

由于我国各地区经济发展程度、地理环境及生态环境条件的差异，美丽宜居村庄建设和评估的方法、侧重点也有所不同，美丽宜居依据地区经济发展、地理环境特点与生态环境天然优势的不同而呈现动态性、地域性和历史性的特征。

第一，动态性。在《现代汉语词典》（第7版）中，“动态”指的是“（事情）变化发展的情况”。适宜人类居住的优美环境能够使人们产生愉悦情感，这是美丽宜居所具备的一种属性。因为人们的愉悦情感将随着人们生活水平、生态环境优美程度的提高而不断得到强化，并且这种愉悦情感的强化在人们有生之年一直没有穷尽，所以，从愉悦情感的这种属性来看，美丽宜居当然具有动态性的特征。

第二，地域性。在《现代汉语词典》（第7版）中，“地域”指面积相

① 参见吴中楠《长沙县美丽乡村建设综合评价研究》，中南林业科技大学，硕士学位论文，2020。

当大的一块地方，或者指本乡本土。我国各个地区发展不平衡，生产力发展程度存在很大差异，各地区财力参差不齐，这就导致美丽宜居建设的要求也有所不同，因而建设的内容就会有所增减。不同地区经济发展程度不同，其美丽宜居建设的指标或标准也不尽相同，所以美丽宜居建设依据不同地区的不同经济发展程度而呈现地域性的特征。同时，由于不同的地域其文化特点也不相同，而美丽宜居建设必须结合并凸显地域文化元素及其特点，所以，从地域文化的特征来看，美丽宜居也必然具有地域性的特征。

第三，历史性。在《现代汉语词典》（第 7 版）中，“历史”指的是“自然界和人类社会的发展过程，也指某种事物的发展过程和个人的经历”。美丽宜居是适宜人类居住的优美环境引起人们愉悦情感的一种属性，主要指生态环境上自然风光美丽宜人，生态空间上风貌格局特色鲜明，生态生活上人居环境设施完善，生态文化上传统文化要素良好，生态经济上生活富足安居乐业。这意味着我们向美丽宜居目标的迈进不是一蹴而就的，而是一个不断由低层次建设向高层次建设跃迁的过程，总体上具有鲜明的历史性的特点。

（四）美丽宜居给城乡生态融合发展带来的机遇

美丽宜居意味着在生态环境上自然风光美丽宜人，在生态空间上风貌格局特色鲜明，在生态生活上人居环境设施完善，在生态文化上传统文化要素良好，在生态经济上生活富足安居乐业，与此相一致，美丽宜居主要涵盖生态环境、生态空间、生态生活、生态文化、生态经济等五个领域，这与《国家生态文明建设示范市县建设指标》具有一致性，给城乡生态融合发展带来了难得的机遇。

其一，有利于明确城乡生态融合发展方向。城乡生态融合是我国城乡经济社会实现持续健康绿色发展的重要途径，也是实现城乡生态平衡充分发展的重要手段。虽然城乡之间的生态资源具有各自优势，但朝什么方向去融合发展，这是必须明确的，否则就会盲人摸象，不能达到预期的效果和目标。在这方面，美丽宜居既是我国进入新时代之后提出的战略目标，也是我国人民生活水平迈向一个新台阶的客观需求，由此以其蕴含着的高要求、高标准、高质量明确了城乡生态融合的基本方向。

其二，有利于确立城乡生态融合的基本遵循。目前，我国城乡生态发展各有长处和短处，城乡生态融合中出现的错融、乱融现象也一度比较突出。而从美丽宜居的要求来看，这就必须从生态环境、生态空间、生态生活、生态文化等几方面考虑，这对确立城乡生态融合的基本遵循具有重要意义。

其三，有利于建立城乡生态融合的价值目标。城乡生态融合是在发挥城市和乡村各自的生态优势上，实现城乡互利互惠和共荣共生，但是由于建立融合的价值目标尚不清晰，城乡生态融合的生态产品等一度难以满足人们的需要。我国提出要建设美丽宜居村庄，力求从自然风光、风貌格局、人居环境、传统文化和生活富足上满足人们对物质需要和精神需要的追求。因此，美丽宜居的建设不仅符合当下人们对美好生活的需要，也为城乡生态融合确立了价值目标。

二　美丽宜居背景下毕节试验区城乡生态融合发展的机遇

（一）毕节试验区城乡生态融合发展新政策的发布

依托美丽宜居的背景，毕节试验区城乡生态融合发展具有独特的机遇。毕节试验区位于我国西南地区，它与西南其他地区作为一个整体，形成了我国生态安全的重要屏障。与此相联系，近年来我国在政策、资金、人力等方面颁布施行了一系列政策，以支持西部地区特别是毕节试验区城乡生态融合发展。较为典型的例如《关于新时代推进西部大开发形成新格局的指导意见》，要求深入推进西部地区城乡融合发展，全面实施乡村振兴战略，建设美丽宜居村庄，坚持走绿色发展的道路。不仅如此，国家在推进西部大开发中，还将“一带一路”发展融入西部地区发展中，借助西部地区生态资源的优势，使毕节试验区等西部地区与我国其他地方甚至世界各地相连接，这就更好地统筹协调了东西部地区的城乡生态融合发展，更为有力地推动了诸如毕节试验区等西部地区的对外合作与交流。

（二）毕节试验区发展基本方位的明确

城乡生态融合发展是在充分发挥城市和乡村各自的生态资源优势的基础上，通过互补的形式促进城市和乡村生态和谐发展，达到共生共荣、互惠互利的发展状态。因此毕节试验区的城乡生态融合发展既是毕节经济社会实现持续健康绿色发展的有效途径，也是实现毕节试验区城乡生态平衡充分发展的重要手段。这种包括生态空间、生态经济和生态生活等的城乡生态融合发展以顺应时代变化的美丽宜居为所在区域城乡建设发展所要达到的目标，极为鲜明地凸显了我国人民对生态优美的美好生活的期盼，最为彻底地为当下毕节试验区城乡的进一步发展明确了基本方位。

（三）毕节试验区发展价值遵循的明确

城乡生态融合发展涉及经济、社会、生态等方面的内容，需要按照什么样的价值标准，遵循什么样的原则和准则，都是必须考虑的问题。而美丽宜居是我国为解决乡村振兴及城乡融合发展问题提出的发展目标，蕴含着面向未来的丰富内涵，其关于人们生活富足安居乐业的内在追求为毕节试验区城乡生态融合发展提供了明确的价值遵循。这一将绿色发展理念深刻地包含于其中的价值遵循使毕节试验区经济、社会、生态等方面的建设没有被各自不同的向度割裂开来，而是在诸如生态空间不断完善的规划当中一直沿着生态化的目标前进。

三　美丽宜居背景下毕节试验区城乡生态融合发展面临的挑战

在美丽宜居背景下，毕节试验区城乡生态融合发展迎来独特机遇的同时，也面临不少的挑战，具体体现为以下几方面。

（一）自然生态环境比较脆弱

毕节试验区属于喀斯特地貌和多山地形非常典型的地区，其总体自然生态环境比较脆弱，尤其是土地石漠化和水土流失等现象比较严重，且生态修复的难度比较大。具体而言，一是自然条件比较恶劣。在试验区建立以前，毕节一度被称为“不适宜人类居住”的地方，其森林覆盖率仅有14.9%，裸山石地有230多万亩，生态环境脆弱不堪，而当地居民“越荒越穷”“越穷越生”“越生越垦”“越垦越荒”，如此循环往复以致自然环境承受的压力越来越大。二是生态问题频发。毕节试验区的生态系统经过多年治理已经有了极大改观，但与当地脆弱的自然生态环境的现实有关，至今仍然处于低稳定循环的状态，比较典型的表现是：其一，一些地方稍有雨水不足就会出现河流断流、水坝干枯等现象，导致严重的缺水；其二，水土流失、土地荒漠化没有得到有效改善；其三，泥石流等自然灾害频频发生。

按照美丽宜居的标准，其在生态环境上的要求是自然风光美丽宜人，但毕节试验区自然生态环境脆弱，使得对标对表来看，这一试验区城乡之间生态资源的丰富性、生态融合过程的优越性与现实规划目标尚有差距。此外，城乡之间生态资源的互补性尚需进一步强化，城乡生态融合的成效也需要进一步提高，在生态环境上达到自然风光美丽怡人的目标仍有比较长的一段路要走。

（二）绿色发展相对滞后、环境治理资金尚不充裕

1. 绿色发展缓慢前行

美丽宜居在生态生活方面的要求是实现人居环境充分改善。而根据《国家生态文明建设示范市县建设指标》中生态生活的内容可知，生态生活涵盖人居环境改善和生活方式绿色化两大任务。这就表明绿色发展是生态生活的重要内容和重要指标之一。它作为我国重要的新发展理念的实践向度，以效率、和谐和持续为目标，兼顾发展规模与速度，注重质量与效率的协调，从而实现社会、经济、生态的和谐统一，总共涵盖资源利用、环境治理、环境质量、生态保护、绿色生活、公众满意度等七个指标体系。这些指标体系与我国社会经济的发展密切相关，即一个地区经济越发达，它的绿色发展指数越高，反之，经济不发达地区的绿色发展指数相对较低。

具体到毕节试验区，在推进西部大开发战略实施中，其一直致力于在生态保护中谋求发展，在发展中谋求生态保护，始终坚持走绿色可持续发展的道路。但是作为一个后方赶超的试验区，不仅广大人民群众绿色文化素质的提高不是一朝一夕的事情，而且相关绿色基础设施的建设也不可能一蹴而就，这意味着当地推进绿色发展是一个循序渐进的过程。在这个过程中的相当一段时间内，毕节试验区在生态生活方面的状况肯定与美丽宜居的标准有一定的差距，这在外在表现上就是毕节试验区在完善人居环境设施方面面临挑战。

2. 生态环境治理资金尚不充足

生态环境治理离不开经济发展的支撑。在这方面毕节试验区虽然已经取得了不俗的成绩，但是该地生态产业循环能力相对先发地区而言还比较

弱，生态资源循环利用也比较少，与此相一致，地方经济发展与先发地区相比还有差距，这在一定程度上使毕节试验区生态环境治理资金的投入难以得到充分的保障。另外，当下相关资金来源比较单一，由此产生了叠加效应，加大了资金保障的难度。生态治理不仅是国家的职责，我们每个人都应承担一定的责任。在这方面实际上毕节试验区群众也被广泛发动起来，参与地方生态治理的自觉程度与开展试验区建设以前相比有了很大的提高。而政府在精准扶贫投入大量的资金之后，如今又要为推动乡村振兴提供大量资金投入，导致在生态环境治理投入资金上面临不小的压力。

（三）绿色生活观念相对陈旧

应该承认，在毕节试验区建立以前较长一段时间内，当地部分群众绿色可持续发展的观念尚未充分觉醒，因此他们为了多种一点粮食作物等到处开荒种地，乱砍滥伐，一味追求经济效益而忽略生态环境的保护，造成毕节生态环境修复困难。经过 30 多年的努力，试验区森林覆盖率不断提高，水土流失现象有所减少。政府积极倡导大力发展生态农业等一系列的产业，使得经济发展和生态保护协同发展。但由于先前从生产到生活甚少关注环境保护的观念意识的“拖尾”现象，即生活意识自身的相对独立性决定了社会向前发展以后其并不会立即随之消失，而是会或长或短地继续存在一定的时间，所以当下毕节试验区尤其是广大农村地区，相对先发地区而言群众的绿色生活观念还比较陈旧。

第五节　美丽宜居背景下毕节试验区城乡生态融合发展的对策

近年来，在各项政策的大力支持下，毕节试验区城乡生态融合取得了比较突出的成绩，但也存在一定的问题，面临一些挑战。因此我们必须紧密结合美丽宜居的背景，深入分析毕节试验区城乡生态融合中出现的问题和挑战，梳理提炼出有针对性的对策。

一　加强毕节试验区生态特色小镇建设的可持续性

毕节试验区生态特色小镇是城乡生态融合中重要的生态产品，只有实现生态小镇可持续发展，才能推动毕节试验区城乡之间在生态上、经济上的平衡发展，进而才能更好地推动该地域城乡生态融合发展。

（一）加强生态特色小镇绿色发展

毕节试验区特色小镇建设要始终坚持“绿色化”的理念。从静态内容来看，“绿色化”主要指低碳、环保、可持续等。从动态的过程来看，“绿色化”意味着从社会的多个环节入手，贯穿事物发展的始终，它涉及理念引领、实践引导、过程管理等多个向度的操作。与此相一致，当今我们一方面需要将绿色理念渗入特色小镇建设的方方面面，尤其是要处理好特色小镇发展与生态环境保护的关系，坚决摒弃先污染后治理的观念。另一方面，毕节试验区的生态乡村发展的整个过程，都要遵循“绿色化”发展的核心理念，并使之渗入特色小镇经济、政治、文化、生活的全过程，使人与人、人与自然呈现“绿色”和谐的状态，让乡村生态系统生机盎然。具体做法上比如特色小镇的污水处理必须达标，垃圾处理必须妥善，不能以牺牲当地的生态环境来发展经济，从而打造出真正的“绿色毕节”。

（二）提高生态特色小镇的供给质量

第一，毕节试验区生态小镇的建设要充分利用好城乡之间特有的生态资源优势，达到互补性的目标，从而实现城乡平衡充分发展。第二，毕节生态小镇的建设要与毕节独特的文化结合起来。毕节具有浓厚的彝族文化特色，其中最具有代表性的是奢香文化，因此，毕节试验区生态小镇建设要结合地方文化特色，打造独具风貌的生态小镇，既让试验区的民族文化为人所知，也让地方优秀传统文化在继承中不断创新，不断拓展自己的绿色内涵。第三，生态小镇建设要与美丽宜居的价值遵循相结合。毕节试验区生态小镇的建设不仅要地方文化特色鲜明，还要体现出自然环境美丽宜居、空间格局风貌天人合一、人居环境舒适怡人的特点。

（三）加强生态特色小镇建设与经济建设的协调发展

其一，生态小镇建设必须与毕节的就业相结合。毕节试验区一直处于人口比较多，就业机会比较少的状况，大部分人不得不选择外出打工以维持生活。因此，毕节试验区在建设生态小镇的过程中要充分考虑群众的就业问题。例如我们一方面可以发动群众打扫街道、收集垃圾、培植花草树木等来美化小镇，另一方面借助美化小镇的各项工作来推动群众充分就业。这样加强生态小镇的建设实际上也就在为毕节当地的村民解决就业难的问题，由此留住了青壮年劳动力，也就会相继解决留守儿童以及空巢老人的问题，使得小镇居民的生活与小镇的建设两相和谐。

其二，生态小镇建设必须与毕节经济发展的程度相结合。毕节试验区经济的发展是社会、文化、生态等因素发展的前提条件，如果生态小镇建设超出毕节经济发展的承载力，就会造成建设、经营成本过高的问题，而消费带来的收入比较低，会导致生态小镇的建设没有可持续性；而如果建设、经营成本过低，则会使小镇生态资源难以得到充分利用与发展，生态小镇的固有特色也难以充分体现出来。因此，生态小镇的建设必须紧密结合当地经济发展的水平，这样二者相得益彰，协同发力推动当地生态特色小镇良性运行、和谐发展。

二　推进毕节试验区“两山”的协调建设

习近平总书记在浙江省安吉余村考察时提出“绿水青山就是金山银山”的科学论述，被人们简称为“两山”理念。它作为我国生态文明建设的核心价值理念被写入中央文件、党的十九大报告以及修订的党章里面，对中国特色社会主义建设以及我国城乡生态治理和转型具有重要的指导作用。“两山”理念阐述的是生态和经济发展之间的辩证关系，揭示了保护和改善生态环境就是保护和发展生产力，从而论证了经济发展与生态环境保护相统一是实现人与自然和谐共生的必然选择。因此，毕节试验区城乡生态融合发展进程中要合力打造“两山”顶层设计，合力促进“两山”良性互动，从而化解毕节试验区发展与生态之间的矛盾，实现巩固脱贫攻坚与乡村振兴战略和谐的衔接，进而使毕节试验区成为贯彻新发展理念的示范区。

（一）加强金山银山的统筹规划

首先，为了实现毕节试验区产业的生态化，我们需要特别重视毕节各个地方的生态环境阈值和自然禀赋等因素，具体问题具体分析，因地制宜地确定产业结构，政策行为要根据当地自然地理环境来制定实施，坚持以宜农则农、宜商则商的原则来协调开展工作。例如宜农则农，这个原则就是在农业生产中要根据当地的实际情况因时制宜、因地制宜，宜牧则牧、宜渔则渔、宜林则林、宜副则副。如果一个地方生态压力实在太大，那就让这个地方完全回归自然，也即退耕还湖、退耕还草、退耕还林、退耕还水，给自然以自我修复的时机。

其次，要能动地把自然条件转变为生产生活优势来实现生态地生产生活。不管是穷山恶水的地方还是山清水秀的地方，我们都可以创造性地做到这一点。例如我国的宁夏、甘肃、青海、内蒙古等地都有沙漠地带，当地沙尘暴等给老百姓的生产生活带来灾难。但如果换一个视角，把沙漠资源很好地利用起来，则会成为经济上的优势，带动当地经济发展。如将适宜沙漠气候的果蔬、茶叶等种植在已经沙化的地方，这些植物的根须可以固定住土质，长出的枝蔓可以制作刨花板等，其果实可做成食品。时机如果合适，将其运用于乡村生态旅游也能为当地老百姓增加收入。总之“思路一变天地宽”。

最后，大力发展生态产业。要发展生态产业，关键在于在推动农业、工业和服务业生态化的同时，严格遵循产业生态学的基本原则。让这三个方面总体上相互和谐，能互相借力助力协同发展。在农业方面，既要继承有机农业的经验，又要学会利用新科技革命成果，向着发展现代高效生态农业前进；在工业方面，要利用好“互联网+工业化”的方式，走新型工业化道路；在第三产业方面，着力推动生态旅游产业、节能环保产业建设。这方面可以通过大力建设毕节试验区已有的奢香古镇、鸡鸣三省景区、百里杜鹃旅游风景区以及其他比较有特色的森林公园等来进行先行先试，有重点地推动。

（二）持续推进生态建设，致力实现水绿山青

随着毕节试验区的建立，当地群众开始充分了解“生态建设”的内涵，也开始参与系统规范的生态建设。总体过程上表现为 1988 年以来，人们有关生态建设的意识逐渐从朴素的认识到系统认知，行动上从开始的盲目治理、零星治理到后来的规范建设和整体推进。具体来看，早在 1989 年，毕节试验区就初步提出了生态建设的构想。1989 年，四易其稿的《毕节地区开发扶贫、生态建设试验区发展规划》，提出了当地生态建设的具体实施方案，其目的是要寓生态建设于经济开发中，逐步实现以经济开发支持生态建设，以生态建设促进经济发展。主要内容包括以下几点。第一，以退耕

还林还草为突破口，合理运用土地资源，采取行政、经济、法律等措施，推广与农业相适应的技术。第二，为减少水土流失等现象，采取工程、耕种等措施相结合，对一些小流域或者小区域进行综合治理。第三，结合工程治理和面土防治，在抓好“3356”等水土保持工程的同时，采取依法治林、封山育林等措施，使林草覆盖率得以提升。[①] 此外，还提出要推动形成绿色生活方式，减少燃煤的使用，城镇工业企业要减少“三废”的排放，改进技术，提高生产质量。2008年，毕节试验区在前面的基础上，制定了《贵州省毕节“开发扶贫、生态建设”试验区改革发展规划（2008—2020）》，明确规定到2010年，试验区森林覆盖率要达到38%，新增治理水土流失的面积达到600平方公里，荒漠化、水土流失、环境污染要得到有效控制。至2015年，域内森林覆盖率要达到40%，水土流失和石漠化要得到有效遏止。到2020年这个关节点，试验区森林覆盖率、水土流失治理等生态建设要有明显改善，形成“两江”上游生态安全屏障，生态环境基本好转，人与自然和谐共处。总之，试验区要通过实行造林绿化、环境保护、水土保持等一系列政策措施，加上统筹推进林业、农业、扶贫、水利等工程项目，从点、面、线“三位一体”的维度进行生态建设，使域内生态环境逐渐得到根本性的改变。

可见，毕节试验区的城乡生态融合发展，它以“两山”理念为引领，一是统筹山水林田湖的治理，整体推进生态环境建设，改变以前零星治理的方式；二是大力实施长江中上游防护林体系建设工程项目，加强领导，一级带着一级干；三是大力宣传，加强生态建设与保护意识，同时抓管理、重规模、保质量，建立健全激励机制；四是严格抓管护，巩固造林成果；五是大力实施“天保”工程，从领导管理、合理安排、科技先行、资金保障到制定规章制度等方面协同用力，积极推进退耕还林还草等系统工程，积极探索石漠化治理的对策措施，大力推进水土保持与环境保护。

（三）合力促进“两山”良性互动

在毕节试验区坚持发展与生态两条底线，推动促进“绿水青山”与“金山银山”良性互动，一方面我们必须坚定不移地坚持党的领导。“党政

---

① 参见谭齐贤《毕节：生态文明先行区》，贵州大学出版社，2015，第105页。

军民学，东西南北中，党是领导一切的。"[①] 因为我国"历史已经并将继续证明，没有中国共产党的领导，民族复兴必然是空想"[②]，所以包括毕节试验区城乡生态融合发展在内的我国正在大力推进的生态文明建设必须毫不动摇地坚持党的领导。具体到毕节试验区的城乡生态融合发展，我们在其关涉的各项工作中"要坚定执行党的政治路线，严格遵守政治纪律和政治规矩，在政治立场、政治方向、政治原则、政治道路上同党中央保持高度一致。要尊崇党章，严格执行新形势下党内政治生活若干准则，增强党内政治生活的政治性、时代性、原则性、战斗性，自觉抵制商品交换原则对党内生活的侵蚀，营造风清气正的良好政治生态。完善和落实民主集中制的各项制度，坚持民主基础上的集中和集中指导下的民主相结合，既充分发扬民主，又善于集中统一。弘扬忠诚老实、公道正派、实事求是、清正廉洁等价值观，坚决防止和反对个人主义、分散主义、自由主义、本位主义、好人主义，坚决防止和反对宗派主义、圈子文化、码头文化，坚决反对搞两面派、做两面人"[③]。这样让试验区的城乡生态融合发展始终处在党的坚强领导之下，"既要绿水青山，也要金山银山"，不断焕发新的生机与活力。

另一方面，在坚持党的领导的前提条件下，加强多党合作以形成推动试验区"两山"良性互动的合力。关于"两山"，习近平总书记指出："这'两座山'之间是有矛盾的，但又可以辩证统一。"[④] 在实践活动中，人们的认识从"用绿水青山换取金山银山"、"既要金山银山也要保住绿水青山"到"绿水青山本身就是金山银山"的过程，也是人与自然不断趋于和谐的发展过程。绿水青山和金山银山两者之间的这种辩证统一关系，说明我国生态保护与经济发展之间的关系并不是形而上学对立的，而是辩证统一的。

毕节试验区自建立以来，生态保护与经济发展之间的矛盾就一直存在，如何协调好两者之间的关系是毕节试验区长期以来亟须解决的一个难题。

---

① 习近平：《决胜全面建成小康社会　夺取新时代中国特色社会主义伟大胜利——在中国共产党第十九次全国代表大会上的报告》，人民出版社，2017，第20页。

② 习近平：《决胜全面建成小康社会　夺取新时代中国特色社会主义伟大胜利——在中国共产党第十九次全国代表大会上的报告》，人民出版社，2017，第16页。

③ 习近平：《决胜全面建成小康社会　夺取新时代中国特色社会主义伟大胜利——在中国共产党第十九次全国代表大会上的报告》，人民出版社，2017，第62~63页。

④ 习近平：《之江新语》，浙江人民出版社，2007，第186页。

对此30多年以来党领导下的多党合作一直服务于试验区的建设与发展，在推进发展和生态两和谐上做了一系列工作。一方面，党领导下的各民主党派充分参与毕节试验区生态建设与开发扶贫，协力改善域内生态环境，减少贫困人口。在党的领导下，我们党与各民主党派同心同德，运用各自具有的优势，用战略性、长远性的发展眼光和理念帮助毕节试验区生态建设和经济发展理思路、谋发展、定目标，并开展各类培训等以激发广大干部群众自我发展的积极性。同时团结人民，集各方力量，为毕节试验区生态建设与经济发展提供人力、物力、财力的有效保障，充分展示了党领导下的多党合作机制对毕节试验区城乡生态融合发展的极大推动作用。另一方面，在党的领导下，面对毕节试验区城乡生态融合发展的现状，各民主党派充分发挥了参政议政和民主监督的作用。这在很大程度上有效促进了毕节试验区生态建设的民主化与科学化，让“两山论”既能“顶天”，也能“立地”，特别是能相互和谐地相辅相成，相互促进，良性运行，使试验区从一个生态环境恶化、贫困人口居多地区逐渐转变为生态环境良好、贫困人口逐渐减少的示范区。

三　提升毕节试验区生态产业的循环能力

如前所述，毕节试验区城乡生态产业的循环能力较弱，在一定程度上影响到了毕节经济的发展，也对毕节生态资源造成了一定的破坏。因此，我们在毕节试验区要采取加大城乡生态治理人才的培养力度等系列措施，以强化当地生态产业的循环能力。

（一）加大城乡生态治理人才的培养力度

人才流入毕节广大城乡，势必会带动增强地方的自主创新创业能力，特别是广大农村因为人才的到来，在完善农业科技创新激励保证措施前提下，可以大规模激发人才的创新潜能和创新积极性，为毕节试验区城乡生态融合发展不断注入新的活力。因此，毕节试验区要顺利推进城乡生态融合发展，城乡生态治理人才是关键。在这方面毕节试验区经济发展相对较滞后，教育水平也相对比较低，因而生态治理人才比较匮乏。因此，当下我们必须加强培养生态治理方面的人才，以为毕节试验区城乡生态融合发展及美丽宜居建设提供人才保障。一是要改变传统思想观念，不断加强对人才的重视；二是要千方百计加大对教育资金的投入以培养更多优秀人才；三是为改变当下乡村人才匮乏的状态，毕节试验区各级政府部门要采取得力措施，例如可以出台相关的政策补贴去吸引人才下乡，不断优化各类人才在城乡的工作环境。

（二）提升生态农业的循环能力

生态农业是以生态经济学原理为理论基础，整合资源与景观的合理开发与建设，实现生态和农业生产的良性发展，最终达到生态优质高产与经济协调发展的一种农业现代化发展的模式。当下我们发展生态农业，不仅能够满足城市对生态农产品日益增长的需要，也可以给农产品产出地的广大乡村的群众带来更高的收入，更能够在生态的基础上不断提升地方的农业循环能力。因此，毕节试验区持续提升城乡生态融合发展的水平，大力发展生态农业，推动增强生态农业的循环能力是一条必由之路。这主要包括以下几个方面。

第一，加强生态农业规划。好的规划是成功的一半，因此毕节试验区要在生态农业的发展中，规划好不同产业所占据的位置。这方面既要考虑发展理念以及战略发展的目标、重点、策略和措施等，也要对生态农业的生态过程、生态系统、突出特色、发展优势等进行分析架构，其目的是实现可持续发展，使资源得到高效利用，从而实现毕节试验区经济发展、生态环境以及社会发展的相互和谐。排在第一位的任务是做强优势产业，包括突出区域化、规模化、产业化理念，延长产业链条，做大做强六大特色主导产业等。此外还需要做精农产品加工。当下具体行动上毕节试验区正尝试“依托大方县食品药品园区以及黔西、金沙、威宁、赫章等产业园，扩大产业规模，延伸产业链条，提高附加值，引导加工企业向优势产区、产业园区集中，打造一批农产品加工企业集群，落实扶持农产品加工企业的各项政策，大力发展产地加工、贮藏保鲜、分级包装、冷链物流等，培育一批省级农产品加工试点示范企业，推动农产品加工业转型升级”①。

---

① 《中共毕节市委　毕节市人民政府关于推进农业供给侧结构性改革发展山地高效生态农业的实施意见》，https：//www.bijie.gov.cn/bm/bjsnyncj/fw_5126832/hnzc_5126837/201808/t20180816_67552181.html，最后访问日期：2022年6月3日。

第二，注重技术的投入研究，做活农业新业态。毕节试验区在生态农业发展中，除了加强规划以外，还需要利用新技术做活新业态、新产业。这主要包括“实施‘互联网 + 现代农业’行动，推进现代信息技术应用于基地生产、经营、管理和服务，鼓励对大田种植、畜禽养殖、渔业生产等进行物联网改造。采用大数据、云计算等技术，改进基地生产管理监测统计、分析预警、信息发布等手段，健全农业信息监测预警体系。大力发展农产品电子商务，完善配送及综合服务网络。推动科技、人文等元素融入农业，发展农田艺术景观、阳台农艺等创意农业，探索农产品个性化定制、农业众筹等新型业态。加强农业与大健康产业的深度融合，发展康养农业、体验农业”①。

第三，深化生态农业的理论研究。为了强化生态产业的循环能力，毕节试验区还需要把建设生态农业取得的经验上升到理性认识，构建具有指导性的使生态农业健康发展的理论体系，其内容主要涉及生态农业发展理论与方法、生态农业发展类型与模式、生态农业价值评估指标体系等。这样，理论彻底了，它才能掌握群众，才能利用自己科学、革命、绿色的创新性内涵对接群众的精神意识，以此引导他们在行动上也绿色地开展农业生产，不断提高生态农业循环的水平。

（三）提升生态旅游业的循环能力

生态旅游是以保护生态环境为前提，以统筹人与自然和谐发展为准则，并依托良好的自然环境和独特的人文生态系统，采取生态友好的方式，开展生态体验、生态认知并获得身心愉悦的旅游方式。毕节试验区地处的西南地区为喀斯特地貌，具备丰富的旅游资源优势，发展生态旅游业既推动当地经济发展，又没有以牺牲生态为代价，真正实现了生态和发展两和谐。因此，为实现毕节试验区城乡生态融合发展，推动美丽宜居毕节建设，我们必须大力提升生态旅游业的循环能力。

第一，创新生态旅游发展理念。试验区生态旅游要促进自然系统的良性运转而不是相反。这就需要生态旅游者和生态旅游经营者及当地受益的

---

① 《中共毕节市委　毕节市人民政府关于推进农业供给侧结构性改革发展山地高效生态农业的实施意见》，https：//www. bijie. gov. cn/bm/bjsnyncj/fw _ 5126832/hnzc _ 5126837/201808/t20180816_ 67552181. html，最后访问日期：2022 年 6 月 3 日。

居民都在保护试验区生态环境免遭破坏方面做出贡献，要在旅游中保护试验区的生态环境，在保护试验区生态环境的过程中发展域内的旅游产业。与此相关，毕节试验区一要加强和完善生态旅游业的体制机制。通过不断完善的体制机制促使当地生态旅游业发展既是在促进地方经济发展，也是在以自身的发展持续改善域内的生态环境。二要加强和完善基础设施建设。毕节试验区生态旅游业的循环可持续发展离不开完善的生态基础设施的支撑。典型的比如建立生态餐饮业，做好外来游客住宿的规划等，这样在吸引外来投资发展的同时，也为试验区生态旅游业注入了新动力，由此相应地提升了当地生态旅游业健康可持续发展的水平。

第二，聚焦“山地旅游+康养度假”。在做好规划的基础上，新时期毕节试验区正以百里杜鹃、织金洞、草海、韭菜坪等龙头景区提质升级为引领，以建成国家避暑度假康养旅游目的地、重要红色文化旅游目的地、藏羌彝文化产业走廊、彝族文化旅游示范区、体育旅游示范区为载体，创建国家全域旅游示范区，打造国际一流山地旅游目的地、国内一流度假康养目的地。推动“旅游+多产业”融合发展，促进文旅融合、农旅融合、商旅融合、交旅融合、康旅融合、体旅融合。大力推进服务业创新发展十大工程，力争服务业增加值增速高于 GDP 增速、高于西部和全国服务业。

第三，做优“乡村旅游+休闲农业”。按照《中共毕节市委　毕节市人民政府关于推进农业供给侧结构性改革发展山地高效生态农业的实施意见》的规划，为充分发挥山地特色农业资源优势，党的十八大以来毕节试验区“以农业文明和农村文化为主线，以城市郊区、农业园区、旅游景区及交通干道沿线为重点，结合生态移民工程、‘四在农家·美丽乡村’示范点，重点建设一批具有黔西北特色的旅游村寨，着力打造一批休闲农家（农家乐集聚区）、休闲农园、休闲农庄、休闲乡村精品点，发展休闲、观光、体验、康养农业”[①]。通过“乡村旅游+休闲农业”这些新举措，毕节试验区生态旅游循环发展的能力得到了显著增强，其城乡生态融合发展的水平也一步步跃迁到了新的高地。

---

① 《中共毕节市委　毕节市人民政府关于推进农业供给侧结构性改革发展山地高效生态农业的实施意见》，https：//www.bijie.gov.cn/bm/bjsnyncj/fw_5126832/hnzc_5126837/201808/t20180816_67552181.html，最后访问日期：2022 年 6 月 3 日。

第七章　遵义市山水生态城市建设

第一节　问题缘起与城市生态化发展

当今随着现代化进程的不断深入，人类借助机器的帮助在需求欲望无限膨胀的诱惑下，利用自身得到了极大增长的本质力量在前所未有的深度与广度上不断地索取自然界有限的资源。人们乱挖滥采各种矿产、乱猎滥捕野生动物、胡排乱卸工业“三废”等，让大自然再也难以消化其受到的恶性扰动，因而其运行偏离了正常的轨道。诸如资源枯竭、物种灭绝、环境污染、生态失衡等伤及人类本身的现象层出不穷，让我们这个世界面临一场划时代的生态危机。例如，据统计，“1 万年以来至工业革命前，地球大气中二氧化碳含量大约为 270—290 ppm。1988 年底据夏威夷岛 Mauna Los 站观测，二氧化碳含量大约为 350 ppm。预计下世纪末，大气中二氧化碳的增加量约为 150—300 ppm。除了二氧化碳以外，大气中二氧化硫、甲烷等含量也迅速增加，使温室效应十分明显。最近一个世纪以来，全球平均气温上升了 0.5℃，据专家估计，到下世纪中叶，地球表面温度将上升 3±1.5℃，即上升 1.5—4.5℃”[①]。全球气温上升会使海水因增温而体积膨胀，继而导致海平面增高。到时汹涌而至的海水会将沿海地势较低的三角洲、港口城市等全部淹没，给人类生活的家园造成严重威胁。此外，世界人口的一半“包括了粮食生产者，他们在空间和时间上对土地造成影响。伴随着农村到农村的迁移和相关联的将森林转变为耕地的过程，他们对森林产生的影响既急速又广泛。这部分移民占全部迁移的很小一部分，但对相当

① 于志熙：《城市生态学》，中国林业出版社，1992，第 18 页。

大一部分热带森林的毁林负有责任”①。因为就“整体而言，超过四分之一的陆地蒸散和超过半数的可获取径流被人类用于种植作物。虽然气候变化使得一些地区更加湿润，但非洲和中东的大部分地区现在正遭受着水资源短缺的问题，增长的人口使这一问题更加严重”②。同时，“地下水的使用不公平性很大，例如在印度，10% 的大农场消耗了 90% 的地下水。口渴的人民也不是唯一的后果。在坦桑尼亚共和国，包括人口增长的一系列复杂的驱动力已经导致了水资源冲突”③。对此时任联合国秘书长的吴丹（U Thant）在联合国第七届会议上发言时忧心忡忡地指出：“当我们每晚透过弥漫在有毒水面上的雾霾看着夕阳缓缓沉下时，我们应扪心自问，是否真的希望在未来另一个星球上的宇宙历史学家这样评价我们：‘尽管他们有着横溢的才华和精湛的技巧，他们的空气、食物、水、远见和理念却最终枯竭了。’”④

作为回应，建设生态城市的设想进入了人们的视野。“这一概念是在 20 世纪 70 年代联合国教科文组织发起的‘人与生物圈’（MAB）计划研究过程中提出的。苏联生态学家杨尼斯基认为生态城市是一种理想模式，技术与自然充分融合，人的创造力和生产力得到最大限度的发挥，居民的身心健康和环境质量得到最大限度保护。黄光宇教授认为，生态城市是根据生态学原理综合研究城市生态系统中人与住所的关系，并应用科学与技术手段协调现代城市经济系统与生物的关系，保护与合理利用一切自然资源与能源，提高人类对城市生态系统的自我调节、修复、维持和发展的能力，使人、自然、环境融为一体。”⑤生态城市的类别和基本内容如表 7-1 所示。

---

① 联合国环境规划署编《全球环境展望 5——我们未来想要的环境》，黎勇等译，2012，第 9 页。

② 联合国环境规划署编《全球环境展望 5——我们未来想要的环境》，黎勇等译，2012，第 9 页。

③ 联合国环境规划署编《全球环境展望 5——我们未来想要的环境》，黎勇等译，2012，第 9 页。

④ 联合国环境规划署编《全球环境展望 5——我们未来想要的环境》，黎勇等译，2012，第 2 页。

⑤ 《生态城市概述》，南平市人民政府门户网站，https：//www.np.gov.cn/cms/html/npszf/2008-01-17/690375689.html，最后访问日期：2022 年 8 月 1 日。

表 7-1　生态城市的类别和基本内容

类别		基本内容
范围构成		生态城市不是一个封闭的系统，而是一个与周围相关区域紧密相连的相对开放系统。它不仅包括城市地区，还应包括周围的农村地区。生态城市不仅涉及城市的生态环境系统（包括自然环境和人工环境），也涉及城市的经济和社会，是一个以人的行为为主导、以自然环境系统为依托、资源和能源流动为命脉、以社会体制为经络的“社会—经济—自然”的复合系统，是社会、经济和环境的统一体
建设要求		生态城市的自然资源得到合理利用；自然环境及其演进过程得到最大限度的保护；具有良好的环境质量和充足的环境容量，能够消纳人类活动所产生的各种污染物和废弃物。生态城市既要保证经济的持续增长，更要保证增长的质量。因此，一个生态城市要求有合理的产业结构、能源结构和生产力布局；通过开展清洁生产，开发、采用节能、降耗、再生、污染防止、信息等新技术，调整生产、流通和消费诸环节，使资源和能源得以有效利用，使城市的经济系统和生态系统能协调发展，形成良性循环，实现城市经济发展与生态环境效益的统一，促进经济的高效运行 生态城市要求人们有自觉的生态意识和环境价值观。生活质量、人口素质及健康水平与社会进步、经济发展相适应，有方便舒适的生活环境、安定的社会秩序、开放民主的社会政治、健全的社会保障体系、全面的文化发展、绿色的生活社区和生态化的城市空间环境。生态城市应该是环境清洁优美，生活健康舒适，人尽其才，物尽其用，地尽其利，人和自然协调发展，生态良性循环的城市。一个符合生态规律的生态城市应该是结构合理、功能高效、关系协调的城市生态系统。“结构合理”是指适度的人口密度、合理的土地利用、良好的环境质量、充足的绿地系统、完善的基础设施、有效的自然保护；“功能高效”是指资源的优化配置、物力的经济投人、人力的充分发挥、物流的畅通有序、信息流的快速便捷；“关系协调”是指人和自然协调、社会关系协调、城乡协调、资源利用和资源更新协调、环境胁迫和环境承载力协调
建设内容	城市社会生态系统建设	1. 城市人口又称城镇人口或称城镇居民。在中国还特定为居住在城市范围内并持有城市户口的人口。从城市规划、管理和建设的角度来考察，城市人口应包括居住在城市规划区域建成区内的一切人口，包括一切从事城市的社会经济、社会和文化活动，享受着城市公共设施的人群。其中人口结构是城市人口的基本特征。而将城市人口按其各种属性表现出的差别构成分类的比例城市人口结构可分为两类：一是城市人口自然结构，如性别结构、年龄结构等；二是城市人口社会结构，如阶级结构、民族结构、家庭结构、文化结构、宗教结构、语言结构、职业结构、经济收入结构等 2. 城市居民的居住、饮食、服务、供应、医疗、旅游以及人们的心理状态 3. 其他相关文化、艺术、宗教、法律等上层建筑范畴 因为城市环境的好坏与城市人口等的关系非常密切，所以建设生态城市必须推进城市社会生态系统和谐
	城市自然生态系统建设	主要包括阳光、空气、淡水、森林、气候、岩石、土壤、动物、植物、微生物、矿藏以及自然景观等方面的生态化建设
	城市经济生态系统建设	主要涉及生产、分配、流通与消费的各个环节，包括工业、农业、交通、运输、贸易、金融、建筑、通信、科技等方面的生态化建设

资料来源：《生态城市概述》，南平市人民政府门户网站，https：//www. np. gov. cn/cms/html/npszf/2008-01-17/690375689. html，最后访问日期：2022 年 8 月 1 日。宋海宏等主编《城市生态与环境保护》，东北林业大学出版社，2018。

至于中国，党的十八大以来，我们党大力推进生态文明建设，开展了一系列根本性、开创性、长远性的工作，提出了一系列新理念、新思想、新战略，使生态文明理念日益深入人心，忽视生态环境保护的状况明显得到改变。但同时我们“必须清醒看到，我国生态文明建设挑战重重、压力巨大、矛盾突出，推进生态文明建设还有不少难关要过，还有不少硬骨头要啃，还有不少顽瘴痼疾要治，形势仍然十分严峻”[①]。2018 年 5 月，习近平总书记在全国生态环境保护大会上强调：“我国环境容量有限，生态系统脆弱，污染重、损失大、风险高的生态环境状况还没有根本扭转，并且独特的地理环境加剧了地区间的不平衡。‘胡焕庸线’东南方 43%的国土，居住着全国 94%左右的人口，以平原、水网、低山丘陵和喀斯特地貌为主，生态环境压力巨大；该线西北方 57%的国土，供养大约全国 6%的人口，以草原、戈壁沙漠、绿洲和雪域高原为主，生态系统非常脆弱。”[②] 2018 年 6 月，《中共中央　国务院关于全面加强生态环境保护　坚决打好污染防治攻坚战的意见》中也提出：“我国生态文明建设和生态环境保护面临不少困难和挑战，存在许多不足。一些地方和部门对生态环境保护认识不到位，责任落实不到位；经济社会发展同生态环境保护的矛盾仍然突出，资源环境承载能力已经达到或接近上限；城乡区域统筹不够，新老环境问题交织，区域性、布局性、结构性环境风险凸显，重污染天气、黑臭水体、垃圾围城、生态破坏等问题时有发生。这些问题，成为重要的民生之患、民心之痛，成为经济社会可持续发展的瓶颈制约，成为全面建成小康社会的明显短板。”[③] 2020 年 3 月，全国绿化委员会办公室发布的《2019 年中国国土绿化状况公报》再一次提到，目前我国“国土绿化工作虽然取得了新进展新成效，但与高质量发展要求相比，还面临许多困难和挑战。各种生态资源总量不足、质量不高、功能不强，自然生态系统的多种效益没有充分发挥，人居环境亟待进一步改善，国土绿化工作仍需

---

① 习近平：《推动我国生态文明建设迈上新台阶》，《求是》2019 年第 3 期。

② 习近平：《推动我国生态文明建设迈上新台阶》，《求是》2019 年第 3 期。

③ 《中共中央　国务院关于全面加强生态环境保护 坚决打好污染防治攻坚战的意见》，中国政府网，http：//www. gov. cn/zhengce/2018 - 06/24/content_ 5300953. htm，最后访问日期：2022 年 9 月 8 日。

持续发力，补齐短板，不断提升绿化质量和水平”①。

由此可见，当下中华民族在走向复兴的道路上正面对资源约束趋紧、环境污染严重、生态系统退化的严峻形势，还存在生态环境保护任重道远的困难和挑战。因此2012年11月，党的十八大专门提出要努力建设美丽中国，实现中华民族永续发展。2017年10月，党的十九大再一次强调要建设美丽中国，推进绿色发展，形成节约资源和保护环境的绿色低碳的生活方式。

作为贵州省地级市与省域副中心城市，遵义市是黔中城市群中的重要城市。它地处贵州北部，北倚重庆、南临贵阳、西接四川，是成渝—黔中经济区走廊的核心区和主廊道，黔渝合作的桥头堡、主阵地与先行区，长期以来一直起着承接南北、连接东西、通江达海的重要交通枢纽作用。受亚热带季风气候影响，下辖3个区、7个县、2个民族自治县、2个代管市和1个新区的遵义市终年温凉湿润，有世界自然遗产赤水丹霞等风景胜地，曾获得中国优秀旅游城市、国家森林城市、国家园林城市等多项殊荣，享有中国长寿之乡、中国名茶之乡、国家全域旅游示范区等多个荣誉称号。

2019年1月，遵义市人民政府批复原则同意《遵义市中心城区生态修复城市修补专项规划》，具体由市城乡规划局统筹和指导“城市双修”工作，要求各辖区政府和有关部门严格按照此文件推进试点项目建设，加强项目管控。将项目建设与城市发展有机结合，分步骤有序推进项目实施，确保城市生态得到修复、城市功能得到修补。该文件明确指出：“2017年7月，遵义市荣获国家第三批‘城市双修’试点城市，为深入贯彻习近平新时代中国特色社会主义思想和党的十九大会议精神，以五大发展理念、中央城镇化工作会议和中央城市工作会议精神为统领，落实贵州省城市工作大会和遵义市城市工作会议的工作部署，探索符合遵义实际的城市双修发展道路，有效改善自然生态环境，有序修补完善城市公共服务和道路交通基础设施、塑造更具地方特色城市文化、公共空间，提升城市品质，编制

① 全国绿化委员会办公室：《2019年中国国土绿化状况公报》，国家林业和草原局政府网，http://www.forestry.gov.cn/main/63/20200312/101503103980273.html，最后访问日期：2022年9月8日。

《遵义市中心城区生态修复城市修补专项规划》。"[①] 其中关涉的"'城市双修'是指用再自然化的理念，修复重建城市中被破坏的山水、湿地、植被等自然环境，逐步恢复、重建和提升城市生态系统的自我调节功能，改善生态系统功能和人居环境质量；用更新和织补的理念，以系统的、渐进的、有针对性的方式，修补完善城市功能设施、空间环境、景观风貌等，提升城市宜居环境和品质活力"[②]，以将遵义市建成"山水相望、宜居宜业宜游的山水生态城市"[③]。其总体思路、修复意义和主要修复对象等如表 7-2 所示。

表 7-2 《遵义市中心城区生态修复城市修补专项规划》基本内容

<table>
<tr><td colspan="2">总体思路</td><td>实施刚性管控、开展要素疗伤、提升生态环境（建设生态文明城市，强调城市建设以自然为美。以自然生态为先，尽可能减少人工行为对生态环境的干扰和冲击，真正做到把好山好水好风光融入城市，让城市显山露水）</td></tr>
<tr><td colspan="2">修复意义</td><td>通过生态修复工作，有计划有步骤地修复被破坏的山体、水体、湿地等，逐步恢复、重建和提升城市生态系统的自我调节功能；优化城市绿地布局，构建绿道系统，实现城市内外绿地连接贯通，将生态要素引入市区，改善生态系统功能和人居环境质量</td></tr>
<tr><td>主要修复对象</td><td>山体修复</td><td>1. 修复策略：以凤凰山、老鸦山、府后山为核心，以饮用水源涵养区周边山体、铁路与高速路沿线山体、人居密度高集中区周边山体与中心城区内具有一定生态、文化、景观价值的山体为重点进行。"疗"——针对山体受损的不同类型，规划划分为：亟须修复、鼓励修复、自然修复三种修复方式。"提"——结合山体公园建设，受损山体修复只是工作第一步，修复后要能为市民带来休闲娱乐场所，对城市人口较为集中，可塑造的莲花山、长征山、象山、老鸦山、凤凰山、九子峰等山体，打造为城市山体公园，综合利用，提升城市环境、提供市民休闲娱乐场所。"控"——建立"山长制"机制，加强山体保护建议建立市级—区级重点区域—乡镇级重点山体等的山长制工作体系，明确各级责任，长效监督。同时，因城市建设开发不可避免要破坏山体的，将山体修复纳入项目建设成本，同步实施，同步验收
2. 重点修复区域：此次城市"大修"，优先对有安全隐患、位于重要廊道（或城市门户区）、相对集中连片的受损山体实施修复。山体修复优先区域包括高坪片区、汇川行政中心片区、凤凰山片区、礼仪片区、忠庄片区、南白片区等 6 个，这些区域受损山体相对集中，紧邻城市建成生活区，占总受损山体的 70%</td></tr>
</table>

① 《遵义市中心城区生态修复城市修补专项规划》，http：//zrzyj. zunyi. gov. cn/xxgk/xxgkml/ghzs/zxgh/201903/P020220516622607913140. pdf，最后访问日期：2022 年 7 月 31 日。

② 《遵义市中心城区生态修复城市修补专项规划》，http：//zrzyj. zunyi. gov. cn/xxgk/xxgkml/ghzs/zxgh/201903/P020220516622607913140. pdf，最后访问日期：2022 年 7 月 31 日。

③ 《遵义市中心城区生态修复城市修补专项规划》，http：//zrzyj. zunyi. gov. cn/xxgk/xxgkml/ghzs/zxgh/201903/P020220516622607913140. pdf，最后访问日期：2022 年 7 月 31 日。

续表

主要修复对象	水体修复	1. 遵义水系。遵义中心城区范围内河流属于长江流域乌江水系，分为湘江、仁江、洛安江、岩底河、偏岩河等5大流域共24条河流，湘江水系罗布城区，绕凤凰山麓穿城而过，是遵义水系重要组成部分，也是遵义最具代表的水系。中心城区水资源量116.15亿m^3，人均占有水资源约为702 m^3（全市2310 m^3、贵州2610 m^3、全国2300 m^3），人均水资源较小，保障饮水安全后，生态水下放较少，河流水系循环不畅，水体自净能力脆弱 2. 现状问题。一是河流生态补水不足，水体净化能力有限。二是排水体制不健全，河流存在面源污染。三是截污体系未完善，水体污染严重。四是支流水体污染，污染水体流动扩散。五是环保意识薄弱，居民生活生产污染水体 3. 修复目标。以习近平总书记“节水优先、空间均衡、系统治理、两手发力”的治水新思路为指导，全面融入海绵城市建设理念和先进技术，围绕“洁净湘江、灵动湘江、秀美湘江、活力湘江”为建设目标。规划形成“一江护城将绿绕、十水栩生润红城”的网络水系 4. 修复策略。一是水源联动、以治促景。区域水源联动，保障饮水充足，下放基本生态水；完善排水体制，整治沿河排污口；加强海绵城市建设，到2020年50%以上的建成区达到海绵城市建设目标要求。建设湿地公园，充分利用其生态调节功能，改善水生环境，治理河流水体，提升城市景观。二是一江护城、十水润城。提升湘江水系各河流景观，以湘江河流景观轴为主，作为城市重要的景观廊道和纽带，加强各支流景观塑造，作为城乡景观纽带。三是河长制度、强化意识。全面贯彻河长制，加强立法保护。四是保护水源、净化水体。及时开展新水源保护区划定工作，加强水源地保护，建设南郊、北郊等生态湿地公园，保障饮水安全，提升生态品质，合理下放基本生态补水

资料来源：《遵义市中心城区生态修复城市修补专项规划》，http：//zrzyj. zunyi. gov. cn/xxgk/xxgkml/ghzs/zxgh/201903/P020220516622607913140. pdf，最后访问日期：2022年7月31日。

第二节 遵义市山水生态城市建设的状况与成效

2016年4月，遵义市编制发布了《遵义市国民经济和社会发展第十三个五年规划纲要》，指出当下面对机遇前所未有、挑战也前所未有的现实，为了完成守住发展和生态两条底线的双重任务，遵义市必须把绿色发展理念融入经济社会发展全过程，全面落实节约资源和保护环境的基本国策，走生产发展、生活富裕、生态良好的文明发展道路，让人民获得更多生态福利，实现在生态文明建设方面的大跨越，具体在发展目标上：一是全市生态文明先行示范区及赤水市、习水县国家生态文明示范工程试点建设取得重大突破，成功创建国家生态文明示范市。二是单位生产总值能耗下降12.5%，单位工业增加值用水量下降20%，主要污染物排放总量明显减少。三是清洁能源比重提高到40%；耕地保有量控制在土地总规修编目标内。

四是城乡生活垃圾无害化处理率、城镇污水处理率达到94%和95%。五是中心城区环境空气质量达标率、中心城区集中式饮用水源地水质达标率达到90%和100%。六是森林覆盖率提高到62%左右。

为了推进发展目标的实现，《遵义市国民经济和社会发展第十三个五年规划纲要》提出要“深入推进生态建设，建成国家生态文明示范市”，在总体要求上，该文件提出要坚持绿色发展，把生态文明建设贯穿于经济社会发展各领域。为此第一要构建主体功能区空间开发格局。严格落实国家、省主体功能区规划，认真执行《遵义市域空间发展战略规划》和《遵义市四大区域生产力布局规划》，进一步完善区域开发政策，规范开发秩序，形成合理有序的国土空间开发格局。按照重点开发、限制开发和禁止开发的具体要求，科学划定生产、生活、生态空间和生态红线范围，研究建立不同空间开发的用途管制制度，推动各县（市、区）依据主体功能区定位发展。第二要推动绿色循环低碳发展。大力弘扬生态文化，提高全民生态文明意识，坚持走绿色、循环、低碳发展的道路，加强生产、流通、消费全过程资源节约，推动资源利用方式根本转变，实现生产生活方式绿色化。一要加强资源节约集约利用。实施最严格的水资源管理制度，合理制定工业用水和生活用水价格，以水定产、以水定城，抓好高用水行业节水减排技改以及重复用水工程建设，推进城市污水、矿井涌水处理回用，严格限制高耗水、高污染、低效益项目。坚持最严格的节约用地制度，优化建设用地结构和布局，推进城乡建设用地增减挂钩和工矿废弃地复垦，加强耕地和基本农田保护。大力发展绿色矿山，合理开采和有效保护稀缺矿产和优势矿产资源，确保绿色矿山建成比例达到25%，资源就地转化率达到80%。二要抓好节能降耗降碳。实行能源消费总量和强度控制并重；推行节能发电调度、电力需求侧管理、合同能源管理等节能机制；开展绿色建筑行动，强化公共机构等领域的节能管理；优化交通运输结构，实行公共交通优先；加大节能宣传教育，引导工业、商业和民用节能，形成全社会共同参与节能的良好氛围，推进遵义低碳试点城市建设。三要大力发展循环经济。实施循环发展引领计划；大力推进我市国家餐厨废弃物资源化利用和无害化处理试点城市建设；做好国家新能源示范城市和遵义经开区国家级循环化改造示范园区建设。第三要加强生态环境建设。以提高环境质量为核心，坚持保护优先，实行最严格的环境保护制度，形成政府、企业、公众共治的生态建设体制。首先筑牢生态安全屏障。加强赤水市、习水县国家生态文明示范工程试点建设。大力实施退耕还林工程、天然林资源保护二期工程、防护林体系建设等重大生态修复工程，深入落实“绿色贵州”建设三年行动计划和地质灾害三年综合治理行动计划；积极探索林茶、林药等模式，深入开展“月月造林”活动，全力抓好赤水河流域、高速公路、旅游通道沿线重点森林景观建设；实施石漠化和小流域水土流失综合治理，完成石漠化综合治理 333 平方公里以上，湿地保有量达到 3 万公顷；支持双河溶洞申报世界自然遗产，完善对珍稀濒危物种生存环境、代表性自然保护系统等保护。其次加大环境治理力度。做好水污染防治工作，力争实现乡镇污水处理、村寨组污水生态处理、农村面源污染治理“三个全覆盖”；做好大气污染防治工作，全面实施火电、有色金属、水泥、化工等行业脱硫、脱硝、除尘等设施改造升级重点工程，全面加强城市建筑施工扬尘、餐饮业油烟等污染控制，逐步开展有机化工、表面涂装、包装印刷等重点行业综合整治，环境空气质量年均值浓度全面达到国家二级标准。做好固体废物和重金属污染防治工作，促进工业废渣、农业生产固废以及矿产资源开发中的共生矿、伴生矿、尾矿等循环利用，推动建筑废弃物、废旧轮胎、废弃包装物、废旧纺织品再生利用，加快全市医疗机构中转、临时贮存设施以及全市乡镇医疗废物收集系统建设，大力开展土壤污染治理与修复，加强电镀、再生金属冶炼、采选等涉重金属企业环境监管。最后大力推进重大生态建设工程。一是岩溶地区石漠化综合治理专项工程，计划治理石漠化面积 333 平方公里以上。二是新一轮退耕还林还草工程，计划在 25 度以上坡耕地、重要水源 15~25 度坡耕地实施退耕还林还草 355.2 万亩。三是天然林资源保护工程二期，计划实施森林管护面积 11543 平方公里，新增公益林 50 万亩，森林抚育 118 平方公里。四是水土保持工程，计划完成水土流失治理面积 1500 平方公里。五是大气污染防治重点工程，计划确保综合脱硫效率达到 85%以上，综合脱硝效率达到 70%以上。六是水污染防治重点工程，计划实现乡镇污水处理厂全覆盖。七是农业面源污染防治工程，计划建成 5 个农业面源污染检测定位点；因地制宜建设农村生活污水、垃圾处理设施，实施农村清洁示范工程 100 个。八是城镇生活垃圾无害化处理工程，计划进一步完善城镇生活垃圾处置和收运系统工程，推进水泥窑协同处置项目建设，鼓励有条件的地方建设生活垃圾焚烧发电项目。九是餐厨废弃物资源化利用和无害化处理试点工程，计划加快推进遵义餐厨废弃物资源化利用和无害化处理工作，支持仁怀市等生活餐厨垃圾处理工程建设。十是农业废弃物资源化利用工程，计划实施秸秆还田、贮饲料生产、食用菌培育、固化型燃料等工程，实施规模化养殖场粪污能源化、肥料化利用。十一是循环经济示范试点工程，重点推进汇川国家级经济技术开发区循环化改造项目及务正道煤电铝等循环经济工业基地建设。第四要积极创建国家生态文明建设示范市。坚持可持续发展，突出区域特色，紧紧围绕国家级生态市、生态县、生态乡镇和省级生态乡镇创建指标开展工作，进一步夯实生态基础，发展生态经济，培育生态文化，建立具有遵义特色的区域经济社会与人口、资源、环境协调的生态经济发展模式，使全市经济实力明显增强，区域经济结构和产业布局明显优化，人民生活质量明显提高，生态环境更加优美，资源环境更加节约，社会文明更加进步，人与自然更加和谐。①

2021 年 3 月，遵义市编制发布了《遵义市国民经济和社会发展第十四个五年规划和二〇三五年远景目标纲要》，一方面指出“十三五”这五年，全市人民在市委市政府的坚强领导下，坚持以习近平新时代中国特色社会主义思想为指导，深入学习贯彻党的十八大、党的十九大和习近平总书记重要讲话精神，特别是对贵州、遵义工作的重要指示精神，认真贯彻落实党中央、国务院和省委、省政府各项决策部署，在生态文明建设上实现了新突破。其中“‘治污治水·洁净家园’成效明显，成功创建国家生态文明建设示范县 6 个、国家级生态县 2 个、省级生态县 7 个，森林覆盖率从 55%提高到 62%，中心城区空气质量优良天数比率提高到 99.2%，生态环境满意度测评在全国参评城市中排名第一。城镇生活污水集中处理率从 89%上升到 95%以上，地表水国省控断面水质和县级以上集中式饮用水水源地水质达标率保持 100%。城乡生活垃圾无害化处理率保持在 80%以上。赤水河荣获第二届‘中国好水’优质水源称号，赤水市荣获全国‘绿水青山就是金山银山’创新实践基地称号，赤水河流域生态经济

① 参见《遵义市国民经济和社会发展第十三个五年规划纲要》，中国·务川政府门户网站，http：//www.gzwuchuan.gov.cn/zfxxgk/fdzdgknr/ghjh_5623091/fzgh_5623092/202003/t20200303_52974005.html，最后访问日期：2022 年 8 月 3 日。

产业带建设快速推进。鸭溪茅台循环经济产业园正式全产业链运转”①。另一方面在《遵义市国民经济和社会发展第十三个五年规划纲要》的基础上进一步提出要坚持生态优先绿色发展，高质量建设全国“两山论”实践样板城市。其基本内容如表 7-3 所示。

表 7-3 《遵义市国民经济和社会发展第十四个五年规划和二〇三五远景目标纲要》基本内容

类别	基本内容
基本要求	到 2025 年，单位生产总值能耗降低、单位生产总值二氧化碳排放降低等控制在国家和省下达指标范围内，县级以上城市空气质量优良天数比率保持在 96%以上，保持森林覆盖率不降低
加强国土空间开发保护	立足资源环境承载能力，把水资源作为最大的刚性约束，科学有序统筹布局生态、农业、城镇等功能空间，严守生态保护红线、水资源三条红线、耕地保护红线和永久基本农田、城镇开发边界等控制线，建立健全国土空间规划体系，严格落实长江经济带战略环评“三线一单”硬约束。这一要强化空间用途管制；二要统一国土空间规划；三要控制开发总量和强度
加强生态环境保护修复	首先要保护修复流域生态。加强重点流域生态涵养、环境保护、污染排查治理。坚持资源先保护后开发原则，注重生物原生态保护和生物多样性保护。坚持绿色可持续原则，严禁盲目开发，严禁破坏生态。其次要保护国土绿色资源。持续开展国土绿化行动。大力推进国家储备林建设，积极构建自然保护地体系。推进绿色廊道建设。全面落实林长制。再次要切实防治地质灾害。深入实施水土流失和石漠化综合治理，推进地质灾害综合防治。着力构建从根本上消除地质灾害隐患的责任体系和预防控制体系。最后要积极修复矿山生态。政府规划、市场实施，积极推进矿山生态修复。加强安全风险防范排查和治理，杜绝出现次生安全事故
深入推进防污治污攻坚战“五场战役”	一是蓝天保卫战方面，要持续优化调整产业结构和能源结构，协同控制温室气体排放。二是碧水保卫战方面，要完善水源地“一源一档”，持续开展集中式饮用水源地排查整治和长江中上游生态屏障修复，确保地表水国控省控断面达标率 95%以上。三是净土保卫战方面，要加强土壤环境监测、评估、预防和执法体系建设。探索农村散户污水就近分散处理。加强土壤污染等防治。四是固废治理战方面，要实行危废风险源统一监管，加强园区和重点企业、排污治污整治力度。持续加强问题渣场（尾矿库）整改力度，持续加强工业渣场环境监测监管，持续开展重金属行业企业污染源排查整治。持续开展危险废物污染防治排查治理。完善医疗废物处置体系。全面推行垃圾分类和减量化、资源化处置。五是乡村环境整治战方面，要确保农村饮用水水源稳定达标。完成赤水河流域遵义段、蓉江流域道真段农村污水治理全覆盖

① 《遵义市国民经济和社会发展第十四个五年规划和二〇三五年远景目标纲要》，遵义市发展和改革委员会网站，http://fgw.zunyi.gov.cn/zwgk/zfxxgk/fdzdgknr/ghjh/202103/t20210329_67609075.html，最后访问日期：2022 年 8 月 3 日。

续表

类别	基本内容
大力发展绿色生态经济	一要构建绿色生态经济体系。全面落实生态文明制度，制定完善生态环保地方性法规，建立完善绿色 GDP 指标体系、评价考核体系和责任追究制度。二要实施绿色制造专项行动。推进企业循环生产、产业循环组合、园区循环改造。推进循环化改造和生态化升级，实现废弃物交换利用、能量梯级利用、废水循环利用和污染物集中处理。三要实施绿色化改造。健全资源循环利用政策体系，扎实推进清洁生产与节能降耗。大力推广清洁生产技术，构建“互联网+”清洁生产服务平台。四要支持绿色金融创新。建立完善市场化、多元化生态补偿机制，推动生态环境工程市场化建设运营，创新开展绿色信贷抵质押担保。五要加强绿色经济监管。实施以排污许可制度为核心的固定污染源监管制度，严格落实生态环境保护督察制度，推进跨区域污染治理、环境监管和应急处置联动。健全完善环境公益诉讼和执法司法制度。强化对重点行业和重点企业节能环保的动态指导和监督。六要打造先行试点示范。以赤水河流域遵义段生态环境保护为重点，打造流域绿色高质量发展的先行示范区。七要加快建设生态经济产业带。以支撑酿酒产业可持续发展为核心，发展循环经济，建设赤水河流域生态经济走廊，构筑醉美生态系统新高地
广泛开展绿色人文建设	一方面要倡导绿色生活。树立绿色生活理念，推广绿色生活方式，建立绿色消费机制，形成绿色消费习惯。推广绿色出行，创建国家公交都市。另一方面要建设绿色家园。城市规划建设充分体现生态元素，大力推进城市建筑绿色化。乡村建设以“村庄园林化、农田林网化、山坡林园化、庭院花园化”为目标，实现山水、田园、城镇、乡村各美其美、美美与共。具体行动上，一是大力推进生态综合治理工程。这包括推进遵义市桃花江流域生态修复工程等综合治理项目建设。二是大力推进保护区建设工程，包括推进赤水市自然保护区体系建设项目建设。三是大力推进林草建设工程，包括推进遵义市岩溶地区石漠化综合治理工程等建设。四是大力推进环境监测能力及环境服务设施建设工程，包括推进遵义市气象防灾减灾能力提升等建设

资料来源：《遵义市国民经济和社会发展第十四个五年规划和二〇三五年远景目标纲要》，遵义市发展和改革委员会网站，http：//fgw. zunyi. gov. cn/zwgk/zfxxgk/fdzdgknr/ghjh/202103/t20210329_67609075. html，最后访问日期：2022 年 8 月 3 日。

按照《遵义市国民经济和社会发展第十四个五年规划和二〇三五年远景目标纲要》的要求，遵义市各地真抓实干，在山水生态城市建设方面已经取得了一系列不俗的成果。具体如表 7-4 所示。

表 7-4　遵义市山水生态城市建设方面主要成果

类别	主要成果
山体修复	1. 红花岗区委、区政府高度重视矿山综合治理工作，以生态环境保护督察问题整改为契机，将矿山综合治理作为加强生态文明建设和打赢蓝天保卫战的重要抓手，强力持续推进，全面完成治理任务，露天矿山生态环境得到明显改善

续表

类别	主要成果
山体修复	2. 2020 年 4 月，遵义市城投商品混凝土有限公司开始推进矿山修复工作，包括清除边坡裸露面存在的危岩松石，种上栾树、银杏、桂花、油麻藤 2200 余棵，播撒草种近 $30000m^2$，完成治理恢复面积 80. 25 公顷 3. 遵义市采取生态修复与城市修补紧密结合、政府投资与社会资本共同运作的方式对莲花山森林公园实施山体修复，实现了生态和社会效益的双赢，成为遵义市一项典型的“城市双修”示范项目 4. 2021 年，遵义市播州区自然资源局于团溪镇仙人岩铝土矿区平整出土地 600 余亩改造为一片茶山，茶山亩产收益达 1. 2 万元，带动附近 400 余人就业 5. 至 2021 年，遵义市共治理石漠化 386 平方公里，治理水土流失 2212 平方公里，生态修复废弃露天矿山 551 个
水体修复	1. 2021 年 11 月，遵义市成功入选全国第一批地下水污染防治试验区建设城市 2. 针对白酒企业的生产流程、产污环节和对地下水的影响已采取了防渗措施等 3. 正在推进遵义市高桥生活垃圾填埋场地下水污染防治试点项目和长江经济带西南裸露型岩溶山区遵义市坪桥地下河系统污染防治试点项目 4. 通过治理与保护，在遵义，不仅赤水河流域呈现出岸绿河清、鱼翔浅底的美景，在乌江、桐梓河等众多河流，也能欣赏到同样的美景 5. 全国共有 11 条河流入选第二届“最美家乡河”，贵州赤水河（遵义段）榜上有名。据悉，这是截至目前贵州唯一一条入选“最美家乡河”的河流 6. 近年来，据中科院水生所对赤水河禁渔效果初步评价，赤水河鱼类资源明显恢复，鳗鲡、细鳞鲴、异鳔鳅鮀和红唇薄鳅等消失多年的土著鱼类重新在赤水河出现；长江鲟和胭脂鱼等珍稀鱼类的种群数量明显增加；鱼类繁殖状况显著改善，赤水市江段采集的鱼类早期资源物种数量由禁渔前的 31 种增加至 40 种 7. 近年来，红花岗区高度重视饮用水保护工作，着力长效治理、依法治理、综合治理、精准治理，为水源地套上“保护罩”，也为中心城区近 80 万人口的用水安全提供了保障 8. 目前，遵义市已投入 10. 21 亿元用于虾子河黑臭水体治理，实施了控源截污、内源治理、水环境生态修复、防洪系统四大工程，取得了显著成效 9. 目前，全市 17 个产业园区已新 建或改扩建 24 个集中式污水处理 设施，日均处理能力达 16. 19 万吨，实现产业园区污水处理设施全覆 盖和污水处理达标排放 10. 汇川区深入践行“绿水青山就是金山银山”发展理念，深入实施生态湿地建设，不断改善人居环境，近年来共建设人工湿地 137 处，实现农村生活污水处理全覆盖 11. 2020 年，遵义市红花岗区、习水县、凤冈县等三区（县）被命名为“国家生态文明建设示范区（县）” 12. 近年来，全面推行河长制，建立并落实联席会议、信息公开、述职和考核等十余项工作制度，推动实现“河长治”。中心城区黑臭水体治理任务基本完成，湘江河综合整治被选取为长江经济带生态环境警示片问题整改正面典型案例

资料来源：《修复矿山生态再造绿色产业》，《贵州日报》2021 年 6 月 1 日，第 8 版《世界地球日丨红花岗区：修复矿山还青绿 保护生态绿红城》，遵义市红花岗区政府门户网站，http：//www. zyhhg. gov. cn/zxzx/zwyw/202204/t20220424_ 73549859. html，最后访问日期：2022 年 8 月 3 日。《遵义市生态环境局·新闻中心·环境要闻》，遵义市生态环境局网站，http：//zyepb. zunyi. gov. cn/xwzx/hjyw/index_ 41. html，最后访问日期：2022 年 8 月 3 日。《生态文明增福祉 红绿辉映展新章——遵义市生态文明体制机制改革工作述评》，腾讯网，https：//xw. qq. com/cmsid/20220412A0414P00，最后访问日期：2022 年 8 月 4 日。黄霞：《恰适黔北云涌时！遵义“十三五”期间遵义经济社会实现高质量发展》，当代先锋网，http：//www. ddcpc. cn/detail/d_ zunyi/11515115588523. html，最后访问日期：2022 年 8 月 4 日。

第三节　遵义市山水生态城市建设的困难

遵义市在山水生态城市建设取得一系列成就的过程中，也面临不少不可忽视的问题和困难。

第一，市域公众生态文明意识发展不平衡、不充分。建设山水生态城市，离不开高水平的公众生态文明意识。但在遵义市，与市民原住地及其文化教育水平相联系，他们的生态文明意识水平也高低不一。如据《遵义统计年鉴-2021》，2019 年，遵义市初中阶段毛入学率为 98.86%。[①] 尽管未入学的学龄人员不到 2%，表面看所占百分比较小，但全市范围的人口基数较大，因此人口绝对数量并不小，特别是几年累加起来，更是不容忽视。一方面，这些群众在遵义市山水生态建设过程中参与度不高；另一方面，在日常生活当中，这部分群众可能做出与建设山水生态城市的要求相违背的行动。光明网载："2020 年 11 月 16 日 9 时，遵义市公安局播州分局尚嵇派出所接到群众报警称，尚嵇镇大坝社区陈家坡一处准备开荒的田地着火了。接警后，民警第一时间驱车赶往现场处置，紧跟着消防车同时出动。民警、辅警赶到现场后，只见火势正往十几米远的村民住房蔓延，若不及时将火扑灭，后果不堪设想。见状，民警快速到附近找来树枝，蘸上水开始扑火。经过民警、辅警半个小时的联合奋力扑救，火势成功被控制住，大家悬着的心终于落下。经查，起火原因系当地村民黄某准备开荒种植，见地上长满了荒草便想一把火烧掉，想着草灰还能肥沃土地。可她没想到火越烧越大，还不断往一旁的房屋蔓延，于是黄某赶紧报警求助。幸好扑救及时，未造成大的损失。"[②]

第二，相关专业化人才资源有待进一步优化。山水生态城市建设是一个新课题，国内并无成熟的模式和完备的经验可以借鉴，许多工作都需要以"摸着石头过河"的方式来完成。因此"千秋基业，人才为本"，也即需要一定数量的高质量的专业人员参与进来，为遵义市建设山水生态城市提

---

① 参见遵义市统计局、国家统计局遵义调查队编《遵义统计年鉴-2021》，2021，第 317 页。

② 相关文字与图片引自《遵义一村民烧荒草引发火灾，半小时奋力扑救》，"光明网"百家号，https://m.gmw.cn/baijia/2020-11/17/1301810301.html，最后访问日期：2022 年 8 月 4 日。

供充分的智力支撑。但“近年来，为推动区域发展和产业转型升级，各地纷纷加入‘人才争夺战’。曾经，由于原有基础和引才政策的差异，一度出现了发达地区人才吸引力愈发强劲，欠发达地区人才流失愈发严重的人才聚集‘马太效应’”[①]。这也在一定程度上影响到了遵义市相关山水生态城市建设专业性高水平人才的引进工作。

例如，2021 年 12 月 15 日在遵义市红花岗区科协召开的人才交流座谈会上，“专家人才纷纷畅所欲言，提出了面临的四大困难：一是人才引进绿色通道不通畅，个别专家人才人事档案未落实；二是人才引进优惠政策不够完善，人才津贴、子女就读、配偶工作等问题未能很好落实；三是医院编制名额少；四是医院科研条件不够，科研项目无法进行”[②]。

第三，相关资金渠道仍需进一步拓展。在《2021 年遵义市人民政府工作报告》中，市长黄伟在充分肯定所有人成绩的同时，也清醒地看到，全市经济社会发展还存在不少困难和问题，主要有“政府债务负担沉重，财政收支矛盾突出”[③] 等需要认真研究解决。可见，在遵义市山水生态城市建设过程中，融资渠道需要进一步拓宽，以有效缓解政府财政收支的矛盾。

第四，山水资源禀赋和比较优势尚待进一步发挥。2018 年 12 月 16 日，在生态环境部等的指导下，中国生态文明研究与促进会主办的中国生态文明论坛评选出了 12 个城市作为中国 2018 年“美丽山水城市”。这说明山水生态城市建设在我国正“走在途中”，各地也都在大力推进。这样相关建设行动多起来，它们之间就难免会出现同质化或趋同化的倾向。对此遵义市市长黄伟也特别提到遵义市在经济社会发展中还存在“资源禀赋和比较优势没有完全发挥”[④] 的问题。因此，充分利用和完全发挥自身的特有优势，在全国众多“美丽山水城市”中极为鲜明地突出自己的特点和比较优势是遵

---

① 宦洁：《西部地区如何破解人才“马太效应”》，《光明日报》2021 年 12 月 26 日，第 7 版。

② 邹建容：《红花岗区科协召开人才交流座谈会》，贵州省科学技术协会网站，http://www.gast.org.cn/kxdt/dfkx/202112/t20211216_72058382.html，最后访问日期：2022 年 8 月 4 日。

③ 黄伟：《2021 年遵义市人民政府工作报告》，遵义市人民政府门户网站，https://www.zunyi.gov.cn/zwgk/zfgzbg/202103/t20210325_68629734.html，最后访问日期：2022 年 8 月 4 日。

④ 黄伟：《2021 年遵义市人民政府工作报告》，遵义市人民政府门户网站，https://www.zunyi.gov.cn/zwgk/zfgzbg/202103/t20210325_68629734.html，最后访问日期：2022 年 8 月 4 日。

义市当下一项重要的工作任务。

第五，相关生态环保问题还需攻坚。这方面也是黄伟市长在《2021年遵义市人民政府工作报告》中提到的主要困难与问题之一。遵义市生态环境局发布，“2020年6月8日，仁怀市一酿酒作坊现场管理人员向某委托驾驶员王某转运该作坊产生的白酒酿造废水，王某将18吨白酒生产废水运至茅台镇中华村鱼塘组的自家院坝内，于9日凌晨，将废水排入生活污水管道，最终进入溶洞，排放时间约20分钟。9日凌晨2时，接群众举报后，遵义市生态环境局仁怀分局、仁怀市公安局、茅台镇联合出击，抓获现行。现场取样监测结果显示，排放废水的pH、氨氮、总磷、总氮、悬浮物、化学需氧量浓度均超标，其中化学需氧量浓度超标584.94倍”①。这说明近年来遵义市在山水生态城市建设方面虽然取得了显著的成效，但是“行百里者半九十”，当下前进的道路上相关生态环保领域还有不少困难需要攻坚。

第四节　遵义市山水生态城市建设的对策思考

第一，大力推进公众生态文明意识水平的提高。针对公众生态文明意识发展不平衡、不充分的问题，要采取教育、宣传等各种方式全面提升群众的生态文明意识水平。例如在教育方面，无论学校教育、家庭教育，还是社会教育，都要把生态文明意识作为重要内容对受教育者进行普及。学校要开设专门的生态文明教育课程，家庭和社会要与学校相互配合，有针对性地对家庭成员、社会人员开展生态文明教育。落实学校、家庭、社会教育“三位一体”，不断强化受教育者的生态文明意识。在这方面，当下遵义市已经做了不少工作。如为推动文明城市建设向纵深发展，遵义市生态环境局汇川分局“一是作为牵头单位报请区政府于7月31日召开深化全面文明城市建设指挥部可持续发展的生态环境组工作调度会。对当前可持续发展的生态环境组存在的困难和重点工作进行了详细的分析报告，对下一

① 《罚款100万、依法拘留！废水乱排后果严重》，遵义市生态环境局网站，http://zyepb.zunyi.gov.cn/xwzx/hjyw/202205/t20220525_74212620.html，最后访问日期：2020年8月4日。

步的巩文复评工作进行了安排部署。二是按照区深化全国文明城市建设指挥部可持续发展的生态环境组工作调度会的安排部署，对照既定的任务分工，细化任务，明确工作标准、时限要求和保障措施，做到定任务、定责任、定人员，包时间、包质量、包达标。三是充分利用每月公众开放日，开展深化文明城市建设，保护生态环境的宣传活动。例如 7 月 24 日分局在遵义海螺盘江水泥有限责任公司举办环保公众开放日主题活动，带领社区群众代表进行现场参观，向企业和群众发放翔实的环境政策法规和科普知识宣传资料、宣传品共 100 份。四是在区繁华地段开展主题宣传活动。其中深化文明城市建设暨环境保护宣传活动和以'传承红色基因，争做文明遵义人'为主题的宣传活动共发放国家生态文明建设示范区应知应会手册和深化文明城市宣传单共计 5100 份，环保购物袋 3100 个，现场解答了群众关心的环境问题 20 余人次，有效提高了市民对创建全国文明城市工作的知晓率和参与率。五是到六个街道办和两个工业园区发放宣传资料，其中六个街道办共发放宣传资料 3 万份，两个工业园区共发放资料 2 万份"[①]。持续引导市民行为自觉，帮助市民牢固树立生态环境意识。另据遵义市生态环境局综合业务和法规科发布的《2021 年遵义市生态环境状况公报》，是年遵义市为"强化生态环境宣传，构建大生态大环保工作格局。一是切实保障群众环境权益，把群众诉求办理作为'为群众办实事'的重要举措，及时解决发生在群众身边的各类环境问题，2021 年共受理环境污染投诉 2287 件（不属环保职责范围 413 件），已办结 2254 件。二是坚持'开门搞环保'理念，加强生态环境信息宣传，在官方微信、微博及今日头条上发布信息 5630 条，组织媒体采访报道生态环境类新闻 731 条，获中央和省级以上媒体采用 100 余条；组织拍摄制作了多部生态环保警示片。三是组织开展环保宣传活动，利用'生物多样性日''6·5 世界环境日''全国低碳日''6·18 贵州生态日'等契机开展系列宣传活动和志愿服务活动 10 余次，发放宣

① 参见遵义市生态环境局汇川分局《深化文明建设 打造生态文明遵义》，遵义市生态环境局网站，http：//zyepb. zunyi. gov. cn/xwzx/qxdt/hcq/202009/t20200917_ 63223254. html，最后访问日期：2022 年 8 月 4 日。

传资料、宣传品42万份；开展公众设施开放活动30次，参与人数达400余人次”①。这些生态环境方面的宣传，进一步提高了遵义市民的生态文明意识水平，为当地建设山水生态城市提供了重要的精神意识支撑。

第二，采取得力措施，“聚天下英才而用之”。针对山水生态城市建设的需要，一是培养专门的人才。要采取学校培训、社会培训，长期培训、短期培训，专业培训、一般培训等各种培训形式培训人才。二是引进与山水生态城市建设相契合的专门性人才。既可主动发力进行引进，也可以发布招贤纳士的公告，让各地人才聚集于此。遵义市对相关人才引进工作非常重视，对引进的人才也给予较为优厚的待遇。2018年发布的《遵义市引进高层次人才实施办法（试行）》在“待遇”一章提出：“引进到机关、事业单位的高层次人才可按以下条件聘用：（一）原具备公务员身份的，可调入机关单位，担任乡科级正职；也可进入事业单位，聘用为正科级岗位或副高级以上岗位。（二）原具备事业身份的，可调入事业单位，聘用为正科级岗位或副高级以上岗位。（三）原不具备干部身份的，可实行考核聘用直接录入事业单位，转正后可聘用正科级岗位或副高级以上岗位。对采取全职引进方式到我市工作，与用人单位签订5年以上工作合同或协议的高层次人才，第一类高层次人才，每月发放1万元人才津贴100万元购房补贴；第二类高层次人才，每月发放4000元人才津贴，60万元购房补贴；第三类高层次人才，对在县（市、区）以下或企事业单位工作的，每月发放1200元人才津贴，15万元购房补贴；对在市级机关工作的博士，每月发放300元人才津贴，15万元购房补贴。对柔性引进到我市挂职的各类高层次人才每月发放不少于3000元的生活补贴，其他柔性引进人才由用人单位根据工作时限和工作内容给予相应的生活补贴。此外引进的高层次人才享受《遵义市高层次人才引进绿色通道实施办法》规定的相关服务。本办法规定的第一类、第二类颁发《遵义市引进高层次人才服务绿卡》A卡；第三类颁发《遵义市引进高层次人才服务绿卡》B卡。”② 除此之外，针对专门性人

① 遵义市生态环境局综合业务和法规科：《2021年遵义市生态环境状况公报》，遵义市生态环境局网站，http://zyepb.zunyi.gov.cn/xwzx/tzgg/202206/t20220602_74592390.thml，最后访问日期：2022年8月4日。

② 参见《遵义市引进高层次人才实施办法（试行）》，遵义人才信息网，https://www.zyshr.com/notice/4614，最后访问日期：2022年8月4日。

才编制管理等问题，2022 年，遵义市人民政府办公室发文提出要“强化人才支持。支持遵义市开展编制管理改革，探索建立市域内事业编制统筹周转调剂使用制度，探索创新引进高层次人才的编制灵活使用政策。支持都市圈对编制外引进的高层次、专业性人才实行独立薪酬制度。每年从各地选派干部到发达地区城市挂职或跟岗学习锻炼。支持都市圈实施干部培训计划（市委组织部、市人力资源社会保障局等）”①。

第三，进一步拓宽相关山水生态城市建设资金渠道。这方面要依据地方经济社会发展的经验，立足本地市情，聚焦短板弱项，持续加大相关领域资金投入，建立完善多元化山水生态城市资金筹措机制。一是要充分发扬自立自强、艰苦奋斗的精神，发挥工作主观能动性，大力筹集财政资金支持山水生态城市建设发展；二是积极向上级财政部门和行业主管部门汇报沟通，多方争取、寻求支持；三是探索发行债券、社会捐助等方式，拓展生态保护补偿资金来源。据遵义市政府门户网站介绍，遵义市“2019 年争取中央资金 1.44 亿元，实施芙蓉江、虾子河、石坝河、兰家湾和千人以上集中式饮用水水源地的环境综合整治项目”，同年“获得中央环保专项资金 1000 万元，已分派到相关县（区）实施”②。此外，遵义市人民政府于 2022 年发布的《市人民政府办公室关于印发〈遵义都市圈发展规划〉主要目标重点任务重大工程和重点项目责任分工方案的通知》也专门提到在建设包括“美丽生态圈”等遵义都市圈发展中，要“加强资金支持力度。加大对都市圈财力困难县（市、区）的一般性转移支付力度。同等条件下优先争取中央资金、安排省有关资金和基金支持都市圈相关县（市、区）项目建设。在都市圈相关县（市、区）新增政府债务限额内，支持符合条件的项目申报发行新增政府债券。鼓励都市圈企业发行公司债、企业债及各种债务融资工具。支持都市圈县（市、区）引入社会资本，采取混合所有制、组建联合体、设立基金等多种方式，加快都市圈 PPP 项目建设。（市财

① 《市人民政府办公室关于印发〈遵义都市圈发展规划〉主要目标重点任务重大工程和重点项目责任分工方案的通知》，遵义市人民政府门户网站，https：//www.zunyi.gov.cn/zwgk/zfwj/zfbh/202205/t20220511_74033183.html，最后访问日期：2022 年 8 月 4 日。

② 查静：《绿水青山入画来——遵义大力推进生态文明建设回眸》，遵义市人民政府门户网站，https：//www.zunyi.gov.cn/ztzl/lszt/zysthjbhdchtk/202005/t20200521_68895580.html，最后访问日期：2022 年 8 月 4 日。

政局、市发展改革委、人民银行遵义中心支行、遵义银保监分局、市金融办等）落实减税降费政策。支持都市圈县（市、区）政府根据实际情况，在城镇土地使用税开征范围内将本地区土地划分为若干等级，在省政府确定的税额范围内，制定相应适用税额标准，报省政府批准执行。对于房产税，纳税人纳税确有困难的，可由省政府确定，定期减征或者免征房产税；对于城镇土地使用税，纳税人缴纳确有困难需要定期减免的，由县级以上税务机关批准（市税务局等）"①。

第四，进一步发挥遵义市山水生态城市建设的资源禀赋和比较优势。遵义山水自然相依，绿韵为裳，山水塑形，立足于自己的生态环境特色，遵义市先保护生态，再利用生态发展绿色产业，从大地绿起来、生态美起来，再到生态富起来，走出一条适合自己发展的山水生态城市建设道路。这条道路一方面是在发展中保护生态。例如，1998 年遵义市在湘江河的河畔修建了城市污水处理厂，"开启城市污水治理先河。随着城市扩容，目前，遵义市中心城区已建成污水处理设施 14 座，日处理能力达 52.75 万吨，全部达到一级 A 排放标准。……连续十年对湘江河流域实施污水截流改造工程，实现城市雨、污、清全分流。同时，采取 PPP 融资方式……全面整治湘江河流域水生态环境"②。以及"为治理五马河的生态环境，当地政府采取疏堵结合，关停污染企业，建设污水处理厂，开展河道清淤、河床修复、水生态修复等综合治理，彻底治理污染路径。如今的五马河是赤水河流域重点生态保护区。水清岸绿、鱼翔浅底、百鸟栖息成为五马河一道亮丽的风景线。五马镇绿色产业蓬勃发展，生态红利逐步释放，群众吃上了生态饭"③。另一方面是在生态保护中推动高质量发展。遵义市生态环保系统"坚持'12334'工作思路，坚决打好污染防治攻坚战、环保督察反馈问题整改两场硬仗，实施白酒行业、煤矿行业、工业园区三大领域专项整治，着力强化生态文明示范创建、生态保护修复、环境执法监管三大重点，努

---

① 《市人民政府办公室关于印发〈遵义都市圈发展规划〉主要目标重点任务重大工程和重点项目责任分工方案的通知》，遵义市人民政府门户网站，https://www.zunyi.gov.cn/zwgk/zfwj/zfbh/202205/t20220511_74033183.html，最后访问日期：2022 年 8 月 4 日。

② 《遵义市谱写生态文明建设治水新篇章》，新华网，http://www.gz.xinhuanet.com/2022-05/11/c_1128640153.htm，最后访问日期：2022 年 8 月 4 日。

③ 《遵义市谱写生态文明建设治水新篇章》，新华网，http://www.gz.xinhuanet.com/2022-05/11/c_1128640153.htm，最后访问日期：2022 年 8 月 4 日。

力实现环境质量、流域保护水平、队伍建设管理、群众获得感满意度四大提升，切实以高水平生态环境保护推动经济社会实现高质量发展”[①]。今后遵义市“将守牢发展和生态两条底线，坚持生态优先、推动绿色发展，在持续巩固生态文明建设成果的基础上，大胆先行先试，积极探索生态文明制度体系建设，努力在生态产品价值实现机制、横向生态保护补偿机制、生态文明绩效考核体系等方面创新实践，全面推动新国发 2 号文件精神落地落实，奋力在生态文明建设上出新绩”[②]。

第五，进一步攻坚山水生态城市建设过程中出现的各种问题。这方面比较突出的如污染防治攻坚战中的碧水保卫战。鉴于遵义市河溪交错，水系相依，碧水保卫战要从生命共同体的整体观出发，采取综合方式进行攻坚防治。近年来，遵义市“印发《遵义市水污染防治行动计划年度实施方案》《遵义市城市黑臭水体治理攻坚战实施方案》《遵义市水污染防治行动计划落实情况“回头看”方案》《遵义市湘江河流域水体达标整治方案》等，制定《遵义市长江入河排污口排查整治专项行动工作实施方案》，完成了乌江、赤水河的入河排污口无人机航测及人工实地核查监测，印发《关于加强乌江 34 号泉眼污染防治设施运行管理的通知》，制定检查巡查方案并开展监管执法工作；开展全市河流河长巡河活动，编制‘一河一策’方案，并建立‘一河一档’，对千人以上集中式饮用水水源保护区进行了新增及优化调整，新增优化水质监测断面 84 个，按季度开展水质监测并公布结果，对监测断面未达标的县（市、区）进行预警通报；大力推进虾子河黑臭水体整治工程，新增污水处理能力 3 万吨，已建成污水收集管网 25.08 公里，改造完成黑塘子水库溢流堰、黑塘子水库下游肖家湾处周边居民生活污水收集管网，连通汇川区方向排污箱涵与虾子河箱涵，正在开展黑塘子

① 李培松：《遵义抢抓政策机遇持续改善生态环境质量》，遵义市人民政府门户网站，https：//www.zunyi.gov.cn/ztzl/rdzt/swsthjbhdchtkzyjxs/202202/t20220223 _ 72662436.html，最后访问日期：2022 年 8 月 4 日。

② 李培松：《遵义抢抓政策机遇持续改善生态环境质量》，遵义市人民政府门户网站，https：//www.zunyi.gov.cn/ztzl/rdzt/swsthjbhdchtkzyjxs/202202/t20220223 _ 72662436.html，最后访问日期：2022 年 8 月 4 日。

水库清淤和黄寨泵站施工，持续推进一二三级管网建设”[①]，真正做到了“还一江碧水清波”。

需要提及的是，山水田园湖草是一个生态整体，因此遵义市建设山水生态城市就不仅仅是遵义市主城区一地的工作，它必然包括遵义市主城区以外的其他地区，包括遵义市所辖各县市的相关建设工作。相对于主城区而言，这些县市在山水生态建设配套方面所面临的困难更多，因而从某种意义上来说也是遵义市建设山水生态城市需要攻坚的地方。例如遵义市的余庆县近年来虽然经济快速增长，产业结构变动逐步向合理化方向演进，但是依然存在一些问题，这些问题阻碍了余庆县的产业结构优化，拉大了其与贵州省经济强县之间的差距，减弱了余庆县的经济竞争力。具体体现一是产业结构层次低。余庆县三大产业占全县生产总值的比重从2017年的24.5%、29.6%、45.9%[②]发展到2021年的29.3%、23.7%、47.0%[③]。第二产业发展速度缓慢，对经济增长的拉动作用较小。另外，虽然农业产值占GDP的比重有所下降，但是仍然相对较高。现代化的农业还处于起步阶段，农业产业化经营缺乏工业的带动作用，进而农业的升级速度也趋于缓慢。二是农业结构单一。从农业产值结构看，2018年，余庆县种植业（农业）、林业、畜牧业、渔业占第一产业增加产值的比重分别为71.2%、4.5%、23.1%、1.2%[④]；到2021年，比重变为117.6%、4.8%、27.4%、3.0%[⑤]，种植业和畜牧业为主的格局几乎没有任何变化。三是支柱产业发展缓慢。余庆县的优质大米生产规模小，产量低，未发挥明显的比较优势，且新品种开发力度小，优质大米缺乏竞争力。小叶苦丁茶在全国具有明显的比较优势和市场需求，但龙头企业规模小，发展不稳定，产品结构比较单一，产品档次较低，加工度低，产品宣传力度小。四是产业技术水平低。第二产业中，占主导地位的是农、林、矿产品的初加工工业，产品技术含

① 查静：《绿水青山入画来——遵义大力推进生态文明建设回眸》，遵义市人民政府门户网站，https://www.zunyi.gov.cn/ztzl/lszt/zysthjbhdchtk/202005/t20200521_68895580.html，最后访问日期：2022年8月4日。

② 余庆县统计局：《2017年余庆县国民经济和社会发展统计公报》。

③ 余庆县政府官网“余庆简介”。

④ 余庆县统计局：《2018年余庆县国民经济和社会发展统计公报》（公报里没有百分比数据，该数据为笔者根据公报数据计算得出，下同）。

⑤ 余庆县统计局：《2021年余庆县国民经济和社会发展统计公报》。

量和附加值比较低，缺乏市场竞争力。工业化水平低、农业产业化的水平低，基本上还是粗放型的生产经营，加上信息、技术等原因，增加了产业调整和产业升级的困难。第三产业中高新技术产业少，主要集中于一些传统的、低水平的交通运输和商业饮食服务业，而科技、信息、金融等方面的发展严重不足。五是产业集中度低。龙头企业量小质弱，发展不稳定，带动作用不强；农村专业合作经济组织程度不高；产业基地规模较小，农业产业化经营步伐慢；虽然一些主要产品生产区域分布集中度较高，但是支柱产业产品的生产缺乏应有的规模经济。六是投资结构不合理。产业化建设项目投入不足，除水电、矿产以外，其他工业投资新建项目几乎为零，更新改造与产业投资不足，势必影响发展后劲。

由此可见，余庆县要成为推动遵义市山水生态城市建设的重要力量，固守原来发展的老路是不可取的。据此，余庆县需要从根本上实现发展方式的转变，即改变以投资为主的现有要素驱动模式，改变高消耗、高污染、产能过剩而且附加值低的模式，转而积极寻求产业结构合理、经济有序发展、社会可持续发展的生态创意经济新形态。这种生态创意经济以绿色发展理念为引领，以创意、创新和创造为动力，推动相关产业发展，促进社会转型。它的内在属性符合低碳和环保的可持续发展要求，是整个经济转型的“增长机制”。而余庆县山区的地理属性和经济欠发达的制约因素决定了它只能顺应地方山川的天然形势来探索生态创意产业的新途径。特别是在平原稀缺、耕地不多的情况下，更要充分利用低丘陵和平缓的山坡，紧密结合当地山区环境，实施“地方生态创意”。一是在地方建筑风格中，加强建设融合了民族风情和现代特色的特色小镇，大力推进社会生态人文建设。二是在城市化进程中，必须重视历史背景的继承和保护、城市品位的培育、文化软实力的建构。这样通过保护民族文化和继承历史特色，传统产业不断渗透和整合，最终相互融合，凸显出生态创意经济的持久魅力。三是突出地方民族文化。在生态创意经济发展过程中，要将民族文化的传承和非物质文化遗产保护作为城乡规划的重要组成部分。突出当地民族的文化特色，进一步增强对城乡居民传统文化的认识，深入挖掘地方文化资源，建立“创新生态创意系统”，以此释放出人们的创造力和资源整合能力。为此要特别注意重视突出地方艺术文化、艺术家、创意人士、企业家、和谐社区、公共空间、教育、音乐活动、餐饮场所等文化资源、精神生活的象征价值，让其通过创造、创新、吸收、转化，成为新的文化产品和文化服务，并营造出一个刺激创新和创造的社会生态化环境。四是生态创意系统的运行机制应由政府主导，让企业、消费者和其他创造性实体在更加生态化的环境中发展，通过各种渠道和方式，使文化内容开拓创新，同时激活系统中其他相关的各种创新因素，推动开展技术创新、产业体制创新、制度机制创新等活动，以适应环境变化的需要，或形成协同作用，进一步促进环境生态方面的创新。五是生态创意产业的价值不仅在于促进传统产业在广泛的经济和社会领域进行系统创新，它还通过创意人员的合作和流动，使生态创意产品所产生的创意智慧和现代技术渗透到生产部门和其他部门，进而带动大量其他产业的发展。因此，余庆县要与整个遵义市建设山水生态城市的行动相互联动，就要利用政府、市场、社会各方面的力量综合发力，一起促进地方生态创意产品价值的充分实现，在此基础上扩大提高域内整个第三产业的规模和质量，相应提高相关其他部门的生态化发展水平。

向生态创意经济新形态的根本转变是新形势下的新任务，需要余庆县立足具体县情，以创造性的思路开拓创新。当前政府相关部门在党委的领导下，坚持问题导向、目标导向和结果导向，认真落实生态环境保护主体责任，统筹推进辖区山水林田湖生态环境系统治理，真抓实干取得了一系列实质成效。遵义市生态环境局余庆分局发文介绍，近年来余庆县在水污染防治等一系列工作上，“落实‘党政同责、一岗双责’。不定期召开专题会、调度会，采取督查检查、专班专项整治等多项措施，督促各部门主动履行生态环境治理主体责任，落实改善生态环境质量，强化污染防治和生态保护，及时研究部署生态环境保护工作，充分利用县环委会和县整改办，发挥两大机制作用，不定期开展督促检查，按照排查、交办、核查、约谈、专项督查‘五步法’工作模式，强化监督，促进问题整改。坚持问题导向，强化责任担当。在涉及余庆县生态环境问题整治事项上，县级财政积极筹措资金，调整和优化资金使用方向，保障生态环境问题整治需求，提高资金使用绩效，坚持‘用钱必有效、无效必问责’的原则，措施保障到位，问题解决到位，整改不力追责问责到位，并建立长效机制，确保生态环境保护督察反馈问题整治见成效。考核评价晒绩效，强化治理促发展。坚持‘绿水青山就是金山银山’的发展理念，常态化开展年度评价考核，重在考核结果运用，以促进环境问题全面治理，坚决打赢‘污染防治攻坚战’，巩固生态文明建设成果。加大城乡生活污染、工业企业污染、畜禽养殖污染、农业面源污染等环境问题的治理力度，确保生态环境‘硬件’达到考核要求，为余庆高质量发展提供坚实的环境支撑”①。通过这一系列工作，余庆县发展和生态两方面都欣欣向荣。具体情况据《余庆县人民政府2022年政府工作报告》：“截至‘十三五’期末，全县地区生产总值85.64亿元，年均增长9.91%，城乡居民人均可支配收入年均分别增长8.18%、9.44%，规模工业增加值年均增长9.87%，社会消费品零售总额年均增长7.82%，500万元以上固定资产投资年均增长10.66%。全面小康建设通过省级验收。增比进位综合测评整体向好，2019年跃升至全省县域第二方阵第5名。”② 在生态建设方面，“新建水库5座，新增库容2715万立方米。全面落实‘河长制’，长江十年禁渔推进有力，县域主要河流均达Ⅲ类水质标准。扎实推进‘林长制’，森林覆盖率61.81%，获评‘省级森林城市’，创建国家森林村寨2个、省级生态示范乡镇10个、市级生态村69个。治理石漠化90余平方公里。飞龙湖湿地公园入列‘国家湿地公园’”③。“空气优良率达98%以上，建成乡镇污水处理厂8座，县城污水处理厂二期、江北热解气化处理厂投入运行，全县垃圾收运体系趋于完善，城镇垃圾转运基本实现全覆盖。”④

---

① 《余庆县推动构建现代环境治理体系》，中国·遵义·余庆政府门户网站，http://www.zgyq.gov.cn/bmxzxxgk/xhbj/zdlyxxgk/hjbh/202108/t20210810_69461210.html，最后访问日期：2022年8月4日。

② 贾旭东：《余庆县人民政府2022年政府工作报告》，中国·遵义·余庆政府门户网站，http://www.zgyq.gov.cn/bmxzxxgk/xzfb/bgkmlzfb/gzbg/202202/t20220214_72546602.html，最后访问日期：2022年8月4日。

③ 贾旭东：《余庆县人民政府2022年政府工作报告》，中国·遵义·余庆政府门户网站，http://www.zgyq.gov.cn/bmxzxxgk/xzfb/bgkmlzfb/gzbg/202202/t20220214_72546602.html，最后访问日期：2022年8月4日。

④ 贾旭东：《余庆县人民政府2022年政府工作报告》，中国·遵义·余庆政府门户网站，http://www.zgyq.gov.cn/bmxzxxgk/xzfb/bgkmlzfb/gzbg/202202/t20220214_72546602.html，最后访问日期：2022年8月4日。

第八章　贵州高原水库环境与生态文明建设

第一节　引言

（一）研究缘起

水体水生生态系统的健康与否影响着国计民生，作为人工建成且受人类活动影响最大的水体，水库的生态健康与水库物质和能量流动有着密切关系。与此相关，食物链是指生态系统中各种生物为维持其本身的生命活动，必须以其他生物为食物的这种由生物联结起来的链索关系。这种摄食关系，实际上是能量从一种生物转到另一种生物的关系，也即物质能量通过食物链的方式流动和转换。因此，研究水库或湖泊食物网对于维持生物多样性、保护水生态环境有着重要作用。

近年来，稳定同位素技术作为生态学中兴起的一项新型研究手段，为解释物种间营养关系提供了量化指标。此外，越来越多的研究利用稳定同位素技术研究重金属及有机污染物在水生生物体内的积累效应。重金属或有机污染物被浮游植物吸收后，会沿着食物链向上传递到浮游动物体内，因而应用 $\delta^{15}N$ 比值在每一营养级都有 3‰～4‰的富集这一原理可获得浮游动物在食物网中的营养位置，从而解释污染物在浮游动物体内的积累以及在食物链上的传递。由此人们通过将两者进行相关分析，就能发现污染物在生物体内的生物放大作用。这样，将生态学概念（食物链）、生态学方法（稳定同位素）及环境地球化学结合起来可有效地评估诸如水库等水生态系统受污染的程度，为当下正在大力推进的生态文明建设提供行动参考。

（二）水生食物链及营养级

食物链是指各种生物通过一系列捕食关系彼此联系起来的序列。淡水生态系统的食物链较短，平均食物链长度一般在1.5~3。影响食物链长度的原因有很多，例如波斯特认为生物群落组织结构的历史、生态系统的规模、资源可获得性及捕食者—猎物之间的相互作用等因素都可以影响食物链长度。斯宾塞（Spencer）和沃伦（Warren）通过对小型水生微系统的研究发现，微系统的规模决定了食物链长度。此外，物种入侵、外来营养物质的输入和颗粒有机物的差异也会影响食物网的结构。

在自然水体中，微生物、原生物、水生动物、藻菌、水生植物等相互作用一起构成水生生物食物链，而自然空间有序的生态循环链则揭示了生态群落的演替和多样性的动力学机制。

至于营养级（Trophic Level），它是指生物群落中的各种生物之间进行物质和能量传递的级次。通过营养级的计算能够确定某种消费者在食物链中所处的相对位置，营养级的变化可以反映该消费者主要食源的丰度变化情况，平均营养级的变化还能够反映出消费者群落结构的变化。一般来说，稳定的生态系统中，物种的营养级不会出现大的变动。营养级的变动往往意味着水生态环境大的改变，加强对营养级变化影响因素的研究有助于古环境的反演和对未来水环境的预测。

（三）研究对象概述

贵州高原平均海拔1100m左右，具有中部高四周低的“倒扣面盆”式地形，中部为长江水系和珠江水系的分水岭，该区域主要为喀斯特地貌。贵州的水资源极其丰富，水资源总量1153.72亿立方米，全部为淡水资源，居全国第六位，省内河网丰度大，长度在10公里以上的河流多达984条，其中河流监测断面区域水质达到Ⅱ、Ⅲ类标准的河段占97.7%。不过，贵州虽水力资源丰富，但是天然湖泊极少，有效利用水资源的方式之一便是修建人工水库，迄今为止大大小小的人工水库足有两千余座，均坐落于贵州特有的喀斯特地貌上。

本研究中红枫湖水库、百花湖水库和阿哈水库均为喀斯特人工水库，是贵阳市区及周边区域的主要饮用水源地，同时兼具发电、旅游、养殖、灌溉、防洪、水上运动、调节自然生态环境等功能，充分发挥人工水库的优势。其中红枫湖水库（26°26′~26°35′N，106°19′~106°28′E）为喀斯特河道深水湖泊，距离贵阳市市区 32 km、清镇市西南 3 km，为乌江流域一级支流猫跳河的上游，始建于 1958 年，湖面面积约 5.72×104 m^2，库容约 6.01×108 m^3，最大水深 45 m，平均水深 10.52 m，流域面积约 1596 km^2，水资源补充主要以降雨和上游河流汇入，湖泊补给系数 49.64，湖水寄宿时长约为 0.325 年。百花湖水库（26°35′~26°41′N，106°27′~106°32′E）位于贵阳市观山湖区朱昌镇和百花湖水库乡之间，距贵阳市区西北部 16 km，属于猫跳河的上游，红枫湖水库的下游，1966 年为建百花湖电站而建造，湖区面积 14.5 km^2，库容约 1.82×108 m^3，最大水深 45.00 m，平均水深 10.8 m，整体上百花湖水库为西南—东北向分布的狭长带状，年平均气温 14 ℃，年均降雨量 1175 mm，流域面积约 1895 km^2，湖泊补给水主要来自上游的红枫湖水库。阿哈水库（26°32′~26°33′N，106°38′~106°39′E）位于贵阳市区西南 8 km 处，是小车河上游，游鱼河、白岩河、沙河、菜冲河和烂泥沟河的交汇区，属乌江水系上的中小型水库，1960 年竣工并开始蓄水，库容约 5.42×108 m^3，年径流量达 1.04×108 m^3，流域面积约 190 km^2，年平均气温 15.3 ℃，年均降雨量 1198.9 mm，年均湿度 77%，水库的主要功能为供水和防洪。红枫湖水库、百花湖水库和阿哈水库的建造，对流域内的农业、养殖业、工业和旅游业均起到了重要的促进作用，但随着工业化和城市化的发展，一些工业废水和城镇污水处理不合格就排入库区，带来了一定的环境压力。①

（四）样品采集处理、指标测定和分析方法

1. 采样时间和采样点的设置

研究组于 2020 年 7~10 月分别对红枫湖水库、百花湖水库和阿哈水库

① 金祖雪等：《贵州红枫湖水体理化特征及其对浮游植物群落的影响》，《生态学杂志》2020 年第 2 期。陈椽等：《红枫湖水库底泥的氮磷蓄积量及分布特征》，《安徽农业科学杂志》2008 年第 35 期。袁振辉等：《基于贝叶斯方法的贵州高原百花水库水体营养盐变化及评价（2014—2018 年）》，《湖泊科学》2019 年第 6 期。韩丽彬等：《贵州高原百花水库浮游植物功能群的动态变化及驱动因子》，《湖泊科学》2022 年第 4 期。罗宜富等：《阿哈水库叶绿素 a 时空分布特征及其与藻类、环境因子的关系》，《环境科学》2017 年第 10 期。李磊等：《阿哈水库浮游植物功能群时空分布特征及其影响因子分析》，《环境科学学报》2015 年第 11 期。

进行水样和生物采样。根据《湖泊富营养化调查规范》以及结合各水库水域特点设置采样点，红枫湖水库采样点为三岔河（SCH）、花渔洞（HYD）和将军湾（JJW）；百花湖水库采样点为麦西河（MXH）、岩脚寨（YJZ）和花桥（HQ）；阿哈水库采样点为库心（KX）和库东（KD）。

2. 样品采集

（1）用 YSI 便携式多功能水质参数仪现场测定水温和 pH。

（2）每次取 20 mL 水样作为浮游植物样品置于 30 mL 样品瓶中，并立即加入样品体积 3%~5%鲁哥溶液，以防止浮游植物进一步生长繁殖。镜检前将样品充分摇匀，吸取 0.01 mL 样品液注入 0.01 mL 计数框内，确保盖上盖玻片的计数框内无气泡，在 10×10 倍的光学显微镜下找到样品再转置 10×40 倍镜头下进行计数，每瓶样品至少重复 2 次，2 次计数结果与平均数的误差应不大于 15%。浮游植物根据《中国淡水藻类——系统、分类及生态》采用的分类系统进行定量鉴定，样品必须在一个星期之内处理完成，以防止浮游植物分解。

（3）每次取 1 L 水样现场经 25#浮游生物网浓缩置于 30 mL 样品瓶中作为浮游动物样品，并立即加入样品体积 3%~5%甲醛溶液保存，以便镜检。镜检前将样品充分摇匀，吸取 1 mL 样品液注入 1 mL 计数框内，确保盖上盖玻片的计数框内无气泡，在 10×10 倍的光学显微镜下全片计数，每瓶样品至少重复 2 次，2 次计数结果与平均数的误差应不大于 15%。种类鉴定参照《中国动物志 · 节肢动物门 · 甲壳纲 · 淡水桡足类》《中国动物志 · 节肢动物门 · 甲壳纲 · 淡水枝角类》《中国淡水轮虫志》《淡水微型生物图谱》《淡水浮游生物研究方法》。

（4）按照《水和废水监测分析方法》（第 4 版）测定化学指标。具体测定方法及指标如下：碱性过硫酸钾紫外分光光度法测定总氮、钼酸铵分光光度法测定总磷、水杨酸-次氯酸盐光度法测定氨氮、运用丙酮萃取分光光度法测定叶绿素 a 等。

3. 样品处理、指标测定

稳定同位素 $\delta^{13}C$ 和 $\delta^{15}N$ 样品前处理：

（1）浮游植物

将浮游植物定性样品用微孔滤膜过滤，冷冻干燥后放入干燥器中保存。

（2）浮游动物

用浮游动物网采集的浮游动物，带回实验室剔除杂质，放置于蒸馏水中过夜排清肠含物。冷冻干燥后放入干燥器中保存。

（3）底栖动物

把底栖动物的壳去掉，用蒸馏水清洗冷冻干燥后研磨成粉状，放入干燥器中保存。

（4）鱼

采集样品后放入保温箱冷藏，带回实验室鉴定分析种类，测其全长并称重。较大个体的鱼类每一只为一个样品，取其背部肌肉和肝脏组织各 2~10 g；较小个体的鱼类选取大小相近的 5~10 个体，每个个体各取相同重量的背部肌肉和肝脏组织各 2~10 g 混合成一个样品，样品清洗后冷冻干燥研磨成粉状，放入干燥器中保存。

所有处理样品用元素分析仪和稳定同位素质谱仪测定 $\delta^{13}C$ 和 $\delta^{15}N$，并计算稳定 C、N 同位素的自然丰度。

4. 数据分析方法

采用优势度值（Y）来表示浮游生物（浮游植物和浮游动物）优势种：

$$Y=(n_i/N)f_i$$

式中，n_i为第 i 种的个体数，N 为所有种类总个体数，f_i为该种在各采样点出现的频率，以 $Y \geqslant 0.02$ 的浮游生物种类为优势种。

本次调查主要采用 Shannon~Wiener 指数（H'）和 Margalef 指数（D）来测量浮游生物群落的多样性，公式如下：

$$H'=-\sum\left(\frac{n_i}{N}\right)\left(\log_2\frac{n_i}{N}\right),\ D=\frac{S-1}{\ln N'}J'=H'/\ln S$$

式中，N 为某样点浮游动物总个体数，n_i为第 i 种的个体数，S 为物种总数。

$\delta^{15}N$ 在食物网中的富集明显（通常为 3‰~4‰），所以 $\delta^{15}N$ 更多地用于评价消费者在食物网中的营养级位置，公式如下：

$$\text{Trophic Level}=\lambda+\frac{\delta^{15}N_{consumer}-\delta^{15}N_{baseline}}{\Delta\delta^{15}N}$$

式中，$\delta^{15}N_{baseline}$为生态系统食物网的初级生产者或初级消费者的氮稳定性同位素比率（$\lambda=1$ 时，$\delta^{15}N_{baseline}$ 为初级生产者 $\delta^{15}N$，而 $\lambda=2$ 时，

$\delta^{15}N_{baseline}$为初级消费者 $\delta^{15}N$；当消费者营养级大于 2 时，营养级一般为非整数值），$\delta^{15}N_{consumer}$为消费者氮同位素比率，$\Delta\delta^{15}N$ 为营养级传递过程中的富集值（平均值约为 3.5‰）。本研究中取 3.4‰为基准线。

（五）技术路线图

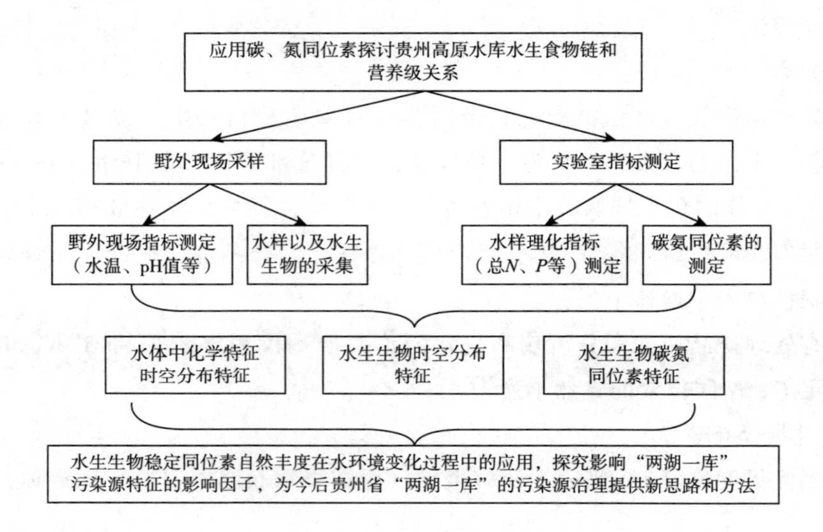

第二节　贵州高原水库环境研究

（一）红枫湖水库环境因子特征及水体营养水平

1. 红枫湖水库环境因子特征

2020 年 7 月至 10 月研究组对红枫湖水库三岔河、花渔洞和将军湾共计 3 个点位进行水质监测，环境因子的变化为：总氮（TN）的含量变化范围为三岔河 1.376～2.189 mg · L^{-1}、花渔洞 1.693～2.654 mg · L^{-1}和将军湾 1.298～1.988 mg · L^{-1}；硝态氮（NO_3-N）的含量变化范围为三岔河 0.854～1.835 mg · L^{-1}、花渔洞 1.223～2.001 mg · L^{-1}和将军湾 0.803～1.541 mg · L^{-1}；亚硝态氮（NO_2-N）的含量变化范围为三岔河 0.028～0.032 mg · L^{-1}、花渔洞 0.010～0.067 mg · L^{-1}和将军湾 0.020～0.051 mg · L^{-1}；氨氮（NH_4-N）的含量变化范围为三岔河 0.080～0.015 mg · L^{-1}、花渔洞

0.002~0.543 mg·L^{-1}和将军湾 0.005~0.031 mg·L^{-1}；总磷（TP）的含量变化范围为三岔河 0.019~0.111 mg·L^{-1}、花渔洞 0.025~0.099 mg·L^{-1}和将军湾 0.025~0.099 mg·L^{-1}；磷酸根（PO_4^{3-}）的含量变化范围为三岔河 0.005~0.006 mg·L^{-1}、花渔洞 0.005~0.007 mg·L^{-1}和将军湾 0.004~0.008 mg·L^{-1}；高锰酸盐指数（COD_{Mn}）的含量变化范围为三岔河 2.343~3.071 mg·L^{-1}、花渔洞 2.182~2.909 mg·L^{-1}和将军湾 2.424~3.394 mg·L^{-1}；叶绿素 a（Chl. a）的含量变化范围为三岔河 28.032~45.932 mg·L^{-1}、花渔洞 7.484~27.786 mg·L^{-1}和将军湾 23.714~36.083 mg·L^{-1}；水温（WT）的变化范围为三岔河 17.080~25.250 ℃、花渔洞 18.080~26.330 ℃和将军湾 17.890~25.510 ℃；pH 值的变化范围为三岔河 8.330~8.580、花渔洞 7.750~8.720 和将军湾 8.100~8.640；电导率（EC）的变化范围为三岔河 334~349 μs. cm^{-1}、花渔洞 290~349 μs. cm^{-1}和将军湾 292~333 μs. cm^{-1}；溶解氧（DO）的变化范围为三岔河 4.520~9.720 mg·L^{-1}、花渔洞 4.070~8.270 mg·L^{-1}和将军湾 6.530~9.030 mg·L^{-1}；透明度（SD）的变化范围为三岔河 1.2~1.5 m、花渔洞 1.3~2.7 m 和将军湾 1.2~1.4 m；氧化还原电位（ORP）的变化范围为三岔河 152.7~1710、花渔洞 178.1~195.9 和将军湾 165.8~177.7。

2. 红枫湖水库水体富营养化特征

采样调查期间，红枫湖水库各监测点位水体综合营养状态指数（TLI）的平均值大小排序为三岔河>将军湾>花渔洞，且各点位均处于中营养及轻富营养状态，未超出中富营养状态。采样调查期间，红枫湖水库水体综合营养指数最大值出现在 8 月的将军湾，最小值出现在 10 月的花渔洞。三岔河的 TLI 变化范围为 46.953~52.630，最大值出现在 8 月，最小值出现在 10 月，7 月、8 月和 9 月水体处于轻度富营养状态，10 月水体处于中营养状态；花渔洞的 TLI 变化范围为 40.225~52.451，最大值出现在 7 月，最小值出现在 10 月，7 月和 8 月水体处于轻度富营养状态，9 月和 10 月水体处于中营养状态；将军湾的 TLI 变化范围为 45.494~52.917，最大值出现在 8 月，最小值出现在 10 月，7 月和 8 月水体处于轻度富营养状态，9 月和 10 月水体处于中营养状态。

3. 红枫湖水库水质营养状态与环境因子之间的关系

（1）多元线性回归分析

以 TLI 为因变量，富营养化环境因子 TN、TP、COD、Chl. a、SD 为自变量，用逐步回归法做多元线性回归分析，其结果为：$Y_{TLI(红枫湖水库)} = 38.195 + 1.532X_{TN} + 55.573X_{TP} + 2.020X_{COD} + 0.166X_{Chl.a} - 2.564X_{SD}$（$R^2 = 0.984$，$P<0.01$），综合来看，在采样调查期间影响红枫湖水库 TLI 变化的主要环境因子为 TP、COD_{Mn}和 SD。

（2）主成分分析（PCA）

对红枫湖水库水体综合营养指数 TLI 与环境因子 TN、NO_3-N、NO_2-N、NH_4-N、TP、PO_4^{3-}、COD_{Mn}、Chl. a、WT、pH、EC、DO、SD、ORP 进行主成分分析，其结果为采样调查期间影响红枫湖水库 TLI 变化的主要环境因子为 TP、COD_{Mn}和 SD，其中 SD 呈负相关。

（3）Pearson 相关性分析

对红枫湖水库水体综合营养指数 TLI 与环境因子 TN、NO_3-N、NO_2-N、NH_4-N、TP、PO_4^{3-}、COD_{Mn}、Chl. a、WT、pH、EC、DO、SD、ORP 进行 Pearson 相关性分析，其结果为红枫湖水库水体综合营养指数 TLI 与环境因子 NH_4-N、TP、Chl. a、WT、pH 和 SD 存在显著的相关性（$P<0.05$），其中红枫湖水库水体综合营养指数 TLI 与 TP、Chl. a、WT 和 pH 呈正相关，与 NH_4-N 和 SD 呈负相关。

（二）百花湖水库环境因子特征及水体营养水平

1. 百花湖水库环境因子特征

2020 年 7 月至 10 月研究组对百花湖水库麦西河、岩脚寨和花桥共计 3 个点位进行水质监测，环境因子的变化为：总氮的含量变化范围为麦西河 1.909～2.944 $mg \cdot L^{-1}$、岩脚寨 1.930～2.648 $mg \cdot L^{-1}$和花桥 2.057～2.696 $mg \cdot L^{-1}$；硝态氮的含量变化范围为麦西河 1.701～2.288 $mg \cdot L^{-1}$、岩脚寨 1.628～2.398 $mg \cdot L^{-1}$和花桥 1.620～2.334 $mg \cdot L^{-1}$；亚硝态氮的含量变化范围为麦西河 0.035～0.072$mg \cdot L^{-1}$、岩脚寨 0.047～0.068 $mg \cdot L^{-1}$和花桥 0.038～0.094 $mg \cdot L^{-1}$；氨氮的含量变化范围为麦西河 0.073～0.181 $mg \cdot L^{-1}$、岩脚寨 0.021～0.256 $mg \cdot L^{-1}$和花桥 0.034～0.990 $mg \cdot L^{-1}$；总磷的含量变化范围为麦西河

0.025~0.094 mg·L^{-1}、岩脚寨 0.031~0.105 mg·L^{-1} 和花桥 0.031~0.145 mg·L^{-1};磷酸根的含量变化范围为麦西河 0.003~0.015 mg·L^{-1}、岩脚寨 0.003~0.018 mg·L^{-1}和花桥 0.006~0.025 mg·L^{-1}；高锰酸盐指数的含量变化范围为麦西河 2~2.080 mg·L^{-1}、岩脚寨 1.840~2.182 mg·L^{-1}和花桥 1.520~2.586 mg·L^{-1}；叶绿素 a 的含量变化范围为麦西河 10.649~20.797 mg·L^{-1}、岩脚寨 8.091~17.828 mg·L^{-1}和花桥 2.614~14.114 mg·L^{-1}；水温的变化范围为麦西河 17.95~24.43℃、岩脚寨 18.71~24.70 ℃和花桥 17.71~27.54 ℃；pH 值的变化范围为麦西河 7.056~8.170、岩脚寨 7.970~8.154 和花桥 7.262~8.750；电导率的变化范围为麦西河 378~689 μs.cm^{-1}、岩脚寨 380~406 μs.cm^{-1}和花桥 389~399 μs.cm^{-1}；溶解氧的变化范围为麦西河 4.07~7.09 mg·L^{-1}、岩脚寨 3.49~9.00 mg·L^{-1}和花桥 4.52~7.85 mg·L^{-1};透明度的变化范围为麦西河 0.6~2 m、岩脚寨 1.1~2.5 m 和花桥 0.4~2.4 m；氧化还原电位的变化范围为麦西河 182.8~192.6、岩脚寨 151.4~234.2 和花桥 83.3~198.9。

2. 百花湖水库水体富营养化特征

采样调查期间，百花湖水库各监测点位水体综合营养状态指数的平均值大小排序为麦西河>花桥>岩脚寨，且各点位均处于中营养及轻富营养状态，未超出中富营养状态。采样调查期间，百花湖水库水体综合营养指数最大值出现在 7 月，最小值出现在 10 月。麦西河的 TLI 变化范围为 42.424~52.836，最大值出现在 8 月，最小值出现在 10 月，7 月和 8 月水体处于轻度富营养状态，9 月和 10 月水体处于中营养状态；岩脚寨的 TLI 变化范围为 43.558~49.506，最大值出现在 8 月，最小值出现在 10 月，7 月到 10 月水体均处于中营养状态；花桥的 TLI 变化范围为 44.644~48.080，最大值出现在 7 月，最小值出现在 10 月，7 月到 10 月水体均处于中营养状态。

3. 百花湖水库水质营养状态与环境因子之间的关系

（1）多元线性回归分析

以 TLI 为因变量，富营养化环境因子 TN、TP、COD、Chl. a、SD 为自变量，用逐步回归法做多元线性回归分析，其结果为：$Y_{TLI(百花湖水库)}=33.530+1.911X_{TN}+44.4763X_{TP}+3.186X_{COD}+0.282X_{Chl.a}-2.577X_{SD}$（$R^2=0.988$，$P<0.01$），综合来看，在采样调查期间影响百花湖水库 TLI 变化的主要环境因

子为 TP、COD_{Mn}和 SD。

（2）主成分分析

对百花湖水库水体综合营养指数 TLI 与环境因子 TN、NO_3-N、NO_2-N、NH_4-N、TP、PO_4^{3-}、COD_{Mn}、Chl. a、WT、pH、EC、DO、SD、ORP 进行主成分分析，其结果为采样调查期间影响百花湖水库 TLI 变化的主要环境因子为 TP、COD_{Mn}和 SD，其中 SD 呈负相关。

（3）Pearson 相关性分析

对百花湖水库水体综合营养指数 TLI 与环境因子 TN、NO_3-N、NO_2-N、NH_4-N、TP、PO_4^{3-}、COD_{Mn}、Chl. a、WT、pH、EC、DO、SD、ORP 进行 Pearson 相关性分析，其结果为百花湖水库水体综合营养指数 TLI 与环境因子 NH_4-N、TP、Chl. a、WT、pH 和 SD 存在显著的相关性（$P<0.05$），其中百花湖水库水体综合营养指数 TLI 与 TP、Chl. a、WT 和 pH 呈正相关，与 NH_4-N 和 SD 呈负相关。

（三）阿哈水库环境因子特征及水体营养水平

1. 阿哈水库环境因子特征

2020 年 7 月至 10 月研究组对阿哈水库库心、库东 2 个点位进行水质监测，环境因子的变化为：总氮的含量变化范围为库心 0. 910～2. 289 mg · L^{-1}、库东 1. 189～2. 701 mg · L^{-1}；硝态氮的含量变化范围为库心 1. 483～1. 808 mg · L^{-1}、库东 1. 471～1. 862 mg · L^{-1}；亚硝态氮的含量变化范围为库心 0. 043～0. 090 mg · L^{-1}、库东 0. 070～0. 139 mg · L^{-1}；氨氮的含量变化范围为库心 0. 002～0. 494 mg · L^{-1}、库东 0. 024～1. 277 mg · L^{-1}；总磷的含量变化范围为库心 0. 023～0. 128 mg · L^{-1}、库东 0. 039～0. 213 mg · L^{-1}；磷酸根的含量变化范围为库心 0. 004～0. 009 mg · L^{-1}、库东 0. 007～0. 011 mg · L^{-1}；高锰酸盐指数的含量变化范围为库心 1. 697～2. 667 mg · L^{-1}、库东 2. 182～3. 152 mg · L^{-1}；叶绿素 a 的含量变化范围为库心 11. 984～25. 169 mg · L^{-1}、库东 17. 276～45. 418 mg · L^{-1}；水温的变化范围为库心 20. 01～26. 61 ℃、库东 18. 54～26. 49 ℃；pH 值的变化范围为库心 7. 26～8. 55、库东 7. 12～8. 86；电导率的变化范围为库心 389～517 μs. cm^{-1}、库东 425～440 μs. cm^{-1}；溶解氧的变化范围为库心 4. 52～7. 58 mg · L^{-1}、库东 3～8. 58mg · L^{-1}；透明度的

变化范围为库心 0.4~2 m、库东 0.6~2.4 m；氧化还原电位的变化范围为库心 86~161.70、库东 114.2~152.6。

2. 阿哈水库水体富营养化特征

采样调查期间，阿哈水库各监测点位水体综合营养状态指数的平均值大小排序为库心<库东，且各点位均处于中营养及轻富营养状态，未超出中富营养状态。采样调查期间，阿哈水库水体综合营养指数最大值出现在 7 月的库东，最小值出现在 10 月的库心。库心的 TLI 变化范围为 41.673~53.467，最大值出现在 8 月，最小值出现在 10 月，7 月和 8 月水体处于轻度富营养状态，9 月和 10 月水体处于中营养状态；库东的 TLI 变化范围为 45.058~57.449，最大值出现在 7 月，最小值出现在 10 月，7 月、8 月和 9 月水体处于轻度富营养状态，10 月水体处于中营养状态。

3. 阿哈水库水质营养状态与环境因子之间的关系

（1）多元线性回归分析

以 TLI 为因变量，富营养化环境因子 TN、TP、COD、Chl. a、SD 为自变量，用逐步回归法做多元线性回归分析，其结果为：$Y_{TLI(阿哈水库)} = 27.058 + 7.866X_{TN} + 3.906X_{TP} + 5.258X_{COD} + 0.015X_{Chl.a} - 3.064X_{SD}$（$R^2 = 0.992$，$P < 0.01$），综合来看，在采样调查期间影响阿哈水库 TLI 变化的主要环境因子为 TN、COD_{Mn}和 TP。

（2）主成分分析

对阿哈水库水体综合营养指数 TLI 与环境因子 TN、NO_3-N、NO_2-N、NH_4-N、TP、PO_4^{3-}、COD_{Mn}、Chl. a、WT、pH、EC、DO、SD、ORP 进行主成分分析，其结果为采样调查期间影响阿哈水库 TLI 变化的主要环境因子为 TP、COD_{Mn}和 SD，其中 SD 呈负相关。

（3）Pearson 相关性分析

对阿哈水库水体综合营养指数 TLI 与环境因子 TN、NO_3-N、NO_2-N、NH_4-N、TP、PO_4^{3-}、COD_{Mn}、Chl. a、WT、pH、EC、DO、SD、ORP 进行 Pearson 相关性分析，其结果为阿哈水库水体综合营养指数 TLI 与环境因子 NH_4-N、TP、Chl. a、WT、pH 和 SD 存在显著的相关性（$P<0.05$），其中阿哈水库水体综合营养指数 TLI 与 TP、Chl. a、WT 和 pH 呈正相关，与 NH_4-N 和 SD 呈负相关。

可见，红枫湖水库、百花湖水库、阿哈水库营养盐负荷较大，丰水期（7 月、8 月）水体综合营养指数高于平水期（9 月、10 月），整体富营养化等级属于中营养—轻度富营养类型。

第三节　贵州高原水库生态特征

（一）浮游植物

1. 红枫湖水库浮游植物群落结构组成特征

（1）浮游植物种类及优势种组成

采样调查期间，红枫湖水库共检测出浮游植物 7 门 58 种（属），其中蓝藻门（cyanophyta）14 种、绿藻门（chlorophyta）25 种、硅藻门（bacillariophyta）13 种、甲藻门（dinophyta）1 种、裸藻门（euglenophyta）3 种、隐藻门（cryptophyta）1 种、金藻门（chrysophyta）1 种。绿藻门（43.10%）占总种类数最多，甲藻门（1.72%）、隐藻门（1.72%）和金藻门（1.72%）占总种类数最少，其所占总种类数大小顺序为绿藻门>蓝藻门>硅藻门>裸藻门>甲藻门=隐藻门=金藻门。

7 月红枫湖水库共检测出浮游植物 6 门 31 种（属），其中蓝藻门 5 种、绿藻门 15 种、硅藻门 8 种、裸藻门 1 种、隐藻门 1 种、金藻门 1 种。绿藻门（48.39%）占总种类数最多，裸藻门（3.23%）、隐藻门（3.23%）和金藻门（3.23%）占总种类数最少，其所占总种类数大小顺序为绿藻门>硅藻门>蓝藻门>裸藻门=隐藻门=金藻门。

8 月红枫湖水库共检测出浮游植物 6 门 36 种（属），其中蓝藻门 11 种、绿藻门 14 种、硅藻门 8 种、甲藻门 1 种、裸藻门 1 种、隐藻门 1 种。绿藻门（38.89%）占总种类数最多，甲藻门（2.78%）、裸藻门（2.78%）和隐藻门（2.78%）占总种类数最少，其所占总种类数大小顺序为绿藻门>蓝藻门>硅藻门>甲藻门=裸藻门=隐藻门。

9 月红枫湖水库共检测出浮游植物 7 门 34 种（属），其中蓝藻门 7 种、绿藻门 16 种、硅藻门 6 种、甲藻门 2 种、裸藻门 1 种、隐藻门 1 种、金藻门 1 种。绿藻门（47.06%）占总种类数最多，裸藻门（2.94%）、隐藻门（2.94%）和金藻门（2.94%）占总种类数最少，其所占总种类数大小顺序为绿藻门>蓝藻门>硅藻门>甲藻门>裸藻门=金藻门=隐藻门。

10月红枫湖水库共检测出浮游植物5门37种（属），其中蓝藻门11种、绿藻门13种、硅藻门11种、甲藻门1种、隐藻门1种。绿藻门（35.14%）占总种类数最多，甲藻门（2.70%）和隐藻门（2.70%）占总种类数最少，其所占总种类数大小顺序为绿藻门>蓝藻门=硅藻门>甲藻门=隐藻门。

采样调查期间，红枫湖水库浮游植物优势种为假鱼腥藻（pseudanabaena sp.）、尖头藻（raphidiopsis）、小环藻（cyclotella sp.）、针杆藻（synedra sp.）、曲壳藻（achnanthes sp.）和隐藻（crytomonas sp.）。7月优势种为假鱼腥藻、尖头藻、小环藻、针杆藻和隐藻；8月优势种为假鱼腥藻、尖头藻、小环藻、脆杆藻（fragilaria. sp）、针杆藻和曲壳藻；9月优势种为假鱼腥藻、针杆藻和曲壳藻；10月优势种为假鱼腥藻、颤藻（oscillatoria prtnceps sp.）、小环藻、颗粒直链藻（melosira granulata）、肘状针杆藻（synedra ulna）和隐藻。

（2）浮游植物丰度变化特征

采样调查期间，红枫湖水库浮游植物丰度范围为1.15×10^{7}~8.69×10^{7} cells/L，最大值出现在8月，最小值出现在10月。其中，7月三岔河采样点浮游植物丰度为1.91×10^{7}cells/L，花渔洞采样点浮游植物丰度为2.53×10^{7} cells/L，将军湾采样点浮游植物丰度为2.35×10^{7}cells/L，丰度大小排序为花渔洞>将军湾>三岔河；8月三岔河采样点浮游植物丰度为2.39×10^{7}cells/L，花渔洞采样点浮游植物丰度为2.40×10^{7}cells/L，将军湾采样点浮游植物丰度为3.90×10^{7}cells/L，丰度大小排序为将军湾>花渔洞> 三岔河；9月三岔河采样点浮游植物丰度为1.37×10^{7}cells/L，花渔洞采样点浮游植物丰度为7.08×10^{6} cells/L，将军湾采样点浮游植物丰度为8.73×10^{6}cells/L，丰度大小排序为三岔河>将军湾>花渔洞；10月三岔河采样点浮游植物丰度为5.78×10^{6}cells/L，花渔洞采样点浮游植物丰度为2.32×10^{6}cells/L，将军湾采样点浮游植物丰度为3.44×10^{6}cells/L，丰度大小排序为三岔河>将军湾>花渔洞。

（3）浮游植物多样性特征

采样调查结果显示：7月红枫湖水库Shannon-Wiener多样性指数范围为1.34~1.59；Margalef丰富度指数范围为0.56~0.61；Pielou均匀度指数范围为0.47~0.53。Shannon-Wiener多样性指数显示，三岔河采样点、花渔洞采样点和将军湾采样点均为中度污染；Margalef 丰富度指数显示，所有采样点均处于重污染；Pielou 均匀度指数显示，三岔河采样点和将军湾采样点处于无污染或轻污染，花渔洞采样点处于中污染。8 月红枫湖水库 Shannon-Wiener 多样性指数显范围为 1.02~1.86；Margalef 丰富度指数范围为 0.37~0.75；Pielou 均匀度指数范围为 0.32~0.58。Shannon-Wiener 多样性指数显示，三岔河采样点、花渔洞采样点和将军湾采样点均为中度污染；Margalef 丰富度指数显示，所有采样点均处于重污染；Pielou 均匀度指数显示，花渔洞采样点和将军湾采样点处于无污染或轻污染，三岔河采样点处于中污染。9 月红枫湖水库 Shannon-Wiener 多样性指数范围为 1.10~1.31；Margalef 丰富度指数范围为 0.48~0.58；Pielou 均匀度指数范围为 0.35~0.46。Shannon-Wiener 多样性指数显示，三岔河采样点、花渔洞采样点和将军湾采样点均为中度污染；Margalef 丰富度指数显示，所有采样点均处于重污染；Pielou 均匀度指数显示，所有采样点均处于中污染。10 月红枫湖水库 Shannon-Wiener 多样性指数范围为 1.76~2.19；Margalef 丰富度指数范围为 0.70~0.80；Pielou 均匀度指数范围为 0.57~0.68。Shannon-Wiener 多样性指数显示，三岔河采样点、花渔洞采样点和将军湾采样点均为中度污染；Margalef 丰富度指数显示，所有采样点均处于重污染；Pielou 均匀度指数显示，所有采样点均处于无污染或轻污染。

2. 百花湖水库浮游植物群落结构组成特征

（1）浮游植物种类及优势种组成

采样调查期间，百花湖水库共检测出浮游植物 7 门 53 种（属），其中蓝藻门 13 种、绿藻门 25 种、硅藻门 10 种、甲藻门 1 种、裸藻门 2 种、隐藻门 1 种、金藻门 1 种。绿藻门（47.17%）占总种类数最多，甲藻门（1.89%）、隐藻门（1.89%）和金藻门（1.89%）占总种类数最少，其所占总种类数大小顺序为绿藻门>蓝藻门>硅藻门>裸藻门>甲藻门=隐藻门=金藻门。

7 月百花湖水库共检测出浮游植物 6 门 29 种（属），其中蓝藻门 5 种、绿藻门 13 种、硅藻门 7 种、甲藻门 1 种、裸藻门 2 种、隐藻门 1 种。绿藻门（44.83%）占总种类数最多，甲藻门（3.45%）和隐藻门（3.45%）占总种类数最少，其所占总种类数大小顺序为绿藻门>硅藻门>蓝藻门>裸藻门=甲藻门=金藻门。

8月百花湖水库共检测出浮游植物7门31种（属），其中蓝藻门5种、绿藻门13种、硅藻门8种、甲藻门1种、裸藻门2种、隐藻门1种、金藻门1种。绿藻门（41.94%）占总种类数最多，甲藻门（3.23%）、隐藻门（3.23%）和金藻门（3.23%）占总种类数最少，其所占总种类数大小顺序为绿藻门>硅藻门>蓝藻门>裸藻门>甲藻门=隐藻门=金藻门。

9月百花湖水库共检测出浮游植物7门28种（属），其中蓝藻门10种、绿藻门10种、硅藻门4种、甲藻门1种、裸藻门1种、隐藻门1种、金藻门1种。蓝藻门（35.71%）和绿藻门（35.71%）占总种类数最多，甲藻门（3.57%）、隐藻门（3.57%）和金藻门（3.57%）占总种类数最少，其所占总种类数大小顺序为蓝藻门=绿藻门>硅藻门>裸藻门=甲藻门=隐藻门=金藻门。

10月百花湖水库共检测出浮游植物6门37种（属），其中蓝藻门10种、绿藻门17种、硅藻门7种、甲藻门1种、裸藻门1种、隐藻门1种。绿藻门（45.95%）占总种类数最多，甲藻门（2.70%）、裸藻门（2.70%）和隐藻门（2.70%）占总种类数最少，其所占总种类数大小顺序为绿藻门>蓝藻门>硅藻门>甲藻门=裸藻门=隐藻门。

采样调查期间，百花湖水库浮游植物优势种为假鱼腥藻、颤藻、尖头藻、小环藻、舟形藻（navicula sp.）、曲壳藻和隐藻。7月优势种为假鱼腥藻、颤藻、棒胶藻（rhabdogkoea）、四尾栅藻（scenedesmu squadricauda）、二形栅藻（scenedesmus dimorphus）、双对栅藻（scenedesmus bijugatus）、集星藻（actinastrum）、实球藻（pandorina morum）、小环藻、颗粒直链藻、舟形藻、星杆藻（asterionella Hassall）和隐藻；8月优势种为假鱼腥藻、平裂藻（merismopedia sp.）尖头藻、四尾栅藻、微小四角藻（tetraedron minimum）、扁鼓藻（cosmarium depressum）、小环藻、舟形藻、曲壳藻、隐藻和锥囊藻（dinobryon）；9月优势种为假鱼腥藻、尖头藻、螺旋藻、曲壳藻和隐藻；10月优势种为假鱼腥藻、颤藻、小环藻和隐藻。

（2）浮游植物丰度变化特征

采样调查期间，百花湖水库浮游植物丰度范围为$3.75\times10^6\sim1.57\times10^7$ cells/L，最大值出现在8月，最小值出现在7月。其中，7月麦西河采样点浮游植物丰度为5.42×10^6 cells/L，岩脚寨采样点浮游植物丰度为1.28×10^6 cells/L，花桥采样点浮游植物丰度为6.64×10^5 cells/L，丰度大小排序为麦西河>岩脚寨>花桥；8月麦西河采样点浮游植物丰度为1.80×10^6cells/L，岩脚寨采样点浮游植物丰度为1.48×10^6cells/L，花桥采样点浮游植物丰度为4.69×10^5cells/L，丰度大小排序为麦西河>岩脚寨>花桥；9月麦西河采样点浮游植物丰度为6.18×10^6cells/L，岩脚寨采样点浮游植物丰度为4.72×10^6cells/L，花桥采样点浮游植物丰度为5.01×10^6cells/L，丰度大小排序为麦西河>花桥>岩脚寨；10月麦西河采样点浮游植物丰度为1.82×10^6cells/L，岩脚寨采样点浮游植物丰度为3.47×10^6cells/L，花桥采样点浮游植物丰度为1.04×10^7cells/L，丰度大小排序为花桥>岩脚寨>麦西河。

（3）浮游植物多样性特征

采样调查结果显示：7月百花湖水库Shannon-Wiener多样性指数范围为2.19～2.49；Margalef丰富度指数范围为0.83～0.89；Pielou均匀度指数范围为0.71～0.91。Shannon-Wiener多样性指数显示，麦西河采样点、岩脚寨采样点和花桥采样点均为中度污染；Margalef丰富度指数显示，所有采样点均处于重污染；Pielou均匀度指数显示，麦西河采样点处于无污染或轻污染，岩脚寨采样点和花桥采样点为环境清洁类型。8月百花湖水库Shannon-Wiener多样性指数范围为2.04～2.31；Margalef丰富度指数范围为0.82～0.89；Pielou均匀度指数范围为0.74～0.86。Shannon-Wiener多样性指数显示，麦西河采样点、岩脚寨采样点和花桥采样点均为中度污染；Margalef丰富度指数显示，所有采样点断面均处于重污染；Pielou均匀度指数显示，麦西河采样点处于无污染或轻污染，岩脚寨采样点和花桥采样，为环境清洁类型。9月百花湖水库Shannon-Wiener多样性指数范围为0.83～1.29；Margalef丰富度指数范围为0.30～0.49；Pielou均匀度指数范围为0.30～0.31。Shannon-Wiener多样性指数显示，麦西河采样点和花桥采样点为严重污染，岩脚寨采样点为中度污染；Margalef丰富度指数显示，所有采样点均处于严重污染；Pielou均匀度指数显示，所有采样点均处于中污染。10月百花湖水库Shannon-Wiener多样性指数范围为1.17～1.99；Margalef丰富度指数范围为0.58～0.78；Pielou均匀度指数范围为0.37～0.65。Shannon-Wiener多样性指数显示，麦西河采样点、岩脚寨采样点和花桥采样点均为中度污染；Margalef丰富度指数显示，所有采样点均处于严重污染；Pielou均匀度指数显示，所有麦西河采样点和岩脚寨采样点均处于无污染或轻污染，花桥采样点为中污染。

3. 阿哈水库浮游植物群落结构组成特征

(1) 浮游植物种类及优势种组成

采样调查期间，阿哈水库共检测出浮游植物7门44种（属），其中蓝藻门8种、绿藻门18种、硅藻门11种、甲藻门2种、裸藻门3种、隐藻门1种、金藻门1种。绿藻门（40.91%）占总种类数最多，隐藻门（2.27%）和金藻门（2.27%）占总种类数最少，其所占总种类数大小顺序为绿藻门>硅藻门>蓝藻门>裸藻门>甲藻门>隐藻门=金藻门。

7月阿哈水库共检测出浮游植物5门21种（属），其中蓝藻门3种、绿藻门10种、硅藻门6种、甲藻门1种、隐藻门1种。绿藻门（47.62%）占总种类数最多，甲藻门（4.76%）和隐藻门（4.76%）占总种类数最少，其所占总种类数大小顺序为绿藻门>硅藻门>蓝藻门>甲藻门=隐藻门。

8月阿哈水库共检测出浮游植物6门25种（属），其中蓝藻门6种、绿藻门8种、硅藻门7种、甲藻门1种、裸藻门2种、隐藻门1种。绿藻门（32.00%）占总种类数最多，甲藻门（4.00%）和隐藻门（4.00%）占总种类数最少，其所占总种类数大小顺序为绿藻门>硅藻门>蓝藻门>裸藻门=甲藻门=隐藻门。

9月阿哈水库共检测出浮游植物6门20种（属），其中蓝藻门7种、绿藻门7种、硅藻门3种、甲藻门1种、隐藻门1种、金藻门1种。蓝藻门（35.00%）和绿藻门（35.00%）占总种类数最多，甲藻门（5.00%）、隐藻门（5.00%）和金藻门（5.00%）占总种类数最少，其所占总种类数大小顺序为蓝藻门=绿藻门>硅藻门>甲藻门=隐藻门=金藻门。

10月阿哈水库共检测出浮游植物5门29种（属），其中蓝藻门6种、绿藻门10种、硅藻门9种、裸藻门3种、隐藻门1种。绿藻门（34.48%）占总种类数最多，隐藻门（3.45%）占总种类数最少，其所占总种类数大小顺序为绿藻门>硅藻门>蓝藻门>裸藻门>隐藻门。

采样调查期间，阿哈水库浮游植物优势种为假鱼腥藻、尖头藻、小环藻、针杆藻、曲壳藻和隐藻。7月优势种为假鱼腥藻、棒胶藻、针杆藻和隐藻；8月优势种为假鱼腥藻、尖头藻、小环藻、针杆藻、曲壳藻和隐藻；9月优势种为假鱼腥藻、棒胶藻、尖头藻、小球藻、小环藻、针杆藻和曲壳藻；10月优势种为假鱼腥藻、小球藻、纤维藻、小环藻、模糊直链藻、针杆藻、尖尾裸藻和隐藻。

（2）浮游植物丰度变化特征

采样调查期间，阿哈水库浮游植物丰度范围为 9.42×10^5 ~ 2.20×10^7 cells/L，最大值出现在8月，最小值出现在10月。其中，7月库心采样点浮游植物丰度为 3.93×10^6cells/L，库东采样点浮游植物丰度为 1.08×10^7cells/L，浮游植物丰度大小排序为库东> 库心；8月库心采样点浮游植物丰度为 1.81×10^7cells/L，库东采样点浮游植物丰度为 2.20×10^7cells/L，丰度大小排序为库东>库心；9月库心采样点浮游植物丰度为 5.51×10^6cells/L，库东采样点浮游植物丰度为 1.01×10^7cells/L，丰度大小排序为库东>库心；10月库心采样点浮游植物丰度为 9.42×10^5cells/L，库东采样点浮游植物丰度为 1.69×10^6cells/L，丰度大小排序为库东>库心。

（3）浮游植物多样性特征

采样调查结果显示：7月阿哈水库 Shannon-Wiener 多样性指数范围为 1.26~1.74；Margalef 丰富度指数范围为 0.60~0.64；Pielou 均匀度指数范围为 0.46~0.60。Shannon-Wiener 多样性指数显示，库心采样点、库东采样点均为中度污染；Margalef 丰富度指数显示，所有采样点均处于重污染；Pielou 均匀度指数显示，库心采样点处于无污染或轻污染，库东采样点处于中污染。8月阿哈水库 Shannon-Wiener 多样性指数范围为 1.96~2.01；Margalef 丰富度指数范围为 0.808~0.812；Pielou 均匀度指数范围为 0.65~0.67。Shannon-Wiener 多样性指数显示，库心采样点、库东采样点均为中度污染；Margalef 丰富度指数显示，所有采样点断面均处于严重污染；Pielou 均匀度指数显示，库东采样点和库心采样点处于无污染或轻污染。9月阿哈水库 Shannon-Wiener 多样性指数范围为 1.90~2.11；Margalef 丰富度指数范围为 0.81~0.84；Pielou 均匀度指数范围为 0.72~0.73。Shannon-Wiener 多样性指数显示，库心采样点、库东采样点均为中度污染；Margalef 丰富度指数显示，所有采样点均处于严重污染；Pielou 均匀度指数显示，库东采样点和库心采样点处于无污染或轻污染。10月阿哈水库 Shannon-Wiener 多样性指数范围为 2.07~2.09；Margalef 丰富度指数范围为 0.77~0.78；Pielou 均匀度指数范围为 0.659~0.660。Shannon-Wiener 多样性指数显示，库心采样点、库东采样点均为中度污染；Margalef 丰富度指数显示，所有采样点均处于严重污染；Pielou 均匀度指数显示，所有采样点均处于无污染或轻污染。

（二）浮游动物

1. 红枫湖水库浮游动物群落结构组成特征

（1）浮游动物种类及优势种组成

采样调查期间，红枫湖水库浮游动物共鉴定出 33 种，其中轮虫 23 种，分别占总数的 69.70%；桡足类和枝角类都是 5 种，占总数的 15.15%。其中，7 月红枫湖水库浮游动物共鉴定出 18 种，其中轮虫 11 种，占总数的 61.11%，桡足类 3 种，占总数的 16.67%，枝角类 4 种，占总数的 22.22%；8 月红枫湖水库浮游动物共鉴定出 25 种，其中轮虫 17 种，占总数的 68.00%，桡足类 5 种，占总数的 20.00%，枝角类 3 种，占总数的 12.00%；9 月红枫湖水库浮游动物共鉴定出 28 种，其中轮虫 18 种，占总数的 64.29%，桡足类和枝角类各 5 种，分别占总数的 17.86%；10 月红枫湖水库浮游动物共鉴定出 15 种，其中轮虫 9 种，占总数的 60.00%，桡足类和枝角类各 3 种，分别占总数的 20.00%。

采样调查期间，红枫湖水库浮游动物优势种为螺形龟甲轮虫（keratella cochlearis）、曲腿龟甲轮虫（keratella valga）、前节晶囊轮虫（asplanchna priodonia）、红多肢轮虫（polyarthra remata）、中剑水蚤（cyclopoidea）、无节幼体（nauplius）和长额象鼻溞（bosmina longirostris）。7 月优势种为螺形龟甲轮虫、沟痕泡轮虫（pompholyx sulcata）、中剑水蚤、镖水蚤（diaptomide）和长额象鼻溞，8 月优势种为螺形龟甲轮虫、曲腿龟甲轮虫、裂足臂尾轮虫（schizocerca diversicornis）、角突臂尾轮虫（brachionus calyciflorus）、剪形臂尾轮虫（brachionus forficula）、萼花臂尾轮虫（brachionus calyciflorus）、罗氏同尾轮虫（diurella rousseleti）、前节晶囊轮虫、中剑水蚤、无节幼体和长额象鼻溞，9 月优势种为螺形龟甲轮虫、曲腿龟甲轮虫、前节晶囊轮虫、红多肢轮虫、长肢多肢轮虫（polyarthradolichopteria）、皱甲轮虫（crystalline ruff rotifers）、中剑水蚤、无节幼体和长额象鼻溞，10 月优势种为螺形龟甲轮虫、曲腿龟甲轮虫、罗氏同尾轮虫、红多肢轮虫、中剑水蚤、无节幼体、长额象鼻溞和秀体溞（diaphanosoma sp.）。

（2）浮游动物丰度变化特征

采样调查期间，红枫湖水库浮游动物丰度范围为 486.45～2047.85 ind. L^{-1}，最大值出现在 8 月，最小值出现在 10 月。其中，7 月三岔河采样点浮游动物丰度为 112.61 ind. L^{-1}，花渔洞采样点浮游动物丰度为 317.33 ind. L^{-1}，将军湾采样点浮游动物丰度为 56.50ind. L^{-1}，丰度大小排序为花渔洞>三岔河>将军湾；8 月三岔河采样点浮游动物丰度为 132.73 ind. L^{-1}，花渔洞采样点浮游动物丰度为 54.60 ind. L^{-1}，将军湾采样点浮游动物丰度为 123.10 ind. L^{-1}，丰度大小排序为三岔河>将军湾>花渔洞；9 月三岔河采样点浮游动物丰度为 1486.50 ind. L^{-1}，花渔洞采样点浮游动物丰度为 178.55 ind. L^{-1}，将军湾采样点浮游动物丰度为 382.80 ind. L^{-1}，丰度大小排序为三岔河>将军湾>花渔洞；10 月三岔河采样点浮游动物丰度为 351.00 ind. L^{-1}，花渔洞采样点浮游动物丰度为 25.20 ind. L^{-1}，将军湾采样点浮游动物丰度为 123.50 ind. L^{-1}，丰度大小排序为三岔河>将军湾>花渔洞。

（3）浮游动物多样性特征

采样调查结果显示：7 月红枫湖水库 Shannon-Wiener 多样性指数范围为 0.70～1.65；Margalef 丰富度指数范围为 0.29～0.75；Pielou 均匀度指数范围为 0.34～0.78。Shannon-Wiener 多样性指数显示，三岔河采样点处于严重污染，花渔洞采样点和将军湾采样点均为中度污染；Margalef 丰富度指数显示，所有采样点均处于严重污染；Pielou 均匀度指数显示，三岔河采样点处于中污染，花渔洞采样点和将军湾采样点处于无污染或轻污染。8 月红枫湖水库 Shannon-Wiener 多样性指数范围为 2.24～2.58；Margalef 丰富度指数范围为 0.87～0.91；Pielou 均匀度指数范围为 0.79～0.85。Shannon-Wiener 多样性指数显示，三岔河采样点、花渔洞采样点和将军湾采样点均为中度污染；Margalef 丰富度指数显示，所有采样点断面均处于严重污染；Pielou 均匀度指数显示，三岔河采样点和将军湾采样点为环境清洁类型，花渔洞采样点处于无污染或轻污染。9 月红枫湖水库 Shannon-Wiener 多样性指数范围为 1.54～2.33；Margalef 丰富度指数范围为 0.64～0.88；Pielou 均匀度指数范围为 0.51～0.74。Shannon-Wiener 多样性指数显示，三岔河采样点、花渔洞采样点和将军湾采样点均为中度污染；Margalef 丰富度指数显示，所有采样点均处于严重污染；Pielou 均匀度指数显示，所有采样点均处于无污染或轻污染。10 月红枫湖水库 Shannon-Wiener 多样性指数范围为 1.38～2.00；Margalef 丰富度指数范围为 0.63～0.79；Pielou 均匀度指数范围为 0.58～0.86。Shannon-Wiener 多样性指数显示，三岔河采样点、花渔洞采样点和将军湾采样点均为中度污染；Margalef 丰富度指数显示，所有采样点均处于严重污染；Pielou 均匀度指数显示，三岔河采样点和将军湾采样点为无污染或轻污染，花渔洞采样点为环境清洁类型。

2. 百花湖水库浮游动物群落结构组成特征

（1）浮游动物种类及优势种组成

采样调查期间，百花湖水库浮游动物共鉴定出 29 种，其中轮虫 23 种，占总数的 79.31%；桡足类和枝角类都是 3 种，分别占总数的 10.34%。其中，7 月百花湖水库浮游动物共鉴定出 12 种，其中轮虫 8 种，占总数的 66.67%，桡足类和枝角类都是 2 种，分别占总数的 16.67%；8 月百花湖水库浮游动物共鉴定出 24 种，其中轮虫 19 种，占总数的 79.17%，桡足类 3 种，占总数的 12.50%，枝角类 2 种，占总数的 8.33%；9 月百花湖水库浮游动物共鉴定出 15 种，其中轮虫 10 种，占总数的 66.67%，桡足类 3 种，占总数的 20.00%，枝角类 2 种，占总数的 13.33%；10 月百花湖水库浮游动物共鉴定出 12 种，其中轮虫 7 种，占总数的 58.33%，桡足类 2 种，占总数的 16.67%，枝角类 3 种，占总数的 25.00%。

采样调查期间，百花湖水库浮游动物优势种为螺形龟甲轮虫、曲腿龟甲轮虫、裂足臂尾轮虫、前节晶囊轮虫、针簇多肢轮虫、中剑水蚤、无节幼体和长额象鼻溞。7 月优势种为螺形龟甲轮虫、旋轮虫（philodina）和长额象鼻溞，8 月优势种为螺形龟甲轮虫、裂足臂尾轮虫、针簇多肢轮虫、中剑水蚤和无节幼体，9 月优势种为螺形龟甲轮虫、曲腿龟甲轮虫、前节晶囊轮虫、针簇多肢轮虫、中剑水蚤和无节幼体，10 月优势种为螺形龟甲轮虫、曲腿龟甲轮虫、圆筒异尾轮虫（trichocerca cylindrica）、红多肢轮虫、前节晶囊轮虫、沟痕泡轮虫、扁平泡轮虫（pompholyx complanta）、中剑水蚤和长额象鼻溞。

（2）浮游动物丰度变化特征

采样调查期间，百花湖水库浮游动物丰度范围为 26.40~392.25 ind. L^{-1}，最大值出现在 8 月，最小值出现在 7 月。其中，7 月麦西河采样点浮游动物丰度为 12.15 ind. L^{-1}，岩脚寨采样点浮游动物丰度为 4.80 ind. L^{-1}，花桥采样点浮游动物丰度为 9.45 ind. L^{-1}，丰度大小排序为麦西河>花桥>岩脚寨；8 月麦西河采样点浮游动物丰度为 287.70 ind. L^{-1}，岩脚寨采样点浮游动物丰度为 84.75 ind. L^{-1}，花桥采样点浮游动物丰度为 20.30ind. L^{-1}，丰度大小排序为麦西河>岩脚寨>花桥；9月麦西河采样点浮游动物丰度为18.40 ind.L^{-1}，岩脚寨采样点浮游动物丰度为15.23 ind.L^{-1}，花桥采样点浮游动物丰度为22.55 ind.L^{-1}，丰度大小排序为花桥>麦西河>岩脚寨；10月麦西河采样点浮游动物丰度为144.30 ind.L^{-1}，岩脚寨采样点浮游动物丰度为65.68 ind.L^{-1}，花桥采样点浮游动物丰度为93.00 ind.L^{-1}，丰度大小排序为麦西河>花桥>岩脚寨。

（3）浮游动物多样性特征

采样调查结果显示：7月百花湖水库Shannon-Wiener多样性指数范围为0.69~2.04；Margalef丰富度指数范围为0.50~0.86；Pielou均匀度指数范围为0.67~1.00。Shannon-Wiener多样性指数显示，麦西河采样点和花桥采样点均为中度污染、岩脚寨采样点为严重污染；Margalef丰富度指数显示，所有采样点均处于严重污染；Pielou均匀度指数显示，麦西河采样点处于无污染或轻污染，岩脚寨采样点和花桥采样点均为环境清洁类型。8月百花湖水库Shannon-Wiener多样性指数范围为1.54~2.07；Margalef丰富度指数范围为0.65~0.83；Pielou均匀度指数范围为0.52~0.92。Shannon-Wiener多样性指数显示，麦西河采样点、岩脚寨采样点和花桥采样点均为中度污染；Margalef丰富度指数显示，所有采样点断面均处于重污染；Pielou均匀度指数显示，麦西河采样点和岩脚寨采样点处于无污染或轻污染，花桥采样点为环境清洁类型。9月百花湖水库Shannon-Wiener多样性指数范围为1.41~1.97；Margalef丰富度指数范围为0.60~0.84；Pielou均匀度指数范围为0.64~0.78。Shannon-Wiener多样性指数显示，麦西河采样点、岩脚寨采样点和花桥采样点均为中度污染；Margalef丰富度指数显示，所有采样点均处于严重污染；Pielou均匀度指数显示，麦西河采样点和花桥采样点均为无污染或轻污染，岩脚寨采样点为环境清洁类型。10月百花湖水库Shannon-Wiener多样性指数范围为1.44~1.83；Margalef丰富度指数范围为0.65~0.80；Pielou均匀度指数范围为0.65~0.83。Shannon-Wiener多样性指数显示，麦西河采样点、岩脚寨采样点和花桥采样点均为中度污染；Margalef丰富度指数显示，所有采样点均处于重污染；Pielou均匀度指数显示，麦西河采样点和花桥采样点均为无污染或轻污染，岩脚寨采样点为环境清洁类型。

3. 阿哈水库浮游动物群落结构组成特征

（1）浮游动物种类及优势种组成

采样调查期间阿哈水库浮游动物共鉴定出 27 种，其中轮虫 19 种，占总数的 70.37%，桡足类 3 种，占总数的 11.11%，枝角类 5 种，占总数的 18.52%。其中，7 月阿哈水库浮游动物共鉴定出 9 种，其中轮虫 5 种，占总数的 55.56%，桡足类 3 种，占总数的 33.33%，枝角类 1 种，占总数的 11.11%；8 月阿哈水库浮游动物共鉴定出 25 种，其中轮虫 17 种，占总数的 68.00%，桡足类 3 种，占总数的 12.00%，枝角类 5 种，占总数的 20.00%；9 月阿哈水库浮游动物共鉴定出 17 种，其中轮虫 11 种，占总数的 64.71%，桡足类和枝角类各 3 种，分别占总数的 17.65%；10 月阿哈水库浮游动物共鉴定出 15 种，其中轮虫和桡足类各 3 种，分别占总数的 40.00%，枝角类 3 种，占总数的 20.00%。

采样调查期间，阿哈水库浮游动物优势种为螺形龟甲轮虫、裂足臂尾轮虫、角突臂尾轮虫、剪形臂尾轮虫、萼花臂尾轮虫、针簇多肢轮虫、前节晶囊轮虫、扁平泡轮虫、中剑水蚤、镖水蚤、无节幼体和长额象鼻溞。7 月优势种为螺形龟甲轮虫、裂足臂尾轮虫、前节晶囊轮虫、中剑水蚤、镖水蚤、无节幼体和长额象鼻溞，8 月优势种为螺形龟甲轮虫、裂足臂尾轮虫、角突臂尾轮虫、剪形臂尾轮虫、萼花臂尾轮虫、针簇多肢轮虫、前节晶囊轮虫、扁平泡轮虫、中剑水蚤和无节幼体，9 月优势种为螺形龟甲轮虫、针簇多肢轮虫、前节晶囊轮虫、中剑水蚤和无节幼体，10 月优势种为螺形龟甲轮虫、曲腿龟甲轮虫、红多肢轮虫、红多肢轮虫、中剑水蚤和无节幼体。

（2）浮游动物丰度变化特征

采样调查期间，阿哈水库浮游动物丰度范围为 35.22～38.82 ind. L^{-1}，最大值出现在 8 月，最小值出现在 7 月。其中，7 月库心采样点浮游动物丰度为 6.92 ind. L^{-1}，库东采样点浮游动物丰度为 28.30 ind. L^{-1}，丰度大小排序为库东>库心；8 月库心采样点浮游动物丰度为 159.62 ind. L^{-1}，库东采样点浮游动物丰度为 221.20 ind. L^{-1}，丰度大小排序为库东>库心；9 月库心采样点浮游动物丰度为 76.98 ind. L^{-1}，库东采样点浮游动物丰度为 79.55 ind. L^{-1}，丰度大小排序为库东>库心；10 月库心采样点浮游动物丰度为 87.15 ind. L^{-1}，库东采样点浮游动物丰度为 67.45 ind. L^{-1}，丰度大小排序为库心>库东。

（3）浮游动物多样性特征

采样调查结果显示：7月阿哈水库 Shannon-Wiener 多样性指数范围为1.59~1.78；Margalef 丰富度指数范围为0.74~0.76；Pielou 均匀度指数范围为0.81~0.82。Shannon-Wiener 多样性指指数显示，数库心采样点和库东采样点均为中度污染；Margalef 丰富度指数显示，库心采样点和库东采样点均处于重污染；Pielou 均匀度指数显示，库心采样点和库东采样点均为环境清洁类型。8月阿哈水库 Shannon-Wiener 多样性指数范围为1.80~2.43；Margalef 丰富度指数范围为0.69~0.88；Pielou 均匀度指数范围为0.62~0.80。Shannon-Wiener 多样性指数显示，库心采样点和库东采样点均为中度污染；Margalef 丰富度指数显示，库心采样点和库东采样点均处于严重污染；Pielou 均匀度指数显示，库心采样点和库东采样点均处于无污染或轻污染。9月阿哈水库 Shannon-Wiener 多样性指数范围为1.49~1.85；Margalef 丰富度指数范围为0.67~0.76；Pielou 均匀度指数范围为0.60~0.68。Shannon-Wiener 多样性指数显示，库心采样点和库东采样点均为中度污染；Margalef 丰富度指数显示，库心采样点和库东采样点均处于严重污染；Pielou 均匀度指数显示，库心采样点和库东采样点均处于无污染或轻污染。10月阿哈水库 Shannon-Wiener 多样性指数范围为1.14~1.39；Margalef 丰富度指数范围为0.53~0.64；Pielou 均匀度指数范围为0.64~0.67。Shannon-Wiener 多样性指数显示，库心采样点和库东采样点均为中度污染；Margalef 丰富度指数显示，库心采样点和库东采样点均处于严重污染；Pielou 均匀度指数显示，库心采样点和库东采样点均处于无污染或轻污染。

（三）底栖动物

1. 红枫湖水库底栖动物组成特征

（1）种类组成

采样调查期间，各点位共采集底栖动物5种（属），包括摇蚊（chironomus sp.）、扁平圆扁螺（hippeutis complanatus）、田螺（viviparus sp.）、珠蚌科（unionidae potomida littoralis）和水丝蚓属（limnodrilus）。其中8月和10月各采集到4种，9月采集到5种。

（2）丰度

采样调查期间，红枫湖水库底栖动物丰度范围为 3.2～16.89 ind. m^{-2}，最大值出现在 8 月，最小值出现在 10 月。其中，8 月底栖动物丰度为 25.6 ind. m^{-2}，其中摇蚊和田螺所占比重均为 25%，扁平圆扁螺所占比重为 12.5%，水丝蚓属所占比重为 37.5%；9 月底栖动物丰度为 44.27 ind. m^{-2}，其中摇蚊所占比重最大、为 32.73%，田螺所占比重次之，为 32.33%，水丝蚓属所占比重为 18.88%，扁平圆扁螺所占比重为 8.84%，珠蚌科所占比重最小，为 7.23%；10 月底栖动物丰度为 48 ind. m^{-2}，其中田螺所占比重最大，为 35.19%，摇蚊所占比重次之，为 31.48%，水丝蚓属所占比重为 19.44 %，扁平圆扁螺所占比重为 13.89%。

2. 百花湖水库底栖动物组成特征

（1）种类组成

采样调查期间，各点位共采集底栖动物 5 种（属），包括摇蚊、扁平圆扁螺、田螺、珠蚌科和水丝蚓属。其中 8 月和 10 月各采集到 4 种，9 月采集到 5 种。

（2）丰度

采样调查期间，百花湖水库底栖动物丰度范围为 3.2～26.67 ind. m^{-2}，最大值出现在 8 月，最小值出现在 9 月。其中，8 月底栖动物丰度为 58.67 ind. m^{-2}，其中摇蚊所占比重为 45.45%，田螺和水丝蚓属所占比重均为 27.27%；9 月底栖动物丰度为 44.00 ind. m^{-2}，其中田螺所占比重最大，为 29.09%，摇蚊所占比重次之，为 25.45%，水丝蚓属所占比重为 20.91 %，扁平圆扁螺所占比重为 17.27%，珠蚌科所占比重最小，为 7.27%；10 月底栖动物丰度为 51.56 ind. m^{-2}，其中摇蚊所占比重最大，为 32.76%，田螺所占比重次之，为 28.45%，水丝蚓属所占比重为 21.55 %，扁平圆扁螺所占比重为 17.24 %。

3. 阿哈水库底栖动物组成特征

（1）种类组成

采样调查期间，各点位共采集底栖动物 5 种（属），包括摇蚊、扁平圆扁螺、田螺、珠蚌科和水丝蚓属。其中 8 月和 9 月各采集到 4 种，10 月采集到 5 种。

（2）丰度

采样调查期间，阿哈水库底栖动物丰度范围为 5.33～24.00 ind. m^{-2}，最大值出现在 8 月，最小值出现在 10 月。其中，8 月底栖动物丰度为 44 ind. m^{-2}，其中摇蚊所占比重为 27.27%，田螺所占比重为 54.55 %，水丝蚓属所占比重为 18.18 %；9 月底栖动物丰度为 56.80 ind. m^{-2}，其中田螺所占比重最大，为 31.69%，摇蚊所占比重次之，为 29.58%，水丝蚓属所占比重为 28.17 %，扁平圆扁螺所占比重为 10.89%；10 月底栖动物丰度为 64 ind. m^{-2}，其中田螺所占比重最大为 33.33%，摇蚊和水丝蚓属所占比重次之，均为 25.00%，扁平圆扁螺和珠蚌科所占比重均为 8.33%。

4. 鱼类

采样调查期间，通过研究组捕捞或从湖泊周边渔民、垂钓者及早市中购买的不同方式，在红枫湖水库共采集鱼类 6 种，包括鲤（cyprinus carpio）、鲫（cauratus auratus）、草鱼（clenopharpmgodon idellus）、泥鳅（misgurnus anguillicaudatus）、黄鳝（monopterus albus）和黄颡鱼（pelteobagrus fulvidraco）；在百花湖水库共采集鱼类 5 种，包括鲤、鲫、草鱼、泥鳅和黄鳝；在阿哈水库共采集鱼类 4 种，包括鲤、草鱼、黄鳝和黄颡鱼。

可见，丰水期红枫湖水库、百花湖水库、阿哈水库的浮游植物、浮游动物丰度均比平水期（9 月和 10 月）大，其中假鱼腥藻、尖头藻、小环藻、针杆藻、曲壳藻和隐藻为三个水库的共同优势种，螺形龟甲轮虫、曲腿龟甲轮虫、前节晶囊轮虫、红多肢轮虫、中剑水蚤、无节幼体和长额象鼻溞为 3 个水库的共同优势种。3 个水库的多样性指数均随水情期的变化而变化。

第四节 总结与策略思考

当今时代，随着经济的发展，我国正“面对资源约束趋紧、环境污染严重、生态系统退化的严峻形势”①。其中水体中氮、磷的富集造成了各地不同范围的水体富营养化，全国各地“水华”现象发生频率越来越高，随之带来了一系列环境问题。贵州省水网丰度大，特别是修建人工水库数量较多，随着工业化的发展贵州域内水体与氮、磷等的富集相关的水体富营养化现象也是一个不可忽视的问题。

---

① 胡锦涛：《坚定不移沿着中国特色社会主义道路前进 为全面建成小康社会而奋斗——在中国共产党第十八次全国代表大会上的报告》，人民出版社，2012，第 39 页。

本章以贵州高原水库红枫湖水库、百花湖水库、阿哈水库为研究对象，通过对比分析贵州高原这三座水库水体营养状态以及水生生物分布特征及其碳、氮稳定同位素的分布特征获得了红枫湖水库、百花湖水库和阿哈水库影响 TLI 变化的主要环境因子为氮、磷等且在丰水期 TLI 最大等结论。研究也发现，尽管河流输入等会影响贵州高原水库水质的营养状态，但研究区域的工业化发展等人为干扰因素所起的作用也很大。

由此可见，贵州要有效控制域内水体的富营养化等现象，极为重要的一点是要坚持绿色发展理念，大力推进生态文明建设。当下在这方面贵州省已经做了一系列工作，取得了不俗的成效。例如据 2022 年 5 月贵州省国控监测断面水质状况，贵州省共布设国控水质监测断面 119 个，具体为长江流域 80 个，其中牛栏江-横江水系水系 2 个、乌江水系 45 个、赤水河-綦江水系 9 个、沅水水系 24 个；珠江流域 39 个，其中北盘江水系 15 个、南盘江水系 5 个、红水河水系 6 个、柳江水系 13 个。[①] 2022 年 5 月贵州省国控监测断面水质状况如表 8-1 所示。

表 8-1　2022 年 5 月贵州省国控监测断面水质状况

序号	流域	水系	河流（湖库）	断面名称	所属市（州）	水质类别	主要污染指标
1	长江流域	牛栏江-横江水系	草海	草海杨关山	毕节市	Ⅳ	高锰酸盐指数、化学需氧量
2		牛栏江-横江水系	洛泽河	云贵桥	云南昭通	Ⅱ	—
3		乌江水系	三岔河	落水洞	毕节市	Ⅱ	
4		乌江水系	三岔河	立火	毕节市	Ⅱ	
5		乌江水系	六冲河	大桥边	毕节市	Ⅱ	
6		乌江水系	六冲河	麻窝	毕节市	Ⅱ	
7		乌江水系	六冲河	六冲河老寨	毕节市	Ⅱ	
8		乌江水系	三岔河	龙场	六盘水市	Ⅱ	
9		乌江水系	阿勒河	义中	六盘水市	Ⅱ	

① 贵州省生态环境监测中心：《贵州省国控断面水质月报》，https：//sthj. guizhou. gov. cn/hjsj/hjzlsjzx_ 5802731/zdlyszyb_ 5802737/202206/P020220629561395142966. pdf，最后访问日期：2022 年 7 月 28 日。

续表

序号	流域	水系	河流（湖库）	断面名称	所属市（州）	水质类别	主要污染指标
10	长江流域	乌江水系	白甫河	小屯	毕节市	Ⅱ	—
11		乌江水系	东风水库	化屋基	毕节市	Ⅰ	
12		乌江水系	野纪河	乌渡河水站	毕节市	Ⅱ	
13		乌江水系	偏岩河	金沙外寨	毕节市	Ⅲ	
14		乌江水系	三岔河	斯拉河大桥	安顺市	Ⅰ	
15		乌江水系	歹阳河	白水河	安顺市	Ⅱ	
16		乌江水系	羊昌河	焦家桥	安顺市	Ⅱ	
17		乌江水系	乌江	大关桥	毕节市	Ⅰ	
18		乌江水系	乌江	六广	贵阳市	Ⅰ	
19		乌江水系	猫跳河	龙井	贵阳市	Ⅳ	高锰酸盐指数
20		乌江水系	红枫湖	花鱼洞	贵阳市	Ⅱ	—
21		乌江水系	百花湖	贵铝泵房	贵阳市	Ⅲ	
22		乌江水系	清水河	南明河水站	贵阳市	Ⅱ	
23		乌江水系	清水河	麦穰	贵阳市	Ⅲ	
24		乌江水系	鱼梁河	紫江水电站下游	贵阳市	Ⅲ	
25		乌江水系	清水河	棉花渡	贵阳市	Ⅱ	
26		乌江水系	独木河	新巴大桥	黔南州	Ⅱ	
27		乌江水系	乌江	乌江渡水库	遵义市	Ⅱ	
28		乌江水系	乌江	沿江渡	遵义市	Ⅱ	
29		乌江水系	湘江（黔）	鹭园	遵义市	Ⅰ	
30		乌江水系	湘江（黔）	打秋坪	遵义市	Ⅲ	
31		乌江水系	湘江（黔）	鲤鱼塘	遵义市	Ⅱ	
32		乌江水系	清溪河	野茶	遵义市	Ⅱ	
33		乌江水系	芙蓉江	鱼塘大桥	遵义市	Ⅰ	
34		乌江水系	梅江	梅江	遵义市	Ⅰ	
35		乌江水系	乌江	大乌江镇	遵义市	Ⅱ	
36		乌江水系	洪渡河	洪渡河田村	遵义市	Ⅰ	
37		乌江水系	洪渡河	长脚	遵义市	Ⅱ	
38		乌江水系	余庆河	余庆河暗溪坪	遵义市	Ⅱ	
39		乌江水系	六池河	洞卡拉	遵义市	Ⅱ	

续表

序号	流域	水系	河流（湖库）	断面名称	所属市（州）	水质类别	主要污染指标
40	长江流域	乌江水系	乌江	乌杨树	铜仁市	Ⅱ	—
41		乌江水系	石阡河	关鱼梁	铜仁市	Ⅱ	
42		乌江水系	洪渡河	洪渡河入河口	铜仁市	Ⅱ	
43		乌江水系	印江河	印江河两河口	铜仁市	Ⅱ	
44		乌江水系	甘龙河	南洞沟	铜仁市	Ⅱ	
45		乌江水系	芙蓉江	江口镇	重庆市	Ⅱ	
46		乌江水系	乌江	鹿角	重庆市	Ⅱ	
47		乌江水系	乌江	万木	重庆市	Ⅱ	
48		赤水河-綦江水系	赤水河	清池	毕节市	Ⅱ	
49		赤水河-綦江水系	二道河	二道河入河口	毕节市	Ⅱ	
50		赤水河-綦江水系	龙洞河	郭扶镇	遵义市	Ⅱ	
51		赤水河-綦江水系	赤水河	茅台	遵义市	Ⅱ	
52		赤水河-綦江水系	习水河	长沙	遵义市	Ⅱ	
53		赤水河-綦江水系	桐梓河	桐梓河两河口	遵义市	Ⅱ	
54		赤水河-綦江水系	赤水河	鲢鱼溪	遵义市	Ⅱ	
55		赤水河-綦江水系	藻渡河	坡渡	遵义市	Ⅰ	
56		赤水河-綦江水系	綦江河	石门坎	重庆市	Ⅱ	
57		沅江水系	清水江	茶园	黔南州	Ⅰ	
58		沅江水系	羊昌河	凤山桥边	黔南州	Ⅲ	
59		沅江水系	舞水	朱家山	黔东南州	Ⅰ	
60		沅江水系	清水江	下司	黔东南州	Ⅱ	
61		沅江水系	清水江	兴仁桥	黔东南州	Ⅱ	
62		沅江水系	重安江	重安江大桥	黔东南州	Ⅲ	
63		沅江水系	清水江	旁海	黔东南州	Ⅱ	
64		沅江水系	舞水	车坝河龙统村	黔东南州	Ⅰ	
65		沅江水系	巴拉河	平敏大桥	黔东南州	Ⅱ	
66		沅江水系	巫密河	打莱	黔东南州	Ⅰ	
67		沅江水系	六洞河	巴米	黔东南州	Ⅱ	
68		沅江水系	车坝河	于河村	黔东南州	Ⅱ	
69		沅江水系	亮江	南田	黔东南州	Ⅱ	
70		沅江水系	清水江	茅坪	黔东南州	Ⅰ	

续表

序号	流域	水系	河流（湖库）	断面名称	所属市（州）	水质类别	主要污染指标
71	长江流域	沅江水系	龙江河	滑石电站	铜仁市	Ⅱ	—
72		沅江水系	舞水	玉屏	铜仁市	Ⅱ	
73		沅江水系	辰水	坝盘镇蒋家湾	铜仁市	Ⅱ	
74		沅江水系	小江	和尚田	铜仁市	Ⅱ	
75		沅江水系	花垣河	下干溪	铜仁市	Ⅱ	
76		沅江水系	花垣河	边城	湖南湘西	Ⅱ	
77		沅江水系	舞水	鱼市	湖南怀化	Ⅱ	
78		沅江水系	辰水	铜信溪电站	湖南怀化	Ⅱ	
79		沅江水系	沅江	金紫	湖南怀化	Ⅱ	
80		沅江水系	渠水	地阳坪公路大桥	湖南怀化	Ⅱ	
81	珠江流域	北盘江水系	可渡河	腊龙	云南曲靖	Ⅰ	
82		北盘江水系	北盘江	发耳	六盘水市	Ⅱ	
83		北盘江水系	乌都河	乌都河	六盘水市	Ⅰ	
84		北盘江水系	月亮河	月亮河汇口前	六盘水市	Ⅱ	
85		北盘江水系	坝陵河	坝陵河	六盘水市	Ⅱ	
86		北盘江水系	六枝河	老鹰坡	六盘水市	Ⅲ	
87		北盘江水系	拖长江	小云尚大桥	六盘水市	Ⅲ	
88		北盘江水系	六枝河	黄果树	安顺市	Ⅱ	
89		北盘江水系	打邦河	打邦	安顺市	Ⅱ	
90		北盘江水系	北盘江	坝草	安顺市	Ⅰ	
91		北盘江水系	红辣河	邑怀	安顺市	Ⅱ	
92		北盘江水系	北盘江	岔河口	黔西南州	Ⅱ	
93		北盘江水系	麻沙河	跳蹬	黔西南州	Ⅱ	
94		北盘江水系	大田河	大田村	黔西南州	Ⅱ	
95		北盘江水系	北盘江	蔗香北	黔西南州	Ⅱ	
96		南盘江水系	南盘江	蔗香南	黔西南州	Ⅱ	
97		南盘江水系	小黄泥河	黄泥河	黔西南州	Ⅱ	
98		南盘江水系	万峰湖	万峰湖	黔西南州	Ⅰ	
99		南盘江水系	南盘江	坡脚	黔西南州	Ⅱ	
100		南盘江水系	马别河	赵家渡	黔西南州	Ⅲ	
101		红水河水系	涟江	青岩	贵阳市	Ⅱ	

续表

序号	流域	水系	河流（湖库）	断面名称	所属市（州）	水质类别	主要污染指标
102	珠江流域	红水河水系	格凸河	格凸河	安顺市	Ⅱ	—
103		红水河水系	蒙江	边外河	黔南州	Ⅱ	
104		红水河水系	坝王河	八总大桥	黔南州	Ⅰ	
105		红水河水系	曹渡河	顶换村	黔南州	Ⅰ	
106		红水河水系	六硐河	甲茶	黔南州	Ⅰ	
107		柳江水系	樟江	界牌	黔南州	Ⅱ	
108		柳江水系	樟江	王蒙	黔南州	Ⅱ	
109		柳江水系	都柳江	三都桥	黔南州	Ⅱ	
110		柳江水系	都柳江	新华	黔东南州	Ⅱ	
111		柳江水系	平江河	八瑞村大桥	黔东南州	Ⅱ	
112		柳江水系	寨蒿河	忠诚村大桥	黔东南州	Ⅱ	
113		柳江水系	都柳江	榕江	黔东南州	Ⅱ	
114		柳江水系	都柳江	从江大桥	黔东南州	Ⅱ	
115		柳江水系	双江	四寨河大桥	黔东南州	Ⅱ	
116		柳江水系	水口河	井郎村大桥	黔东南州	Ⅱ	
117		柳江水系	社村河	新荣甸	广西河池	Ⅰ	
118		柳江水系	甲料河	何家寨	广西河池	Ⅰ	
119		柳江水系	小环江	黄种村	广西河池	Ⅰ	

资料来源：贵州省生态环境监测中心：《贵州省国控断面水质月报》，https://sthj.guizhou.gov.cn/hjsj/hjzlsjzx_5802731/zdlyszyb_5802737/202206/P020220629561395142966.pdf，最后访问日期：2022年7月28日。

可见，以高锰酸盐指数、化学需氧量、五日生化需氧量、氨氮、总磷、总氮、铜、锌、氟化物、硒、砷、汞、镉、铬（六价）、铅、氰化物、挥发酚、石油类、阴离子表面活性剂、硫化物以及叶绿素a（湖库点位增测）为实验室分析项目的全省国控断面水质监测中，长江流域80个监测断面水体水质综合评价为优，Ⅰ-Ⅲ类水质断面占统计断面数的97.5%，环比同比均持平；Ⅳ-Ⅴ类水质断面占统计断面数的2.5%，环比持平，同比上升1.3个百分点；无劣Ⅴ类水质断面，环比持平，同比下降1.2个百分点。珠江流域39个监测断面水体水质综合评价也为优，Ⅰ-Ⅲ类水质断面占统计断面数的100%，环比同比均持平；无Ⅳ-Ⅴ类水质断面，环比同比均持平；

无劣Ⅴ类水质断面，环比同比均持平。[①]

展望将来，在总的方向上我们要坚持发展与生态两条底线。对此2014年3月，习近平同志在参加十二届全国人大二次会议贵州代表团审议时的讲话中指出："有人说，贵州生态环境基础脆弱，发展不可避免会破坏生态环境，因此发展要宁慢勿快，否则得不偿失；也有人说，贵州为了摆脱贫困必须加快发展，付出一些生态环境代价也是难免的、必需的。这两种观点都把生态环境保护和发展对立起来了，都是不全面的。强调发展不能破坏生态环境是对的，但为了保护生态环境而不敢迈出发展步伐就有点绝对化了。实际上，只要指导思想搞对了，只要把两者关系把握好、处理好了，既可以加快发展，又能够守护好生态。"[②] 因此，一方面，我们要强调发展。因为"物质生活的生产方式制约着整个社会生活、政治生活和精神生活的过程"[③]，所以我们要建设现代化，以经济现代化为基础。无论哪一个地方，如果经济没有发展起来，人民群众还愁吃、愁穿、愁住，而"忧心忡忡的、贫穷的人对最美丽的景色都没有什么感觉"[④]，那么这个地方即使生态良好，广大群众也大多不会有什么特别的感受，此时他们要做的第一件事就是解决穿衣吃饭问题。这就意味着，面对汞污染等带来的环境压力，贵州绝不能在发展经济上宁慢勿快，而是要紧紧抓住"我国发展仍处于重要战略机遇期"[⑤] 这一特点，贯彻落实新发展理念，推动经济建设实现"弯道超车"。

另一方面，我们要大力推进生态文明建设，让贵州保持和谐、美丽。2014年9月，习近平同志在中央民族工作会议上发表了重要讲话，指出："许多民族地区地处大江大河上游，是中华民族的生态屏障，开发资源一定要注意惠及当地、保护生态，绝不能一挖了之，为一时发展而牺牲生态环境。要把眼光放长远些，坚持加强生态保护和环境整治、加快建立生态补偿机制、严格执行节能减排考核'三管齐下'，做到既要金山银山、更要绿

---

① 贵州省生态环境监测中心：《贵州省国控断面水质月报》，https://sthj.guizhou.gov.cn/hjsj/hjzlsjzx_5802731/zdlyszyb_5802737/202206/P020220629561395142966.pdf，最后访问日期：2022年7月28日。

② 《习近平关于社会主义生态文明建设论述摘编》，中央文献出版社，2017，第22页。

③ 《马克思恩格斯选集》第2卷，人民出版社，2012，第2页。

④ 《马克思恩格斯文集》第1卷，人民出版社，2009，第192页。

⑤ 习近平：《决胜全面建成小康社会　夺取新时代中国特色社会主义伟大胜利——在中国共产党第十九次全国代表大会上的报告》，人民出版社，2017，第2页。

水青山，保护好中华民族永续发展的本钱。”① 由此可知，贵州要建设的现代化是人与自然和谐共生的现代化。当下贵州建工厂、搞开发等不能胡排乱放，乱挖滥采，而是要健全相关机制，用最严密、最严厉的制度及实施机制把汞等有毒、有害物带来的污染牢牢地“关”在制度的“笼子”里。此外，“现在，许多贫困地区一说穷，就说穷在了山高沟深偏远。其实，不妨换个角度看，这些地方要想富，恰恰要在山水上做文章。要通过改革创新，让贫困地区的土地、劳动力、资产、自然风光等要素活起来，让资源变资产、资金变股金、农民变股东，让绿水青山变金山银山，带动贫困人口增收。我国现有一千三百九十二个 5A 和 4A 级旅游风景名胜区，百分之六十以上分布在中西部地区，百分之七十以上的景区周边集中分布着大量贫困村。不少地方通过发展旅游扶贫、搞绿色种养，找到一条建设生态文明和发展经济相得益彰的脱贫致富路子，正所谓思路一变天地宽”②。贵州要发展，当然也要“思路一变”，“在山水上做文章”，让绿水青山变成金山银山，这样当地诸如由氮、磷富集造成的水体富营养化等带来的环境压力也必将得到最为有效的消解。

---

① 《习近平关于社会主义生态文明建设论述摘编》，中央文献出版社，2017，第 24 页。

② 《习近平关于社会主义生态文明建设论述摘编》，中央文献出版社，2017，第 30 页。

参考文献

《马克思恩格斯全集》第2卷，人民出版社，1957。

《马克思恩格斯选集》第1~4卷，人民出版社，2012。

《马克思恩格斯文集》第1~10卷，人民出版社，2009。

《列宁选集》第4卷，人民出版社，2012。

《习近平谈治国理政》第1卷，外文出版社，2018。

《习近平谈治国理政》第2卷，外文出版社，2017。

习近平：《之江新语》，浙江人民出版社，2007。

习近平：《决胜全面建成小康社会　夺取新时代中国特色社会主义伟大胜利——在中国共产党第十九次全国代表大会上的报告》，人民出版社，2017。

《习近平关于社会主义生态文明建设论述摘编》，中央文献出版社，2017。

《十六大以来重要文献选编》（上、下册），中央文献出版社，2005、2008。

《十七大以来重要文献选编》（上、中、下册），中央文献出版社，2009、2011、2013。

《十八大以来重要文献选编》（上、下册），中央文献出版社，2014、2018。

（清）张潮等编纂《昭代丛书》，上海古籍出版社，1990。

（清）鄂尔泰等：《贵州通志》，巴蜀书社，2006。

刘湘溶：《生态意识论——现代文明的反省与展望》，四川教育出版社，1994。

余谋昌：《创造美好的生态环境》，中国社会科学出版社，1997。

徐嵩龄主编《环境伦理学进展：评论与阐释》，社会科学文献出版社，1999。

孙道进：《环境伦理学的哲学困境——一个反拨》，中国社会科学出版社，2007。

雷毅：《深层生态学：阐释与整合》，上海交通大学出版社，2012。

杨玫、郭卫东：《生态文明与美丽中国建设研究》，中国水利水电出版社，2017。

张清宇等：《西部地区生态文明指标体系研究》，浙江大学出版社，2011。

谭齐贤：《毕节：生态文明先行区》，贵州大学出版社，2015。

刘锋：《百苗图疏证》，民族出版社，2004。

中国科学院中国动物志编辑委员会主编《中国动物志·节肢动物门·甲壳纲·淡水桡足类》，科学出版社，1979。

王家楫：《中国淡水轮虫志》，科学出版社，1961。

〔联邦德国〕A. 施密特：《马克思的自然概念》，欧力同、吴仲昉译，商务印书馆，1988。

〔联邦德国〕马克斯·霍克海默：《批判理论》，李小兵等译，重庆出版社，1989。

〔联邦德国〕马克斯·霍克海默、特奥多·阿多尔诺：《启蒙辩证法》，洪佩郁、蔺月峰译，重庆出版社，1990。

〔法〕萨特：《辩证理性批判》（上、下），林骧华等译，安徽文艺出版社，1998。

〔美〕霍尔姆斯·罗尔斯顿：《环境伦理学——大自然的价值以及人对大自然的义务》，杨通进译，中国社会科学出版社，2000。

〔美〕霍尔姆斯·罗尔斯顿：《哲学走向荒野》，刘耳、叶平译，吉林人民出版社，2000。

〔美〕利奥波德：《沙乡年鉴》，郭丹妮译，北方妇女儿童出版社，2011。

〔美〕约翰·贝拉米·福斯特：《马克思的生态学——唯物主义与自然》，刘仁胜、肖峰译，高等教育出版社，2006。

〔美〕詹姆斯·奥康纳：《自然的理由——生态学马克思主义研究》，唐正东、臧佩洪译，南京大学出版社，2003。

〔英〕特德·本顿主编《生态马克思主义》，曹荣湘、李继龙译，社会科学文献出版社，2013。

〔美〕唐纳德·沃斯特：《自然的经济体系——生态思想史》，侯文蕙译，商务印书馆，1999。

〔加〕本·阿格尔：《西方马克思主义概论》，慎之等译，中国人民大学出版社，1991。

〔英〕安东尼·吉登斯：《现代性的后果》，田禾译，译林出版社，2011。

〔美〕蕾切尔·卡森：《寂静的春天》，吕瑞兰、李长生译，上海译文出版社，2008。

〔美〕约翰·贝拉米·福斯特：《生态危机与资本主义》，耿建新、宋兴无译，上海译文出版社，2006。

〔日〕岩佐茂：《环境的思想》，韩立新等译，中央编译出版社，1997。

〔加〕威廉·莱斯：《自然的控制》，岳长龄、李建华译，重庆出版社，1993。

〔英〕埃比尼泽·霍华德：《明日的田园城市》，金经元译，商务印书馆，2010。

联合国环境规划署编《全球环境展望5——我们未来想要的环境》，黎勇等译，2012。

陈雷等：《瓯江口春季营养盐、浮游植物和浮游动物的分布》，《生态学报》2009年第3期。

陈作州等：《红枫湖水库浮游植物演变（1980—2006年）和富营养化趋势研究》，《贵州师范大学学报》（自然科学版）2007年第3期。

杜家菊、陈志伟：《使用SPSS线性回归实现通径分析的方法》，《生物学通报》2010年第2期。

都雪等：《洪泽湖轮虫群落结构及其与环境因子的关系》，《湖泊科学》2014年第2期。

杜彩丽等：《淀山湖浮游动物群落时空分布特征及其与环境因子的关系》，《环境科学》2019年第10期。

方铁：《论影响云贵高原开发的社会历史因素》，《中南民族大学学报》（人文社会科学版）2009年第3期。

《2000年中国环境状况公报（摘录）》，《环境教育》2001年第4期。

高婧等：《百花湖麦西河口底泥中重金属垂直分布特征及生态危害》，《贵州农业科学》2012年第3期。

郭云等：《阿哈水库沉积物中重金属分布特征及潜在生态风险评价》，《水生态学杂志》2018年第4期。

贺筱蓉、李共国：《杭州西溪湿地首期工程区浮游植物群落结构及与水质关系》，《湖泊科学》2009年第6期。

贺康康等：《贵阳市百花湖近10年（2009—2018年）的水质时空变化》，《湖泊科学》2021年第2期。

胡艺等：《贵州高原水库浮游动物分布特征及影响因子——以阿哈水库为例》，《中国环境科学》2020年第1期。

林光辉：《稳定同位素生态学：先进技术推动的生态学新分支》，《植物生态学报》2010年第2期。

李秋华等：《南亚热带贫营养水库春季浮游植物群落结构与动态》，《植物生态学报》2007年第2期。

李秋华等：《贵州百花湖麦西河河口浮游植物群落结构及与环境因子关系》，《湖泊科学》2011年第4期。

龙胜兴等：《贵州黔东南州三板溪水库春季拟多甲藻水华特征》，《中国环境监测》2012年第6期。

林青等：《滴水湖浮游动物群落结构及其与环境因子的关系》，《生态学报》2014年第23期。

林少君等：《浮游植物中叶绿素a提取方法的比较与改进》，《生态科学》2005年第1期。

林志等：《淮南迪沟采煤沉陷区湖泊后生浮游动物群落结构及其影响因子》，《湖泊科学》2018年第1期。

刘春雷等：《转大麻哈鱼生长激素基因鲤表型性状与体质量的相关性及通径分析》，《应用生态学报》，2011年第7期。

李钥等：《贵州三板溪水库后生浮游动物群落结构的动态变化》，《湖泊科学》，2016年第2期。

李云凯等：《基于碳、氮稳定同位素技术的东太湖水生食物网结构》，《生态学杂志》2014年第6期。

林涛等：《基于主成分分析法的贵阳市百花湖流域河流水质评价》，《绿色科技》2020年第10期。

田甲申等：《运用稳定同位素技术研究大凌河、鸭绿江近岸海域春季主要生物种类的营养级》，《生态学杂志》2018年第4期。

王泪等：《北运河水系河流轮虫群落结构与水环境因子的关系》，《暨南大学学报》（自然科学与医学版）2017年第6期。

徐军等：《氮稳定同位素基准的可变性及对营养级评价的影响》，《湖泊科学》2010年第1期。

许议元、何天容：《草海典型高原湿地食物链中汞同位素组成特征》，《环境科学》2019年第1期。

张硕等：《碳、氮稳定同位素在构建海洋食物网及生态系统群落结构中的研究进展》，《水产养殖》2019年第7期。

邹志红等：《模糊评价因子的熵权法赋权及其在水质评价中的应用》，《环境科学学报》2005年第4期。

曾华献等：《贵州红枫湖近10年来（2009—2018年）水质变化及影响因素》，《湖泊科学》2020年第3期。

赵梦等：《基于综合营养状态指数的百花湖水环境评价》，《人民长江》2019年第9期。

〔美〕罗尔斯顿：《价值走向原野》，王晓明、霍峰、李立男译，《哈尔滨师专学报》1996年第1期。

后　记

本书是合作成果，其中第一章“贵州生态文明建设的马克思主义之魂”由毕节幼儿师范高等专科学校的张丽撰写，第五章“贵阳市生态人文城市建设现状与对策”由贵州师范大学的李旭华撰写，第六章“美丽宜居背景下毕节试验区城乡生态融合发展”由毕节医学高等专科学校的付玉林撰写，第七章“遵义市山水生态城市建设”由贵州师范大学的余满晖、王婷婷撰写，第八章“贵州高原水库环境与生态文明建设”由孟纯兰、李秋华撰写，余满晖撰写了其余部分，全书由余满晖统一修改定稿。此外，本书在出版过程中得到了贵州师范大学马克思主义学院的诸多同人和社会科学文献出版社的任文武、郭峰等老师的热情帮助。谨向提供了帮助的所有人致以衷心的感谢！

图书在版编目(CIP)数据

贵州生态文明建设：理论与实践 / 余满晖等著．--
北京：社会科学文献出版社，2022.12
ISBN 978-7-5228-0924-3

Ⅰ.①贵… Ⅱ.①余… Ⅲ.①生态环境建设-研究-
贵阳 Ⅳ.①X321.273

中国版本图书馆 CIP 数据核字(2022)第 194091 号

贵州生态文明建设：理论与实践

著　　者 / 余满晖　李秋华 等

出 版 人 / 王利民
组稿编辑 / 任文武
责任编辑 / 郭　峰
文稿编辑 / 公婧婧
责任印制 / 王京美

出　　版 / 社会科学文献出版社·城市和绿色发展分社（010）59367143
地址：北京市北三环中路甲 29 号院华龙大厦　邮编：100029
网址：www.ssap.com.cn
发　　行 / 社会科学文献出版社（010）59367028
印　　装 / 三河市龙林印务有限公司

规　　格 / 开　本：787mm×1092mm　1/16
印　张：19　字　数：308千字
版　　次 / 2022 年 12 月第 1 版　2022 年 12 月第 1 次印刷
书　　号 / ISBN 978-7-5228-0924-3
定　　价 / 98.00 元

读者服务电话 4008918866